高等学校工程管理专业规划教材

建设工程合同管理

李祥军　编著

中国建筑工业出版社

图书在版编目（CIP）数据

建设工程合同管理／李祥军编著．—北京：中国建筑工业出版社，
2019.12（2024.4重印）
高等学校工程管理专业规划教材
ISBN 978-7-112-24346-4

Ⅰ.①建…　Ⅱ.①李…　Ⅲ.①建筑工程-经济合同-管理-高等
学校-教材　Ⅳ.①TU723.1

中国版本图书馆 CIP 数据核字（2019）第 228338 号

本书是以合同法、招标投标法、政府采购法等相关法规，以及最新版建设工程示范文本为基础，根据合同管理全过程的程序编排章节次序，涵盖建设工程合同的策划管理、订立管理、履行管理与终止管理，通过单章讲述了建设工程中索赔、采购、争议管理以及国际工程合同管理。在各章节内容设计中以合同管理理论和法律法规知识为基础，辅以建设工程合同相关示范文本内容阐述的形式，实现了合同管理理论知识与建设工程合同管理实践的契合。书中附有 10 份文献、统计公报或研究论文等形式的阅读材料，引导读者更加深入地思考合同管理知识的应用与发展。本书可以作为全国高等学校工程管理类本科专业的教材使用，也可以供建设工程项目管理人员参考使用。

责任编辑：毕凤鸣　周方圆
责任校对：王　烨

高等学校工程管理专业规划教材
建设工程合同管理
李祥军　编著

＊

中国建筑工业出版社出版、发行（北京海淀三里河路9号）
各地新华书店、建筑书店经销
北京建筑工业印刷厂制版
建工社（河北）印刷有限公司印刷

＊

开本：787×1092毫米　1/16　印张：16½　字数：407千字
2019年12月第一版　　2024年4月第五次印刷
定价：46.00元
ISBN 978-7-112-24346-4
（34845）

前　言

作者自 2004 年 7 月从教，开始教授工程管理类专业建设工程合同管理课程，先后取得一级建造师、监理工程师执业资格和国家法律职业资格，从 2010 年开始从事国内房屋建筑、市政设施、水利工程、公路工程等项目合同管理咨询服务，以及越南、印度、沙特、迪拜等国际工程的合同索赔管理咨询。本书融合了作者对 15 年从教期间先后使用过的 5 部建设工程合同管理教材的理解，与从事工程合同管理咨询过程中总结的经验。在教材编写设计中，以合同管理相关理论研究为点，以合同管理过程为线，以合同管理理论、法律法规知识与合同范本条款为面，重新组织并构建了建设工程合同管理的知识体系。首先，根据硕士、博士论文研究成果，增加了合同策划理论、非诉性争议解决理论和合同管理评价知识板块，构建了合同管理"策划—订立—履行—争议—终止—评价"完整的知识体系；其次，将采购纳入合同订立过程，视采购为合同订立的程序或方式进行阐述，并结合政府采购法规和工程实践，丰富补足了工程中可见、可行的采购运作知识；第三，依照合同管理的过程安排章节次序，体现出了合同管理的过程性与阶段性，每一个阶段中合同管理理论和相关法律法规是原理，建设工程合同范本的理解与使用是应用，使每一个管理过程和阶段的内容更加完整、更具有针对性；第四，书中通过或推演，或总结，或叙述的方式，对合同管理涉及的每一个术语或做法均给出了概念定义，便于阅读者更好地理解合同管理知识；第五，结合国内外工程的现状与发展，书中每一章中均提供了阅读材料，或为新闻视角，或为研究报告，或为市场分析，或为理论研究，能够拓展阅读者的视野，给予阅读者更多的思考空间。作者期望通过这些革新与变化，能够强化本书的理论性、实践性，提升可读性。

本书由李祥军担任主编，负责总体的构思、设计及定稿。全书共有 10 章，第 2 章合同策划由张晓丽编写；第 6 章索赔管理由万克淑编写；第 8 章争议的解决由杨晓红编写；第 1、3、4、5、7、9、10 章由李祥军编写。其中：第 3 章中工程招投标部分由张振编写；第 4 章中建设工程合同履行、变更和暂停部分，由柏建栋、吴清茂编写；第 5 章中建设工程合同履行终止部分由陈绪坤编写；第 7 章中建设工程合同中当事人违约责任由李峰编写；阅读材料分别由李峰、张振、柏建栋、陈绪坤、吴清茂编辑整理。

本书在编写过程中，共参考相关著作、教材 21 部，参考硕士、博士研究生毕业论文 5 部，相关学者、记者、律师、机构与协会的研究成果、文献资料 16 份，均在文中或参考文献部分予以标注，在此一并表示感谢。市场不断变化、合同管理理论在研究和实践中不断丰富、完善，加之作者水平所限，本书不当之处敬请专家、同行、读者批评指正。请相关专家、同行、读者向 xiangjun_li@sdjzu.edu.cn 提出您的宝贵意见。作者将向每一位提出意见的专家、同行、读者寄送一本再版修订书籍，以示感谢。

目　录

第1章 绪 论

合同，来源于"合而相同"，最初是以"凭证"的形式和作用而存在，如判书、质剂、傅别、书契等。商品生产与商品经济萌芽之后，为了商品交易的安全，合同成为"不完全信任"合作关系的产物，突出制约和预防的功能。伴随着法律规范与市场成熟，以及合作各方间信任程度的提高，合同的价值由外在约束变为内在激励。合同管理是促进合同功能演化发展的助推力量。本章知识要点主要有：合同的概念；合同的特征与分类；合同管理的概念；合同管理的职能；建设工程合同管理的概念与特点；我国建设工程合同示范文本制度；国内外建设工程合同的应用与研究。

1.1 合同与合同管理

市场经济中，交易主体之间的经济活动，不是靠政府的权力或计划，而是通过市场交易来进行的。为了保证市场经济活动的有序进行，要求交易主体必须遵守一定的行为规范，该行为规范包括法律法规、合同约定，以及交易习惯、惯例。其中，法律法规涵盖法律、行政法规、部门规章、地方性法规和地方政府规章，这些是指由有权机关制定并具备一定强制性的法律文件；合同是由合同当事人签订，仅对签订合同的当事人具有约束力的协议；交易习惯是在交易行为当地或者某一领域、某一行业通常采用并为交易对方订立合同时所知道或者应当知道的做法，或当事人双方经常使用的习惯做法；惯例，指法律上没有明文规定，但过去曾经施行，可以仿照办理的做法。

1.1.1 合同的概念与特征

合同是为适应私有制下商品经济的客观要求而产生，是商品交换在法律上的表现形式。商品生产出现后，为保证交换安全和信誉，在长期交换实践中逐渐形成了众多交换习惯和仪式，并逐渐演化成为调整商品交换的一般规则。随着私有制的确立和国家的产生，统治阶级为维护私有制和正常经济秩序，将有利于统治阶级的商品交换习惯和规则用法律的形式加以规定，以国家强制力保障实行，商品交换的合同法律便应运而生。

合同一词有广义和狭义之分。广义的合同，泛指一切确立权利义务关系的协议，在社会经济、生活的各个方面中均有表现，除了我们常见的各类经济合同之外，行政法律、法规、规章中还规定了一些行政合同。

狭义的合同仅指民法上的合同，又称民事合同。我国合同法规定："合同是平等主体的自然人、法人、其他组织之间设立、变更、终止民事权利义务关系的协议。"按照该规定，凡民事主体之间设立、变更、终止民事权利义务关系的协议都是合同。合同是一种协议，但合同不等同于协议书。协议书可能只是一种意向书，并不涉及双方的具体权利义务，如战略合作协议、框架协议等。

在我国现实生活中，人们也经常使用契约和合同两个概念，在我国的一些民事立法文件中也分别使用过这两个概念。但从其使用实际内容和范围上看，都没有把契约和合同作为不同的概念。根据民法通则对合同的定义，我国民法中的合同包括传统民法中的合同和契约。

合同有以下特征：

（1）合同是一种民事法律行为。合同是合同当事人根据其真实意思表示自愿订立的；合同的内容，即当事人的权利和义务，当事人可自由设定，但不得违反法律法规的强制性规定；合同对当事人形成法定约束力，受法律保护；因而合同是一种民事法律行为。

（2）合同是平等当事人之间的一种协议。平等是指当事人在合同关系中的法律地位平等，彼此间不存在隶属关系或从属关系，平等地承担合同约定的权利和义务。

（3）合同是以当事人之间设立、变更、终止民事权利义务关系为目的的协议。既包括债权债务关系合同，也包括非债权债务关系合同，如抵押合同、质押合同等，还包括非纯粹债权债务关系的合同，如联营合同等。但一般合同不包括婚姻、收养、监护等有关身份关系的协议。

1.1.2　合同类型的划分

市场经济活动的形式丰富多彩，形成多种多样的合同。在我国，合同法调整的对象是经济合同、技术合同和其他民事合同。根据《中华人民共和国合同法》分则规定，常见的合同类型如下：

（1）买卖合同

买卖合同是出卖人转移标的物的所有权于买受人，买受人支付价款的合同。出卖人将其享有所有权或处分权的标的物（法律、行政法规禁止或者限制转让的标的物除外）转移给买受人，买受人支付相应的合同价款。

（2）供用电、水、气、热力合同

该类合同适用于电、水、气、热力的供应活动。按合同规定，供电、水、气、热力的人向使用人供电、水、气、热力，使用人支付相应的费用，双方当事人的关系都是一种买卖关系。因此，供用电、用水、供用气、供热力合同在本质上都属于特殊类型的买卖合同。

（3）赠与合同

赠与合同是财产的赠与人与受赠人之间签订的合同。赠与人将自己的财产无偿地给予受赠人，受赠人表示接受赠与。

（4）借款合同

借款合同是借款人与贷款人之间因资金的借贷而签订的合同。借款人向贷款人借款，到期返还借款并支付利息（如果有）。目前借款合同主要调整两部分内容：一是金融机构与自然人、法人和其他组织的借款合同关系；另一部分是指自然人之间的借款合同关系。其中以金融机构与自然人、法人和其他组织之间的合同关系为主。

（5）租赁合同

租赁合同是出租人与承租人之间因租赁业务而签订的合同。出租人将租赁物交给承租人使用、收益，承租人支付租金，并在租赁期满之时交还租赁物。租赁合同是在人们的经济生活和日常生活中经常使用的一种合同，可以在自然人、法人之间调剂余缺，充分发挥物的使用功能，最大限度地使用其价值。

（6）融资租赁合同

融资租赁是一种特殊的租赁形式。出租人根据承租人对设备出卖人、租赁物的选择，向出卖人购买租赁物，再提供给承租人使用，承租人支付相应的租金。融资租赁这一名称是从 Finance Lease 翻译过来的。Finance 一词意为财政、金融，也可译为筹集资金、提供资金。因此，Finance Lease 通常译为融资租赁，也有的译为金融租赁。

（7）承揽合同

承揽合同是承揽人与定作人之间就承揽工作签订的合同。承揽人按照定作人的要求完成工作，交付工作成果，定作人支付相应的报酬。承揽的工作包括：加工、定作、修理、复制、测试、检验等工作。

（8）建设工程合同

建设工程合同是发包人与承包人之间签订的合同，即承包人进行工程建设，发包人支付价款的合同，具体包括建设工程勘察、设计、施工合同。

（9）运输合同

运输合同是承运人将旅客或货物从起运地点运输到约定的地点，旅客、托运人或收货人支付票款或运输费的合同。运输合同的种类有很多，按运输对象不同，可分为旅客运输合同和货物运输合同；按运输方式的不同，可分为公路运输合同、水上运输合同、铁路运输合同、航空运输合同；按同一合同中承运人的数目，可分为单一运输合同和联合运输合同等。

（10）技术合同

技术合同是当事人就技术开发、转让、咨询或服务订立的合同，又分为技术开发合同、技术转让合同和技术服务合同。

（11）保管合同

保管合同又称寄托合同、寄存合同，是指双方当事人约定一方将物交付他方保管的合同。保管合同始于罗马法。

（12）仓储合同

仓储合同是一种特殊的保管合同，保管人储存存货人交付的仓储物，存货人支付仓储费。仓储业是随着商品经济的发展，从保管业中发展、壮大起来的特殊营业。近代以来，仓储业日渐发达，原因就是随着国际及地区贸易的扩大，仓储业能为大批量货物提供便利、安全、价格合理的保管服务。因此，仓储合同不再作为一般的保管合同来对待，而是作为一种独立的有名合同在合同法中加以规定。

（13）委托合同

委托合同又称委任合同，是指当事人双方约定一方委托他人处理事务，他人同意为其处理事务的协议。委托合同是一种历史悠久的合同类型，早在古代巴比伦汉谟拉比法典中，就对委托合同作了专门的规定。委托合同还具有广泛的适用范围，它可产生于任何一种民事主体之间，它可以在自然人之间、法人之间或者自然人与法人之间缔结；可以为概括的委托，也可以为特别的委托。

（14）行纪合同

行纪合同是指行纪人接受委托人的委托，以自己的名义，为委托人从事贸易活动，委托人支付报酬的合同。行纪合同也称信托合同，最早罗马法所称信托是一种遗产处理形式；英美法信托是从英国中世纪所通行的用益权制度发展而来，源于英国的衡平法。

（15）居间合同

居间合同是指当事人双方约定一方接受他方的委托，并按照他方的指示要求，为他方报告订立合同的机会或者为订约提供媒介服务，委托人给付报酬的合同。居间作为中介的一种形式，其宗旨是把同一商品的买卖双方联系在一起，以促成交易后取得合理佣金的服务。无论何种居间，居间人都不是委托人的代理人，而只是居于交易双方当事人之间起介绍、协助作用的中间人。居间制度源于古希腊、古罗马帝国时期。

上述十五类合同在我国的合同法中被称为有名合同，又称典型合同，是指法律上或者经济生活习惯上按其类型已确定了一定名称的合同。与有名合同相对应的是无名合同，是指尚未统一确定一定名称的合同。无名合同经过法律确认或在形成统一的交易习惯后可以转化为有名合同。

1.1.3　合同管理的概念与职能

在经济活动中通常所说的合同管理，是狭义的理解，仅指合同履行期间，合同约定权利义务的实施和履行过程中合同变更的管理。

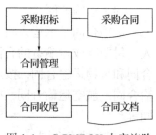

图 1-1　C-PMBOK 中实施阶段采购管理的核心过程

而根据美国 PMI 的项目管理知识体系（PMI-PMBOK 2018年）和中国项目管理知识体系（C-PMBOK），将合同管理归于项目采购管理的一项内容，作为采购的后续工作（图 1-1）。

广义的角度，合同管理不仅是合同履行和变更的管理，也是包含在合同的签订、权利义务的实施及控制、合同关系终止的全过程中与合同相关的各种管理活动的总称，当然包括期间出现的争议和纠纷的解决。本书中所叙述的合同管理，采用广义的概念理解。

根据广义的概念，合同管理的主要职能，包括：

（1）合同管理的目标设计职能

首先，合同对于当事人之间的权利与义务进行分配，并详细定义了合同履行的期限、费用、标准等要求，合同当事人需要在统一认识、正确理解的基础上，就合同的目标达成共识，即目标定义。其次，合同管理服务于合同当事人的战略和经营目标，为实现合同而进行的各项具体工作需要以合同中目标为基础，在保证完成合同的基础上确定需要做的工作，即目标分解。

（2）合同管理的组织设置职能

合同所设置的目标和要求的具体任务必须由一定的组织和人员来完成。根据组织设置的一般程序，需要从总目标或者总任务去分解，确定实现目标的工作范围，再把工作归类为部门或者岗位，进而形成组织结构。不管是目标还是任务，必然由合同来约定；另外，合同中对于当事人相互之间的工作衔接，即工作制度和流程也有对应的要求。因而，组织的设置需要依赖于合同，满足合同管理的需求。

（3）合同管理的权利保障职能

合同当事人签订合同的目的就是为了某种权利的获得或者实现，而在合同之中，一方的权利往往是建立在另一方的义务之上的，所以必须要保证义务的有效履行，这样才能避免因自身违约而承担合同责任，同时又能保障自身权利的实现。而义务的有效履行需要通过合同的实施以及实施过程中的跟踪监控，避免出现没有全面履行合同或者不适当履行合同的情况。因此，合同管理具备权利实现的保障职能。

（4）合同管理的行为约束职能

合同中明确界定了双方的权利与义务，以及有关交货、验收、移交、付款等诸项事宜的具体程序和操作要求，是双方履行合同义务的直接依据，否则违反合同中规定的行为要承担对应的不利后果，因此合同管理中应明确哪些可以做、哪些不能做、应该怎样做等，所以合同管理具备行为约束的职能。

除以上所述的职能之外，合同管理还与经济主体或者完成项目的其他职能存在密切的关系。例如，在建设工程中，合同管理与进度、成本等都有密不可分的关联。

1.1.4　合同管理的过程

合同管理的全部过程，包括合同的策划、订立、履行、索赔、争议解决、收尾的管理。合同管理的全过程及其对应的主要管理工作如图 1-2 所示。

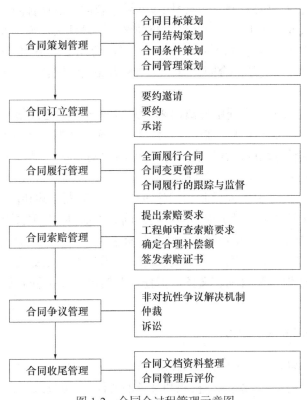

图 1-2　合同全过程管理示意图

合同管理过程提出的主要原因在于很多企业组织结构设置与部门职能划分中，合同的策划、签订隶属于企业的法务部、运营部、合同管理部或采购部等职能部门，而合同的履行又属于生产、经营、施工等职能部门，而一旦碰到合同索赔、争议等又会回到法务、合同管理等部门，基于部门之间的管理界面而出现合同管理不能有效衔接的问题。对于存在这一类问题的企业，在合同管理上必须通过程序与制度的设计实现全过程的合同管理，否则可能使合同管理在环节的衔接上出问题。

1.2　建设工程合同

1.2.1　建设工程合同的溯源 ❶

纵观西方大陆法系国家（或地区）之民法典，建设工程合同并非一类独立的合同类型，不动产的建筑施工合同、修缮合同与完成一般工作成果的合同一样，都在"承揽合同"中加以规定（法国民法典除外），即承揽合同包括动产承揽和不动产承揽，没有将完成工作成果为建筑物（或称工地工作物、不动产）的承揽合同与其他承揽合同加以区分，在法律适用上具有同一性。

长期以来我国民法学界对建设工程合同的称谓不统一，其一为基本建设工程包工合同；其二为基本建设工程承包合同、基本建设工程合同、基本建设工程承揽合同。工程建设合同与建设工程承包合同两者并无较大区别。由于一项工程须经过勘察、设计、施工等若干过程才能最终完成，所以建设工程合同包括勘察合同、设计合同、施工合同。这几种合同分别是由发包人或承建工程的总承包人与勘察人、设计人、施工人订立的关于完成工程的勘察、设计、施工等任务的协议。我国原《经济合同法》第 18 条已将工程建设合同作为不同于承揽合同的一类新的合同，所以《中华人民共和国合同法》中，也把它作为一类合同单独规定。

将建设工程合同从承揽合同中分离出来，并非我国民法之首创，和其他法律制度一样，其思想渊源来源于苏联民法。在中华人民共和国成立初期，社会主义国家的性质及法律制度的缺乏使得移植苏联的法律制度具有可能性和必要性。建设工程合同作为被移植的庞大的法律体系中的一个"枝叶"，当然也一并被移植，以至一直被传承继续。

2000 年前后出台的《中华人民共和国建筑法》《中华人民共和国合同法》《中华人民共和国招标投标法》健全了建设工程合同制度，确立了承包主体必须是具有相应资质等级的勘察单位、设计单位、施工单位制度、招标投标制度、建设工程合同应当采用书面形成制度、禁止违法分包和转包制度、竣工验收制度、承包人优先受偿权制度等，明确了合同各方当事人的法律地位和权利、义务、责任，对提高建设工程质量起到了极大的推动作用。

1.2.2　建设工程合同的概念与特点

建设工程合同是发包人与承包人就完成具体工程项目的建筑施工、设备安装、设备调试、工程保修等工作内容，确定双方权利和义务的协议。"承包人"，是指在建设工程合同中负责工程的勘察、设计、施工等任务的一方当事人；"发包人"，是指在建设工程合同中委托承包人进行工程的勘察、设计、施工任务的建设单位（或业主、项目法人）。

---

❶　宋宗宇，温长煌，曾文革. 建设工程合同溯源及特点研究. 重庆建筑大学学报，2003（10）：25（5）：88-92.

建设工程合同是以完成一定工作为目的的合同。一方当事人完成特定的工作（建设行为），从这个意义上说，它完全符合承揽合同的特征。但是，由于建设工程合同不同于其他工作的完成，该类合同对社会公共安全的影响较大，受到国家诸多方面的调控，所以，建设工程合同除了具有与一般承揽合同相同的特征，如均为诺成合同、双务合同、有偿合同外，更具有与一般承揽合同所不同的特点。

（1）承包人只能是具有相应资质的法人

这是建设工程合同在主体上不同于承揽合同的特点。承揽合同的主体没有限制，可以是自然人，也可以是法人，而建设工程合同的主体是有限制的。建设工程合同的标的是建设工程，具有投资大、周期长、质量要求高、技术指标多、影响国计民生等特点，作为自然人无论能力还是承担责任的能力，都很难满足建设工程的要求，所以，法律禁止企业无资质或超越本企业资质等级许可的范围承揽工程。农村工匠经批准可以承揽农村二层以下的农民自住房屋的建设，但不能承揽建设工程，不能成为建设工程合同的承包人。

（2）建设工程合同标的的特殊性

建设工程合同的标的是完成建设工程，在属性上具有不可移动、长期存在的特点。这里所说的建设工程，是指土木工程、建筑工程、线路管道和设备安装工程及装修工程，包括房屋、港口、矿井、水库、电站、桥梁涵洞、水利工程、铁路、机场、道路工程等，作业要求高，且价值大。对于一些结构简单，价值较小的工程项目，如居民建造自住的住宅、企业建造的临时设施等，并不作为建设工程，不适用建设工程合同的有关规定。

（3）国家管理的特殊性

建设工程合同的订立和履行，受到国家的严格管理和监督。在我国，规范和调整建设工程合同的法律法规，除了《合同法》《建筑法》《招标投标法》等法律外，还存在着大量的行政法规、部门规章、地方性法规以及地方政府规章，对工程建设的各个环节都进行了约束，其间充斥着大量强制性规定和禁止性规定，违反其中任何一项都能导致建设工程合同效力的丧失。另外，建设工程合同在形式上也有特殊的规定，即必须采用书面形式，属于合同法规定的要式合同。

1.2.3 建设工程合同示范文本制度

《合同法》第十二条规定："当事人可以参照各类合同的示范文本订立合同。"合同示范文本是将各类合同的主要条款、式样等制定出规范的、指导性的文本，在全国范围内予以推广，以实现合同签订的规范化。早在1990年，国务院办公厅就转发了国家工商行政管理局《关于在全国逐步推行经济合同示范文本制度的请示》（国办发〔1990〕13号）的通知，随后各类合同示范文本纷纷出台，逐步推行。推行合同示范文本的实践证明，示范文本使当事人订立合同更加规范和简便，对于清晰界定当事人的权利义务，减少合同内容缺款少项、预防合同纠纷，起到了积极的作用。

在建设工程领域，自1991年起就陆续颁布了一些示范文本。《合同法》（1999年）实施之后，当时的建设部与国家工商行政管理局联合颁布了《建设工程施工合同（示范文本）》GF-1999-0201、《建设工程勘察合同（示范文本）》《建设工程设计合同（示范文本）》《建设工程委托监理合同（示范文本）》GF-2000-0202等。由于建筑市场在不断发生变化，为规范建筑市场秩序，满足建筑市场需求，维护建设工程中各方当事人的合法权益，住房城乡建设部、工商总局对《建设工程施工合同（示范文本）》GF-1999-0201和《建设工程委托监理合同（示范文本）》GF-2000-0202进行了修订，2012年制定了《建设工程监理合同》GF-2012-0202，2013年制定了《建设工程施工合同》GF-2013-0201，共两套新的合同范本。

1.《建设工程施工合同（示范文本）》GF-2017-0201

《建设工程施工合同（示范文本）》GF-2017-0201于2017年10月印发，2017年10月1日正式执行，该范本主要包括四部分内容：

（1）合同协议书

合同协议书共计13条，是施工合同的总纲性法律文件，经过双方当事人签字盖章后即成立。标准化的协议书文字量不大，需要结合承包工程特点填写的约定主要内容包括：工程概况、工程工期、质量标准、签约合同价和合同价格形式、项目经理、合同文件构成、承诺以及合同生效条件等重要内容，并集中约定了当事人基本的合同权利义务。

（2）通用合同条款

"通用"的含义是，所列条款的约定不区分具体工程的行业、地域、规模等特点，只要属于建筑安装工程均可适用。通用条款是根据《建筑法》《合同法》等法律法规的规定，就工程实施及相关事项，对合同当事人的权利义务做出的原则性约定。通用条款共计20条，包括：一般约定、发包人、承包人、监理人、工程质量、安全文明施工与环境保护、工期和进度、材料与设备、试验与检验、变更、价格调整、合同价格、计量与支付、验收和工程试车、竣工结算、缺陷责任与保修、违约、不可抗力、保险、索赔和争议解决。前述条款安排既考虑了现行法律法规对工程建设的有关要求，也考虑了建设工程施工管理的特殊需要。

（3）专用合同条款

由于具体实施工程项目的工作内容各不相同，施工现场和外部环境条件各异，因此还必须有反映具体工程特点和要求的专用合同条款。专用合同条款是对通用合同条款原则性约定的细化、完善、补充、修改或另行约定的条款。合同当事人可以根据不同建设工程的特点及具体情况，通过双方的谈判、协商对相应的专用合同条款进行修改补充。在使用专用合同条款时，应注意以下事项：

1）专用合同条款的编号应与相应的通用合同条款的编号一致。

2）合同当事人可以通过对专用合同条款的修改，满足具体建设工程的特殊要求，避免直接修改通用合同条款。

3）在专用合同条款中有横道线的地方，合同当事人可针对相应的通用合同条款进行细化、完善、补充、修改或另行约定；如无细化、完善、补充、修改或另行约定，则填写"无"或"/"。

（4）附件

示范文本后面附有十一个标准化附件供当事人选择，包括："附件1：承包人承揽工程项目一览表""附件2：发包人供应材料设备一览表""附件3：工程质量保修书""附件4：主要建设工程文件目录""附件5：承包人用于本工程施工的机械设备表""附件6：承包人主要施工管理人员表""附件7：分包人主要施工管理人员表""附件8：履约担保""附件9：预付款担保""附件10：支付担保""附件11-1：材料暂估价表""附件 11-2：工程设备暂估价表"及"附件 11-3：专业工程暂估价表"。

2. 勘察设计合同示范文本

（1）《建设工程勘察合同（示范文本）》GF-2016-0203

勘察合同原有范本按照委托勘察任务的不同分为两个版本：包括 GF-2000-0203，适用于为设计提供勘查工作的委托任务；GF-2000-0204，委托工作内容仅涉及岩土工程。

2016 年住房城乡建设部、国家工商行政管理总局对《建设工程勘察合同（一）[岩土工程勘察、水文地质勘察（含凿井）、工程测量、工程物探]》GF-2000-0203 及《建设工程勘察合同（二）[岩土工程设计、治理、监测]》GF-2000-0204 进行修订，制定了《建设工程勘察合同（示范文本）》GF-2016-0203，适用于岩土工程勘察、岩土工程设计、岩土工程物探/测试/检测/监测、水文地质勘察及工程测量等工程勘察活动，岩土工程设计也可使用《建设工程设计合同示范文本（专业建设工程）》GF-2015-0210。

范本通用合同条款具体包括一般约定、发包人、勘察人、工期、成果资料、后期服务、合同价款与支付、变更与调整、知识产权、不可抗力、合同生效与终止、合同解除、责任与保险、违约、索赔、争议解决及补充条款等共计 17 条。

（2）设计合同示范文本

设计合同示范文本按照设计内容的不同可分为两个版本：

1）《建设工程设计合同（示范文本）》GF-2015-0209

该范本适用于民用建设工程设计的合同，主要条款包括：订立合同依据的文件；委托设计任务的范围和内容；发包人应提供的有关资料和文件；设计人应交付的资料和文件；设计费的支付；双方责任；违约责任；其他。

2）《建设工程设计合同（示范文本）》GF-2015-0210

该合同范文适用于委托专业工程的设计。除了上述设计合同应包括的条款内容外，还增加有设计依据；合同文件的组成和优先次序；项目的投资要求、设计阶段和设计内容；保密等方面的条款。

3.《建设工程监理合同（示范文本）》GF-2012-0202

《建设工程监理合同（示范文本）》（GF-2012-0202）由三部分组成：第一部分"协议书"，共计 8 条，主要包括工程概况、组成合同的文件、总监理工程师、签约酬金、期限及承诺等内容；第二部分"通用条件"，共计 8 条，主要包括词语定义与解释、监理人与委托人的义务、违约责任及监理酬金支付、合同的生效、变更、暂停、解除与终止等内容；第三部分"专用条件"。

1.3 国内外建设工程合同管理的研究与应用

1.3.1 国外建设工程合同管理的理论研究与应用 ❶

与我国情况类似，国外建设工程合同最直接的法律依据就是各国民法（典）与合同法。在世界两大法系中，各国的工程建设立法传统也各异其趣，其中既有工程建设成文

---

❶ 郑宪强.建设工程合同效率研究（博士论文）.2007，6：6-10.

法，如英国的《建筑法》《住宅法》《建筑工程法》《健康安全法》《消防法》《城镇规划法》《建筑师法》；德国的《建筑法》《建筑产品法》《建筑价格法》《节省能源法》等；也有不成文法，如美国没有专门的工程建设法律，工程建设的依据主要是综合性法规、行业技术标准和技术规范，如有关公司法、劳动法、合同法，建筑技术规范与标准等涉及工程建设行业的各项规定。在美国的技术标准与规范中，影响较大的是《统一建筑法》，它是由国家建筑工作者联合会、国际卫生工程和机构、工程工作者协会、国际电气检查人员协会共同发起、联合制定的，不具有法律效力。美国基本上不存在一个独立的建筑法律体系。此外，国外还有工程建设法律相关研究组织，如英国建筑法协会（Society of Construction Law），定期举行一些学术性聚会和会议，提供业内信息以及最新研究成果。

即使存在上述较为完善的工程建设法律体系，但国外建设工程领域依然问题多多。例如，建筑行业的生产低效率，业主、承包商等之间的目标冲突造成的工程质量低劣，工期延期，成本超支，安全纪录不良等问题，这在全球范围内均普遍存在。但是，从中不难发现，国外建设工程领域的问题大都来源于工程建设参与主体之间的对抗，而这种对抗则主要以合同对抗最为典型，这也正是国外有关文献及实践将合同管理列为工程项目管理的核心的缘由之一。国外对建设工程合同的研究学者也并非纯粹的法学学者，也就是说他们都是在工程建设实践中脱颖而出的专业法律实践者。例如，Keith Collier 主要以 AIA 合同条件为背景，分别研究了工程建设中各种不同合同形式，如固定总价合同、成本加酬金合同、单价合同、工程量清单计价合同、分包合同与供应合同、设计-建造合同等。在这些形式的合同中，业主和承包商之间的义务分配因合同对价的不同而不同，而且受雇于业主的建筑师或专业工程师（统称为 designer）在这些合同中所起到的作用也有所不同。鉴于工程建设活动的强不确定性，Collier 还强调了不可预见费用（cash allowances）不可或缺的作用，以及根据工程项目风险排序决定其留用规模及其拟使用去向，以确保工程项目管理目标得以实现。Collier 认为，实践中合同形式的选择，取决于建设工程项目、业主和承包商对风险的态度以及工程管理目标的偏好。除此之外，各种建设工程合同之间并无可比性。国外学者对建设工程合同论著基本上都是定位于建设工程具体实践，将工程项目管理投资控制、质量控制与进度控制整合到合同的管理平台之上，以期利用合同管理整合工程建设资源，通过有效率的资源配置获得期望的效率结果。另外，在一些其他工程管理文献中，虽然其并非以建设工程合同为主要研究对象，但其内容也多涉及了建设工程合同成本控制、风险管理以及索赔等问题，这些研究更侧重于合同管理技术及方法的推介。

1.3.2 国内建设工程合同管理理论研究 ❶

由于我国工程建设起步较晚，没有形成以行业协会等行业自律性组织为主导的管理制度。在缺乏自律传统的条件下，我国工程建设在很大程度上都是依于从中央到地方的立法体系，并在近二十年来相继制定出了一系列多层次法律、行政法规、部门规章、地方法规和地方政府规章。与之相应的，国内学者对工程建设法律的研究也渐次浓厚起来，并出版了一系列工程建设法律著作，其内容涉及工程建设领域中的城市规划、工程勘察

❶ 郑宪强. 建设工程合同效率研究（博士论文）.2007，6：6-10.

设计、招标投标、工程建设标准、工程建设管理、城市房地产、城市市政公用事业、村庄和集镇规划和管理、风景名胜区以及环境保护、土地管理等，在随后的持续研究中又相继增添了建筑法、招标投标法以及合同法等内容。在这些著作中，对建设工程合同的研究可以分成两个阶段，其分水岭就是《合同法》的出台。在《合同法》出台之前，由于缺乏系统的法理依据，这些著作大都以工程建设实践为基点，对建设工程合同的研究集中在合同管理上。在《合同法》出台后，这些著作大都以《合同法》条款内容为依据，系统阐述了建设工程合同的法理，并针对工程建设实践侧重于《合同法》在工程建设中的应用，案例分析便是其中较为常见的形式。其中，还涉及一些国际工程合同的介绍与分析。

随着经济市场化程度的加深，合同在建设工程交易中的作用日益凸现，建设工程合同的专门研究也就逐渐从工程法律的研究中脱颖而出，成了迄今为止工程建设法律研究领域最为重要的研究领域，其间研究成果不断涌现。这些研究成果大致可以分为两个研究方向：一是国内建设工程合同，二是国际建设工程合同。国内学者对国内建设工程合同的研究大致有三种方法：

（1）其一是以《合同法》条款为主线系统阐述合同法原理，并将其应用于工程建设实践。此类研究注重于《合同法》在工程建设领域中的应用，具有一般意义上的普适性。

（2）其二是以诉讼案例为依据，分别从建设工程合同主体资格、合同效力、合同分包转包、合同保全、违约责任，以及工程款支付、工程质量、工程工期、合同变更与解除等几个方面的内容加以分析点评。此类研究者以建设工程领域内律师居多，比如朱树英律师、祝铭山律师等。他们对于建设工程合同的研究成果多源自于他们在实践中的执业经验，而且他们的研究多是针对个别具体的建设工程合同判例。同时，对于工程建设实践催生的一系列司法解释，他们也作了深入地探讨，对其后的建设工程合同实践具有示范意义。

（3）其三是以工程建设实践校验《合同法》条款，此类研究多以学术论文的形式出现。

工程建设市场无边界的趋势，使得建设工程合同也由以《合同法》为依据的国内建设工程合同扩展到国内建设工程合同与国际建设工程合同并存的格局。工程建设领域对国际建设工程合同的研究几乎都集中在对 FIDIC 合同条件、NEC 合同条件、AIA 合同条件、JCE 合同条件等国际工程合同条件的适用上，比如梁经、潘文和丁本信三位学者根据自己几十年的国际工程施工合同管理经验，分别对 FIDIC 合同条件、世界银行贷款项目、BOT 项目，以及总价合同、单价合同、DB 合同、EPC 合同在我国的适用做出了专题讨论。其研究者多是建设工程领域的专家、学者以及管理者，他们从实际问题出发，探讨一对一的问题导向性解决方案。不论是理论界还是实践中，中国对国际工程合同的研究和适用都还处于学习与探索阶段，而且是 FIDIC 合同条件研究与应用较多，特别是国际工程合同中的索赔问题，对其他合同条件的研究则相对较少，加之国际工程合同条件之间缺乏必要的比较研究，有时难以厘清工程合同衍生问题的根源所在，合同管理的优劣多依赖于经验的积淀与累积，对于涉及这些合同条件背后的法理依据的检验则更少。

1.3.3　国内建设工程合同管理的应用 ❶

近年来，建设工程合同管理逐渐受到我国工程管理界的重视。国内的一批专家学者、工程管理人员对我国的建设工程合同管理进行了专题研究。监理工程师、建造师、造价工程师等执业资格考试中都加入了建设工程合同管理的内容。工程管理专业和其他工程技术专业的教学中也都增加建设工程合同和合同管理的内容。

在工程建设中，合同管理在以下方面的表现较为突出：

第一，合同示范文本应用普及程度高。一般在建设工程招标文件中所列的合同格式，均以示范文本为蓝本；并且我国现阶段仍执行建设工程合同备案制度，所以部分地方政府建设行政主管部门为管理目的而要求备案的合同需采用示范文本。

第二，合同签订率较高。由于建设工程周期长、合同标的额大，且容易出现争议和纠纷，再加上我国推行强制招标制度，所以建设工程合同相对于其他合同类型来说不签订书面合同的很少。

第三，合同管理知识普及程度明显提高。我国在工程建设领域推行执业资格制度，而大多数的执业资格考试都加入了合同管理的内容，因而相对来讲工程领域的从业者对于合同管理的知识都有所认识。

但在我国目前，合同意识薄弱、合同管理水平低仍是我国建筑工程中的普遍现象。

首先，我国的建设工程合同管理的主要依据来源于法律法规，而由于法律法规本身并不健全，也很难对合同中所遇见的各类问题均加以界定，再加上有法不依的现象，使得合同的法律环境存在缺陷。同时，受困于我国的意识传统，人们也不习惯用法律手段和合同措施解决问题。合同签订和实施的问题很多，合同管理的成效不显著，水平也很难提高。

其次，我国目前建筑市场竞争激烈，属于买方市场的状态，对于发包人在招标与合同签订中提出苛刻的合同条件，承包人只能被动接受。工程建设过程中，在以发包人为核心的项目管理体制下，能否严格执行合同条款的约定并不取决于承包人，在很大程度上是由发包人项目管理的水平和对合同的态度所左右。因此，工程中经常出现黑白合同，甚至无合同施工的情形，而更为常见的是施工之后补签合同。因此，建设工程中存在着非常不利的合同签订和实施环境。

最后，由于我国近十几年工程建设的投资和规模都是史无前例的巨大，市场上的承包人参差不齐，就施工总承包企业来说，占绝大多数的是三级施工总承包企业，这些企业规模小、管理人员数量少、企业运作不规范，再加上政府监管能力有限，导致工程建设中出现大量的转包、违法分包等现象。这些现象的存在，严重危害工程建设秩序的同时，也使得承发包双方签订的合同流于形式，不能真正地对承包人产生约束。

上述问题的存在严重地影响了我国工程管理水平的提高，对工程建设的安全和质量产生了严重的损害。目前的这些现象从另一方面说明，我国更需要严格的合同管理。在我国要进行严格的合同管理，建立健全合同管理机制，还有待于法律的健全和市场运行的规范化。这是居于同一客体中相辅相成的两个方面，严格的合同管理不仅需要建筑市场的法制

---

❶ 成虎.建筑工程合同管理与索赔.南京：东南大学出版社，2000（3）：3.

化、规范化，同时也是建筑市场法制化、规范化的具体体现和主要内容之一。

材料阅读：

贯穿于三峡工程建设的合同管理制 ❶

第 1 篇 调查报告 2005 年 1 月 28 日

前言

在三峡，合同管理制在工程建设中的地位可谓举足轻重。它为确保三峡工程的顺利进行，提供了坚实的法律保证。

三峡工程开工以来，作为三峡工程的业主，中国三峡总公司建立起科学、规范、高效的合同管理体系。在这一体系下，三峡工程得以健康、有序地组织实施。

而今，当巍峨的三峡大坝从梦想变成现实，当我们初尝并品味三峡工程带给我们的丰硕果实，当我们盘点十一年建设的得与失。我们发现，有太多的东西值得总结。只有这样，我们才能更好地认识自己，才能以更饱满的热情、更冷静的思考、更科学的态度，投入到更具挑战的工程建设。

让我们一起分享思考所带来的快乐。

1999 年，我国经济生活领域发生了一件具有里程碑意义的大事：这一年的 8 月 30 日，经全国人民代表大会常务委员会第十一次会议审议通过，我国出台首部《招标投标法》。同年 12 月，由国家水利部和电力工业部联合起草的《水利水电工程施工合同和招标文件示范文本》（以下简称《范本》），正式出版发行。

值得注意的是，在分上、下两册的厚厚的《范本》中，三峡工程的合同文件作为样本，被大量地采用。

三峡工程的合同管理是怎样的一种体系？它在三峡工程已进行的 11 年建设中起到了一种什么样的作用？它在三峡工程未来的建设中以及我国的水电资源开发中将产生何种影响？在三峡工程已经进行的 11 年建设中，合同管理制作为三峡工程建设管理体制的重要一部分，有无值得借鉴意义的经验可以总结？

让我们把目光转向 20 世纪 80 年代。

依法建坝——合同管理制落户三峡

水利水电系统是我国最早引进工程招投标和合同管理机制的行业。1982 ～ 1999 年，全国有 10 余座大中型水利水电工程使用国外金融机构贷款，进行国际招标，推行以应用 FIDIC 合同条款为核心的工程管理模式。

20 世纪 80 年代中期，我国水利水电系统在国内投资的工程中全面推行招标承包制。为适应当时招投标工作的需要，水电部水利水电建设总局于 1986 年编制出版了《水电站土建工程国内招标及合同文件样本》。

随着社会主义市场经济的深入发展，在我国建设行业中逐步建立了以项目法人责任

---

❶ 于翔汉. 关于三峡工程合同管理工作的调查报告［N］. 中国三峡工程报，2005.

制、招标承包制和建设监理制等三项制度为中心的建设管理体制。水利部和原电力工业部在贯彻执行上述三项制度中逐步建立了一系列规章制度，但由于当时的法律、法规和各项规章尚不完善，在工程建设的招投标和合同实施过程中也出现了不合理的压价竞争，从而给合同的正常履行带来了困难，阻碍了建设市场健康有序地发展。

也就是在这样的背景下，1994 年 12 月 14 日，举世瞩目的三峡工程正式开工。

三峡工程规模巨大且技术复杂，分三个阶段逐步建成大坝、电站和通航建筑物，总工期长达 17 年，整个建设过程处在我国经济体制改革、产业结构调整升级和经济快速发展的时期，涉及国计民生。因此，党中央、国务院十分重视。

工程建设一开始，就确定了采用工程项目业主负责制和国家宏观调控有机结合的建设管理体制。这一新的工程建设管理体制，明确了政企分开的原则，即国家在工程建设过程中起宏观调控和监督作用，工程实行以项目法人责任制为中心的招标承包制、工程监理制和合同管理制的运行机制。

建设讲合同，依法建大坝。三峡工程一亮相，便出手不凡。在当时国有企业体制不顺、"三角债"普遍存在、信誉大打折扣的情况下，作为确保三峡工程建设顺利进行的法律依据——合同管理制，从一开始，它的身上就寄托了国人太多的期待和渴求。

独具特色——科学而务实的合同管理体系

作为三峡工程的业主——中国三峡总公司，它下属的计划合同部是三峡工程合同管理的职能部门，负责组织、协调三峡工程庞大的合同管理。作为"前方"组织、指挥三峡工程建设的指挥中心——中国三峡总公司工程建设部，则代表业主全面负责合同的执行，并对业主——中国三峡总公司负责。工程建设部下设合同管理部，负责合同的综合平衡管理。而合同的具体执行管理则按三峡工程不同的项目，分解到各个不同的项目部。如三峡二期工程的右岸混凝土浇筑工程的合同由右岸项目部负责，左岸厂坝项目合同由厂坝项目部负责，通航建筑物合同由航建项目部负责，机电安装工程合同由机电项目部负责等。就这样，庞大、繁杂的三峡工程合同管理工作，按不同的项目责任和分布，以主合同为纽带，各项目部履行各自的职责。为确保合同在签订、执行过程中的严肃、公正、廉洁，三峡总公司设有审计室和纪检监察室。以上，便是三峡工程业主内部的合同管理体系，在组织形态上的大致轮廓。

在三峡工程的每个项目的合同中，按分期建设阶段需要实施的不同项目，将质量、进度和造价的建设管理目标，制定成分项合同进行层层落实。大体上如下所述：

首先，以合同的方式将建设管理目标与责任关系分解，并延伸到施工承包人、工程监理、设计单位，形成施工承包人、工程监理和设计单位对项目法人负责。

其次，在合同中划定承包人全面完成承包合同工程的目标、责任、承包条件、技术规范、参建各方的工作责任、工程涉及的材料供应与运输、各专业或项目施工的分工协作关系。

再次，对施工、监理、设计等单位要求建立相应的项目合同管理组织体系。

最后，项目法人内部建立决策、管理、执行三个层次的管理体制，在运作上进行制度化、规范化，逐层确立相应的职责，具体责任落实在执行层。

以上便是三峡工程合同管理的体系。这一体系科学、理性，它集我国水电建筑业多年工程建设合同管理实践之大成，它根植于三峡工程并为三峡工程建设保驾护航。实践证明，这一管理体系，既吸取了国内外工程建设管理的经验，又符合三峡工程建设的实际情况。它是一整套完全适应现阶段社会主义市场经济的合同管理体系。

十一年建设——三峡合同管理经验几何？

2003年，中国三峡总公司总经理李永安，在接受新华社记者独家采访时，总结出三峡工程十年建设"八条经验"。李永安说："三峡工程建设十年来，高扬创新的旗帜，在体制、科技和管理方面不断开拓进取，积累了一些基本的经验。"

在谈到第二条经验时，李永安把三峡工程的管理经验概括为"三峡模式"。他说："坚持用社会主义市场经济的机制组织三峡工程建设，学习和借鉴国际工程管理成功经验，实行项目法人责任制、招标承包制、工程监理制和合同管理制，不断探索和完善具有三峡特色的工程建设项目管理体制。"

那么，具体到三峡工程管理体制的重要组成部分——合同管理制，积累了一些什么样的经验？

第一，在合同的签订过程中，始终坚持公开、公正、公平的原则，在充分考虑合同签订双方各自利益的基础上，三峡工程的合同文本做到科学、规范、符合实际。正因为如此，三峡工程的合同文本，才被国家水利部和原电力工业部联合起草的《水利水电工程施工合同和招标文件示范文本》作为样本，大量采用。

第二，在合同的执行过程中，既坚持合同的严肃性、权威性及法律效力，又始终遵循实事求是的原则。三峡工程规模宏大，合同繁多。在合同的执行过程中，由于设计、地质、水文及合同边界条件等的变化，使得合同需要变更。对此，三峡总公司坚持实事求是的原则，对因合同签订条件发生变化给施工单位造成的损失，都给予了合理的补偿。

第三，在合同执行过程中，资金有保证，结算及时。对此，合作伙伴相当满意，他们说，在三峡，只要达到合同要求，就会得到及时的合同款结算。而对那些在资金上暂时确有困难的承包单位，三峡总公司常常伸出援助之手，或实施预结算，或为对方垫支，或协助对方向商业机构贷款。

第四，树立"大管理"思想，将合同管理与工程质量、进度、安全、资金控制，紧密结合起来，用合同管理促进工程建设，从而使合同管理更为高效、便捷、有的放矢。而不是把合同管理单纯地视作经济行为。

第五，在合同管理过程中，始终坚持管理创新。创新，使三峡工程的合同管理更符合三峡工程建设实际，更符合现代化企业管理的要求，更能够提高生产效益、解放生产力。

显然，三峡工程的合同管理贯穿于三峡工程建设的始终。作为三峡建设管理机制的重要组成部分，它从工程立项的那天起，就开始了其管理旅程。在三峡工程已走过的11年建设历程中，它无时无刻不影响着工程建设的质量、进度、资金及成本控制、安全等方方面面，在三峡工程未来的建设以及开发长江中上游水电资源的历程中，它必将发挥更大的作用。

第2篇 调查报告2005年2月7日

前言

三峡工程合同管理制贯穿于工程建设的始终。这一科学而务实的管理体系，是确保三峡工程得以顺利进行的法律保证。

在这一体系下，三峡工程进行着有条不紊的建设，取得了令世人为之感叹的辉煌成就。而中国三峡总公司，也在这一过程中建立起以科学、理性、诚信、务实、以人为本为主要特色的企业文化。

在这一体系下，中国三峡总公司高扬实事求是的大旗，因地制宜，以宽阔的胸怀吸收国内外优秀的管理经验为我所用。以创新和不断进取的精神，创造出独具特色的符合三峡工程建设实际的合同管理制。

在这一体系下，合同管理作为组织、管理工程建设的主要手段之一，渗透于工程建设设计、施工、监理等方方面面，创造出令人叹为观止的劳动生产率。

伴随着这一管理体系的建立及实施，全体三峡建设者经历着向传统告别的痛苦和迎接新生的快乐。正如主管三峡工程建设和合同管理的副总经理曹广晶所言：转变观念、崇尚科学、实事求是、坚持创新，是三峡工程建设取得辉煌成就的重要思想武器。

合同，作为约束甲乙双方的重要法律文本，在工程建设中所起到的作用可谓举足轻重。然而，为建立起适合三峡工程建设实际的合同管理体系，并使这一体系真正发挥作用，全体三峡建设者经历了怎样的思想观念的转变历程？

转变观念——全新管理模式诞生的必然前提

1994 年 12 月 14 日，举世瞩目的三峡工程正式开工。党中央、国务院确定，三峡工程采用工程项目业主负责制和国家宏观调控有机结合的建设管理体制。三峡工程的业主是中国三峡总公司，工程实行项目法人责任制为中心的招标承包制、工程监理制和合同管理制的运行机制。

而此时，国内的《招标投标法》尚未出台。无疑，以业主负责制、招标投标制、工程监理制、合同管理制为主要内容的三峡工程建设管理体制，是一种全新的管理模式。

三峡工程合同管理从工程立项、招投标实施那天起，就开始了其漫长的旅程。如果将合同管理划分一下，它大致分两个阶段，第一阶段为合同的签订阶段，第二阶段为合同的执行阶段。三峡工程开工时，正处于我国社会主义市场经济的起步发展阶段，相关的法律、法规和各项规章处于尚不完善的时期。

在这一时期中，国内工程建设的招标投标和合同实施曾出现过不合理的压价竞争和偏离合同的不公正倾向，从而阻碍了建筑市场健康有序发展。

此时，这些现象在三峡工程的招投标和合同签订过程中，也有所反映。

作为业主，中国三峡总公司想通过招标引来国内一流的施工队伍，以确保三峡工程的质量、工期和投资控制。

作为投标单位，当然希望通过竞标而参与三峡建设之中。当时投标的施工企业的普遍心态是：三峡工程是国家投资的重点工程，按以前的"惯例"，是不会让我们赔钱的；三峡工程规模巨大、举世瞩目，具有巨大的市场潜力，不管怎样，必须先拿到"入场券"。正是基于这样的心态，在三峡一期工程招标时，有些投标企业使出不合理压价竞争的"杀手锏"。为此，这些施工单位付出了相应的代价。由于投标竞价和管理上的原因，合同成本控制相当艰难，个别项目甚至出现了亏损。据参与三峡工程建设的三七八联营总公司副总经理兼总经济师陶思江介绍，三七八联营总公司在三峡一期工程施工中，就出现了亏损。

面对投标企业的低价策略，中国三峡总公司如果盲目低价地与中标企业签订合同，势必增加执行合同的难度，势必将风险压向施工企业。而施工企业如果低价中标，要么向业主提出补偿，要么为保盈利而偷工减料，否则只能选择亏损。

对此，中国三峡总公司认为：为确保三峡工程质量、工期、投资控制目标的全面实现，维护合同的严肃性和客观性，必须解放思想，转变观念。工程报价是确定中标企业的重要考核指标，但绝不是唯一的标准。在考虑投标企业合理报价的同时，还要引入施工技术、商务、管理等全方位的竞争因素，争取签订合同的甲乙双方实现共赢。通过专家评标、定性分析、定量评分、综合评议、择优推荐、测算标底、取评标基准价综合计算等办法，确定合理报价，从而在制度、机制及操作方式上，有效地杜绝非理性竞争的发生。

无疑，这场转变思想观念的过程带给三峡工程的是更多的科学和理性，它是确保三峡工程以"四制"为代表的全新管理模式得到落实的必然选择。在这一过程中，中国三峡总公司尝到了创新所带来的乐趣和硕果，为三峡工程的顺利建设，打下了坚实的基础。而那些来三峡投标的企业和单位，也在这一过程中领悟到了社会主义市场经济的真谛。

实事求是——坚持合同原则的三峡特色

在三峡，曾发生过这样一件事，至今为各施工单位津津称道。

在三峡规模巨大的混凝土施工中，混凝土中有数量巨大的钢筋。在签订合同时，钢筋之间的连接部分及支撑部分是否计量，甲乙双方对此有不同的理解。面对这一存有争议的问题，中国三峡总公司经研究决定：应本着实事求是的原则，给予施工企业合理的补偿。仅此一项，涉及补偿的钢筋总量近万吨。三峡总公司坚持实事求是的原则，为参与三峡工程建设的各施工企业和单位，树立了很好的榜样。

三峡工程规模巨大，合同管理复杂。每份合同在实施过程中，都有可能因地质、水文、质量标准、设计和合同条件等的变化，而引起合同变更。对此，中国三峡总公司在坚持合同原则的基础上，本着实事求是的精神，都给予了施工单位以合理的解决。

1998年，由三七八联营总公司负责施工的左岸厂房第三安装间，在基础开挖过程中，由于地质条件与设计不符，使得开挖到设计高程时，还没有达到基础岩石，从而造成人员窝工和设备窝工。对此，中国三峡总公司会同设计、监理，深入施工现场调查。在尊重客观事实的基础上，对施工单位在经济上给予合理的补偿，从而确保了质量和工期。

对信守合同的施工企业和单位，中国三峡总公司及时结算工程款；对资金有困难，而信誉优良的施工企业和单位，中国三峡总公司或预支工程款，或协助其向商业银行进行贷款。在三峡二期工程刚刚开始时，古树岭和下岸溪两个大型砂石骨料系统需要几千万元的资金采购设备，而施工单位在资金上存在一定困难。为此，中国三峡总公司想方设法为施工企业解决了这一难题。

2000年，由外方厂家供货的左岸机组埋件出现质量缺陷。为此，经外方厂商同意，中国三峡总公司责成施工企业，在施工现场对缺陷进行处理。中国三峡总公司依据合同，向外方厂家进行了合同索赔，从而成功地维护了中方企业的合法权益。

像这样的例子，在三峡工地几乎每天都要发生。在三峡，合同的甲乙双方是紧密相连的合作者，他们以合同为纽带，坚持实事求是，共同为三峡工程建设奉献着他们的智慧和汗水。

11年来，三峡工程没有一起因工程结算不到位发生合同纠纷。重合同，讲信誉，全体三峡建设者以科学的态度、实事求是的精神，打造出具有三峡特色的诚信"名片"。

合同管理制——为实现"三控制"保驾护航

坚守合同原则，倡导实事求是，对因设计条件变更引起的合同变更，基本上能及时得到合理的处理。而对不信守合同承诺，影响到质量、工期、安全、投资控制的施工企业和单位，中国三峡总公司处理起来，也严格按合同办事，绝不手软。

2004年年初，中国三峡总公司建设部质量总监办公室土建工程质量总监许春云，在三峡右岸混凝土施工现场检查施工质量时发现，在混凝土施工中已经得到控制的诸如错台、蜂窝、麻面、漏浆等质量缺陷，在施工中又有所抬头。这一情况很快就反映到中国三峡总公司每周召开的工程建设例会上。主管工程建设的副总经理曹广晶说：任何影响工程质量的细枝末节，我们都要认真对待。对某些施工单位在施工中出现的质量缺陷，要紧盯不放，如不解决、不根治，就不给结算工程款。

对此，有人认为：对施工中出现的一些不可避免的质量缺陷，如此的抓住不放，是否有些"小题大做"？听了此话，一向温和的曹广晶态度坚定地说：根治质量缺陷，就是要"小题大做"！

其实，在曹广晶坚定态度的背后，是有合同为依据的。在《长江三峡水利枢纽右岸大坝电站厂房土建与安装施工招标文件》（合同编号：TGP/CI—3）第二卷技术条款一书中，有相关的明确规定："模板要有足够的强度和刚度，以承受荷载、满足稳定、不变形走样等要求；有足够的密封性，以保证不漏浆。""应尽量采用大型整体钢模板，混凝土浇筑要求内实外光，保证坝面平整，曲面光滑。"

由此，曹广晶说：施工单位要严格执行合同规范，合同要求做到的，施工单位必须做到。一场攻克混凝土浇筑施工中"常见病、多发病"等质量缺陷的"战役"，就此拉开了帷幕。这场战役在三峡工地轰轰烈烈地开展，并取得了显著成效。在这场战役中，全体建设者不仅增强了质量意识，更增强了信守合同的意识。

三峡工程的质量、工期、资金控制，在开工之初就向全国人民做出了承诺。如何实现这些承诺，不仅关乎全体三峡建设者的形象，也关乎中华民族的形象。若想全面实现这些承诺，维护合同的严肃性，就显得十分重要。

在三峡二期施工中，某些施工单位在合同中所承诺的机械设备没能按时到位，如不按合同严格处理，势必影响到工期和质量。对此，中国三峡总公司严格按照合同进行了经济处罚，以杜绝类似情况的发生。

11年来，三峡工程的合同管理就是这样走过了它的发展历程。在建设三峡工程以及开发长江中上游水电资源的世纪伟业中，它所做出的贡献绝不是仅仅几篇文章所能涵盖的。对三峡工程而言，它所具有的巨大的社会效益和经济效益，已经展现在人们的面前。而三峡工程向全国人民奉献的，又岂止是一个水电站？作为三峡工程管理体制的重要组成部分，三峡工程合同管理制，必将以它的科学、理性、实事求是的特色，而载入中国建筑业管理发展的史册中。

思考题：

（1）合同管理制在建设工程领域中产生的背景是什么？

（2）合同管理制对于建设工程管理制度改革的影响或者作用有哪些？

第 2 章　建设工程合同策划

合同管理，作为管理的一类，必然具备管理的过程性和特点。管理开始于要实现的目标或需要完成的任务，经过计划的制定与实施，实施过程中的控制与信息反馈，最终完成目标或任务。管理是一个完整的循环过程，策划处于这个过程的开始环节，即目标与实施方案设计环节，直接决定了合同是什么样子？有哪些内容？以及如何进行管理？本章知识要点有：合同策划的概念与依据；合同策划的依据和程序；合同策划的内容与方法；工程项目合同整体策划的原则与要点；业主和承包商合同策划的内容与方法。

2.1　合同策划概述

合同内容包括价格、质量、履行期限、当事人之间协作配合等诸多方面，各项内容紧密相关不可分割，同时合同不仅是一份合同书，而是由一系列对双方有约束力的合同文件组成，具备一定关联性的合同文件构成相对完整的合同约束条件。因此，需要事先对合同目的和实施有重大影响的问题进行总体的策划才能保证合同的完整与合理。

2.1.1　合同策划的概念

合同策划是根据当事人的期望目标或者经营需求，对合同进行的规划与设计，是在合同谈判、发布或签订之前，对合同的目标、结构、条件以及合同管理等根本性和关键问题所进行的设计，在顺利完成合同签订的条件下，保证合同能够满足履行的要求且易于执行和管理。

合理的合同策划与设计不仅有助于签订一个完备、有利的合同，而且可以保证圆满地履行各个合同，并使当事人之间、合同之间能够完善地协调，避免根本利益冲突，顺利地实现合同的目标。为了保证合同策划的合理性，在策划过程中需要满足以下原则：

（1）系统原则

合同是一个整体，各项合同内容密不可分，不仅双方的权利义务要对等，合同风险划分要公平，而且合同还要反映费用与义务之间的关联性等。因此，在合同策划过程中要坚持总体设计的原则，不能仅局限于合同的某方面内容，实现合同各项内容甚至各独立但关联的合同有机地联系在一起，并能相互辅助。特别需要注意的是合同目标之间的对立和统一关系，以及各独立合同的界面关系。

（2）利益相关性原则

对于一般的经济合同，合同当事人签订并履行合同的原因是为满足其利益需求。如果一方策划的合同能够和相对人的利益需求相吻合，那合同就容易在当事人之间达成一致；反之，合同内容仅能满足一方的利益需求，而不能考虑相对人的利益，甚至会对相对人利益造成一定的损害，一方面这样的合同很难碰到"知音"，另一方面如果对方迫不得已接受了这样的合同，履行的过程将会非常艰难，可能直接导致合同目的无法实现。所以，在合同策划过程中需要兼顾所有当事人的可能利益。

（3）效率原则

《合同法》以不要式合同形式为基本原则，其中反映的就是合同的订立、形式和内容遵循当事人的意愿，简化手续、程序且便于快速经济交往。合同签订的目的是履行并实现合同，而合同中设计过于繁琐的程序、流程均会影响合同履行的效率。因此，合同策划不仅要做到条款简便易懂，还要避免出现不必要的程序、手续，注重效率，从而有利于合同的履行和过程中的管理。

（4）风险分担合理原则

任何的经济交易活动均存在着风险，合同是实现风险在经济交易主体之间划分的手段。基于合同当事人的风险承受能力和风险控制能力，合理划分风险承担的范围，有助于合同的顺利履行，实现合同目标。否则，不合理的风险划分，超出任何一方当事人的承受和控制能力，将导致合同目标难以实现。

2.1.2　合同策划的依据与程序

1. 合同策划的依据

任何的策划、决策必须建立在一定的信息基础之上，是基于对数据和信息的分析所做的规划与结论。合同策划亦不例外，如合同目标、内容等策划的重点主要是依据于合同策划一方当事人的期望目标及经营需求，在此基础上结合市场环境进行设计。所以，合同策划的前提是相关数据资料的收集、整理与分析，对于这些资料、信息具体可以归类为以下几个方面。

（1）合同策划一方当事人的自身条件

商业信誉，一方当事人的商业信誉评价高与低，决定着其在市场上受欢迎的程度，因为合同是建立在当事人相互信任的基础上的，特别是需要对方当事人预付账款类的合同。

资金供应能力，对于资金要求量大且密度高的合同，如果自身的资金供应能力不强，需要在合同当中进行对应设置，比如工程建设中的 PPP、BOO 等发包方式，都是在一定程度上解决发包方资金不足的问题。

经营业绩或偿债能力，对于像融资租赁合同、借款合同等，自身的偿债能力是对方当事人重点关注的合同风险。

除以上内容外，还有自身管理水平和具备的管理力量，内部管理流程与制度等。

（2）合同策划一方当事人的期望目标或经营需求

成本限制或利润期望，作为市场经济的主体，经营的目的在于盈利，而发展战略的不同会影响成本及利润目标的设置，如迅速进入市场的战略下，利润目标相对就可能比常规情况要低一些。

现阶段经营需求的差异，如面对产能利用严重不足，成本较高时，需要通过合同实现产能的利用，可能对于合同的期望要求放低。

质量、功能及品质的要求，主要体现在对于合同相对人的资格、经营规模或者条件的线之上。

另外，还包括成本战略、产品战略、技术创新要求以及地区经营需求等。

（3）合同涉及交易的市场环境

法律环境，特别是法律法规的强制性规定对于合同内容、形式上的限制，比如保险合同、建设工程合同等按照《合同法》的规定属于要式合同，且建设工程合同还受《招标投标法》的限制，部分工程要按照招投标的方式去签订。

政策环境，属于政策鼓励的项目，如新能源、技术创新类的合同，在相关手续、费用等方面会有政策上的优惠；而属于限制类的项目，合同在获取外部资金支持上会有一定的难度。

市场竞争激烈程度受物价水平、地方人文、自然气候条件以及资源供应情况等的影响。

（4）合同潜在相对人所具备的条件

潜在相对人的资格、信誉、经营规模与范围、财务状况、管理风格和水平；在本项合同中的期望、履行合同的能力、承受和抗御风险的能力等。

不同类型合同、同类型不同特点的合同，具体需要哪些资料和数据，以满足合同策划的要求为标准。

2. 合同策划的程序

合同策划是针对当事人的经营需求，从总体上构造出一个具有针对性，并且能够获得相对人认可与接收，在签订后能够顺利实施的合同方案（图2-1）。

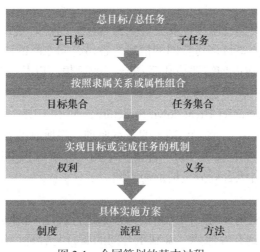

图 2-1 合同策划的基本过程

（1）获取并分析合同策划的依据资料和文件，确定合同策划一方当事人对于合同的期望。

（2）通过对市场环境与潜在合同相对人的分析，确定相对人可能的合同期望。

（3）在以上两个期望之间进行权衡，从而确定合同的目标或目标区间。

（4）基于确定的目标，识别并评价可能存在的风险，在合同当事人之间进行合理的分配。

（5）对合同中的费用、价格、履行期限、方式、质量标准等重大问题做出决策和设计，完成合同中主要条款的初步设计。

（6）针对合同签订、谈判的过程、方法等进行拟定，提出合同履行及管理的措施。

（7）最后，形成一份完整的合同策划方案。

以上程序，适用于一方当事人进行合同策划。如果双方首先进行合作意向性质的接触，在接触过程中共同起草、拟定合同方案的，部分环节需要双方分别拟定，而对于费用、价格等可通过商谈方式确定。

2.1.3　合同策划的内容与策划方法

通过合同策划，确定合同的根本性和关键性问题，需要应用相关的理论和方法，其中包括各种预测、决策方法，风险分析方法，技术经济分析方法等。

1. 合同目标策划

合同目标策划，即合同主要目标的设定。在签订合同之前，合同当事人基于自身的发展战略目标或者经营管理需求，对于合同都有一定的期望值。而当事人之间的期望值在一定程度上可能相互冲突，需要通过目标策划，使合同在最大限度上能够满足合同当事人各自的需求，以达成一致，这是合同能否形成的关键要素。

合同中最常出现的目标包括费用目标、时间目标和质量目标，至于其他方面的目标视具体合同类型及内容的不同而异。确定具体的费用、时间和质量目标有其本身的方法，如费用目标确定成本估算法、比例估算法、市场价法等，但是其基本的原理是目标管理的理论，即目标管理方法。

2. 合同结构策划

合同结构策划是针对同一事项需要签订多份合同，或者为完成当事人的战略目标与经营需求，当事人自身需要签订多份合同的情形，各份合同之间的协调、衔接以及冲突避免等方面的设计。合同结构策划需要应用系统分析的思想，以某一当事人或某一合同为核心，形成完整的合同体系，即合同分解结构。

合同分解结构（Contract Breakdown Structure，简称 CBS）是根据工作分解结构（Work Breakdown Structure，简称 WBS）的基本原理，将所有的合同按照一定的标准和方法集中到一个完整的结构体系之内的一种树状结构。分解过程中遵循 WBS 的基本原则，至于分解层次的多少视各级合同分包情形而不同。

3. 合同条件策划

所谓合同条件策划就是针对合同中重要的条款进行设计，使其满足目标实现的前提下合同当事人权利能够得到有效保障，有利于合同的履行与管理。从《合同法》的角度看，合同的主要条款就是合同的实质性条款，即合同标的、数量、质量、价款或者报酬、履行的期限、地点和方式、违约责任、争议解决等内容。合同条件策划的重点主要集中在有关价款或者报酬、质量、履行期限、风险分担以及责任界定的条款等方面。

其中，价款或者报酬的条款设计主要包括价款确定的方式、有关价格风险的分担以及价款的支付方式三方面；质量条款策划主要是指质量检验标准和方法、质量瑕疵责任承担；履行期限上主要涉及逾期风险的分担、违约责任的大小等。在合同条件策划过程中主要应用的是辩证的思想，即价款、质量、期限三者之间的对立统一关系。

4. 合同管理策划

在合同策划中所讲的管理策划首先是针对合同的订立过程，涉及以什么形式、方式签订合同，合同谈判的方式、方法，保证能够顺利地完成合同的签订。其次，是合同管理制度、流程、合同履行管理的方法等保障实施方面的策划。

《合同法》颁布实施之前，针对合同的形式是以要式为原则;《合同法》颁布实施之后，我国合同形式以不要式为原则、要式为特例。所以，除非《合同法》或者其他法规有明确的规定，否则合同形式以满足当事人意愿和利于合同执行为主。

合同订立是当事人意愿达成一致的过程，那么这个过程中的讨价还价就是合同谈判。在合同策划过程中需要确定合同谈判的方式、策略和方法。合同谈判的具体方法包括抓住关键问题实质、以退为进、折中调和、突出优势等。此外，还包括心理战术、先成交后抬价、最后一分钟方法等。

合同管理制度和流程的设计也是合同策划的一项重要内容，因为合同的履行是双方甚至多方当事人共同协作的过程，所以要以合同为主线设计指令传递、信息传输以及问题会商的制度和流程。

2.2　工程项目合同整体策划

工程项目合同整体策划属于合同战略决策范畴，对整个工程项目的计划、组织、控制有着决定性的影响。工程项目的高层决策者或咨询工程师对它应有足够的重视。

2.2.1　工程项目合同体系

工程项目的建设过程亦表现为一系列合同的签订与履行过程，工程项目的各项任务通过合同予以委托，合同是工程项目各方建设活动的依据。工程项目合同体系，是工程项目建设全过程中，以项目建设活动为依托的全部合同所构成的有机联系的系统。

工程项目合同体系的内涵，包括：

（1）工程项目合同体系表明工程项目的建设方案和管理思想，工程项目的一次性和独特性，决定了工程项目合同体系的一次性和独特性。

（2）合同体系是由各个相互联系的单个合同构成的有机整体，各单个合同须具备项目目标一致性，项目建设活动的协调性。

（3）工程项目的周期长，且项目实施过程中的阶段划分较多，并非所有合同之间都存在某种逻辑关系，可以按照阶段，形成若干个工程项目合同体系的子系统、子单元。

（4）工程项目的合同体系与工程项目的建设模式、管理模式相关，也可以说工程项目的建设模式、管理模式在一定程度上决定了工程项目的合同体系。

2.2.2　典型工程项目合同体系

工程项目的独特性，表明每个项目具有特定的环境、特殊的要求或者特别的困难，工程项目的决策者、理论研究人员针对这种独特性，研究设计了不同的工程项目建设或运营模式，如 BOT、DB、BT、DBB、EPC 等。工程项目的决策者需要根据自身的战略需求、项目环境与条件选择或者设计工程项目的建设或运营模式，而工程项目的合同体系需要适应选定的建设或运营模式。

1. 平行承发包模式下工程项目合同体系

平行承发包模式，是指业主将建设工程的设计、施工以及材料设备采购的任务经过分解分别发包给若干个设计单位、施工单位和材料设备供应单位，并分别与各方签订合同。各设计单位之间的关系是平行的，各施工单位之间的关系也是平行的，各材料设备供应单位之间的关系也是平行的（图 2-2）。

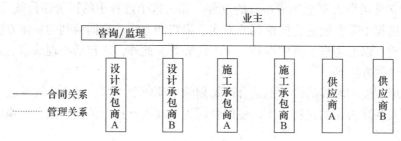

图 2-2　平行承发包模式下合同关系

平行承发包模式有利于缩短工期，设计阶段与施工阶段有可能形成搭接关系，从而缩短整个建设工程工期；整个工程经过分解分别发包给各承建单位，合同约束与相互制约使每一部分都能够较好地实现质量要求；大多数国家的建筑市场中，专业性强、规模小的承建单位一般占较大的比例，这种模式的合同内容比较单一、合同价值小、风险小，使它们有可能参与竞争。因此，无论是大型承建单位，还是中小型承建单位均有机会竞争。业主可在很大范围内选择承建单位，提高择优性。费用控制方面，发包以施工图设计为基础，工程的不确定性低，通过招标选择施工单位，对降低工程造价有利。但是，这种承发包模式之下合同数量多，会造成合同管理困难。合同关系复杂，使建设工程系统内结合部位数量增加，组织协调工作量大。加强合同管理的力度，加强各承建单位之间的横向协调工作。而且，工程招标任务量大，需控制多项合同价格，增加了投资控制难度。

2. 施工总承包模式下工程项目合同体系

施工总承包是发包人将全部施工任务发包给具有施工承包资质的建筑企业，由施工总承包企业按照合同的约定向建设单位负责，承包完成施工任务。根据《建筑法》规定：大型建筑工程或者结构复杂的建筑工程，可以由两个以上的承包单位联合共同承包。

该模式是 19 世纪初在国际上比较通用的一种传统模式，一直以来是我国房屋建筑与市政工程施工的主要发包模式。这种模式最突出的特点是强调工程项目的实施必须按照设计—招标—建造的顺序方式进行，只有一个阶段结束后另一个阶段才能开始。采用这种模式时，业主与设计单位签订设计合同，设计单位负责提供项目的设计和施工文件。在咨询单位的协助下，通过竞争性招标将工程交给报价和质量都满足要求的投标人，即施工总承包商来完成工程的施工任务。相关的材料设备供应商、专业分包商由承包商选择、签订合同（图 2-3）。

3. EPC 模式下工程项目合同体系

EPC（Engineering Procurement Construction）模式，又称工程总承包，是指从事工程总承包的企业按照与建设单位签订的合同，对工程项目的设计、采购、施工等实行全过程的承包，并对工程的质量、安全、工期和造价等全面负责的承包方式，即设计—采购—施工一体化的工程总承包模式。

住房城乡建设部《建筑业发展"十三五"规划》(建市〔2017〕98号)，要求"大力推行工程总承包，促进设计、采购、施工等各阶段的深度融合，提高工程建设效率和水平。"《房屋建筑和市政基础设施项目工程总承包管理办法》中，规定"政府投资项目、国有资金占控股或者主导地位的项目应当优先采用工程总承包方式，采用建筑信息模型技术的项目应当积极采用工程总承包方式，装配式建筑原则上采用工程总承包方式"(图2-4)。

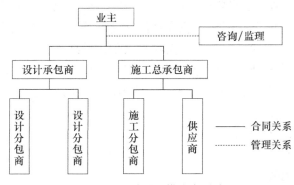

图2-3 施工总承包模式合同关系

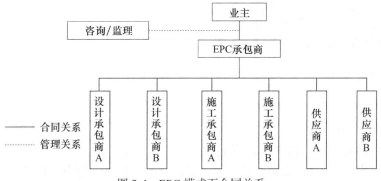

图2-4 EPC模式下合同关系

在EPC模式中，设计不仅包括一般意义上的具体的设计工作，还包括整个合同承包范围内工作内容的总体策划和协调工作，采购也不是一般意义上的建筑材料设备采购，而是按照业主要求中的内容，有可能包括项目投产所需要的全部材料、设备、设施等的采购协调、配合、必选等，而与设计采购一体化的施工工作内容则包括了从设计到投产所需要进行的全部施工与协调、安装、试车、技术培训、交钥匙等方面。

2.2.3 工程项目合同整体策划的意义

在工程项目的可行性研究阶段即需要进行合同体系策划，通过策划形成的合同体系相当于项目运行的初始轨道和润滑剂，对于保证项目后续阶段的顺利进展具有重要的价值和作用。

(1)合同的策划决定着项目的组织结构及管理体制，决定合同各方面责任、权利和工作的划分，所以会对整个项目管理产生根本性的影响。业主通过合同委托项目任务，并通过合同实现对项目的目标控制。

（2）合同是实施工程项目的手段，通过策划确定各方面的重大关系，无论对业主还是对承包商，完善的合同策划可以保证合同圆满地履行，克服关系的不协调，减少矛盾和争议，顺利地实现工程项目总目标。

2.2.4　工程项目合同整体策划的依据

工程项目合同整体策划需要在可行性研究阶段展开，并且随着项目进展的不断调整和完善，项目进入实施过程，如勘察设计的实施，意味着工程项目合同整体策划工作即告结束。自此之后，所进行的合同策划一般为具体合同的策划。按照工程项目的生命周期理论，项目经过构思、可行性研究、决策立项、项目建设准备完成之后，进入项目实施过程。工程项目合同整体策划始于可行性研究，终于建设准备。在此过程中，所形成的调研、批文、方案皆为工程项目合同整体策划的依据，具体包括：

（1）项目资本运作方案；

（2）投资分析和建设规模；

（3）项目开发模式；

（4）项目立项的批文；

（5）同类项目运作方案及经验；

（6）政策、法规的限制或鼓励性规定；

（7）项目风险分析的相关资料；

（8）项目投资估算及项目时间安排等。

2.2.5　工程项目合同整体策划的程序

工程项目合同整体策划的最终目的，是厘清项目的主要合同结构、组织关系，即工程项目的合同结构图或合同体系。

工程项目合同整体策划应按以下程序展开：

（1）根据项目的立项批文和开发模式，确定建设单位（业主方）的架构组成，并作为项目结构图或合同体系的中心单元，所有的合同关系、组织关系，围绕建设单位来设计和绘制。

（2）根据项目的投资分析和资本运作方案，确定项目的融资结构，根据融资结构，完成融资部分的合同结构，并依据风险分析的相关结论和政策、法规要求，标注出对应的担保合同关系。

（3）根据项目的建设规模和开发模式，在同类项目建设及运作经验的基础上，规划、构造项目的勘察、设计、施工等承包任务方面的合同结构或合同体系。

（4）从建设单位自身具备的条件和管理能力的分析出发，对项目建设中专项服务、招标代理、监理、造价咨询等需外包的咨询服务进行界定，并构建咨询服务的合同结构或合同体系。

（5）根据项目特征、建设单位项目建设及运营的需求，对材料设备采购与供应、项目营销等方面的需求进行设计，并补充进项目合同结构图或合同体系。

经过以上五个步骤，基本能够完成项目合同结构图或合同体系的绘制，需要区分合同结构图中合同关系与组织关系，并通过后期项目进展和决策上的调整，不断修正、完善项目合同结构图或合同体系。

2.3 业主方的合同策划

根据工程项目管理理论，在工程实践中，建设单位是工程项目管理与运作的核心，所有的管理流程与制度均需以建设单位为中心进行设计，并且工程项目的目标要以实现建设单位建设意图或目标为基础。鉴于工程建设的庞杂性和社会化专业服务的细分，为顺利实现工程项目建设目标，建设单位需要签订若干个合同，按照第二节所述，包括融资类、承包类、咨询服务类、运营类等。一般来说，建设单位的合同体系即为工程项目的合同体系。因此，本节分别针对融资类、承包类、咨询服务类合同的策划进行说明。

2.3.1 融资类合同策划

根据国内外工程项目建设实践，工程项目建设资金的融资分为公司融资和项目融资两类。

公司融资，一般为债务融资，表现为银行贷款、公司股票、公司债券等形式，是公司利用本身的资信能力对外取得资金支持的方式。以项目发起人为融资的对象，项目发起人需要通过抵押、质押或保证等方式对融资本金及权益进行担保。公司融资多以银行贷款的形式出现在工程实践中。

项目融资，Vinter，将其定义为：对一项权利、自然资源或其他资产的开发或利用的融资，且并不由任何形式的股本来提供，其偿还来自于项目产生的利润。发起人成立的项目公司一般作为融资的对象，需要有结构严谨复杂的担保体系，与工程项目有利害关系的众多单位需要对融资资金、建设风险等进行担保，以保证能够产生足够的项目现金流用于偿还融资本金及权益。项目融资，多以 BOT、PPP 等项目运作方式出现。

从概念和实践两个方面进行比对，项目融资涉及的相关方更多，合同关系更加复杂，合同策划的难度更高，接下来通过深圳城市轨道交通 5 号线的项目融资来说明项目融资中的合同关系结构（图 2-5）。

如图 2-5 可知，深圳地铁 5 号线 BT 项目参与主体众多，但核心主体是深圳地铁公司、中国中铁公司以及由中国中铁公司成立的中铁南方公司。围绕着这三个参与的主体单位，形成了深圳地铁 5 号线 BT 项目的合同网络关系。尽管 BT 项目各参与主体之间的合同关系较为复杂，但在 BT 项目合同关系中，最为核心的关系是 BT 项目发起人、BT 项目承办人以及由项目承办人成立的 BT 项目公司之间的合同关系。深圳地铁 5 号线 BT 项目中最核心的合同是《深圳地铁 5 号线 BT 项目及相关工程 A 合同（5 号线 BT 项目合同）》。

因此，融资类合同策划的直接依据是项目所采用的融资模式，在选定或设计的融资模式基础上，明确合同体系的核心内容或协议，并合理划分风险，实现融资事宜清晰的界定，以便能够构成完整的合同体系。

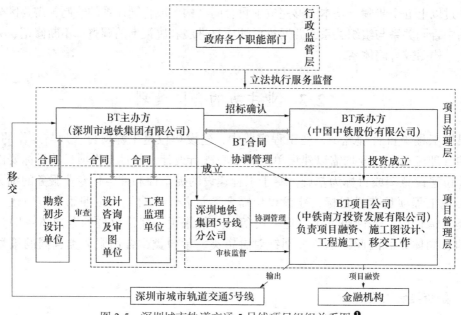

图 2-5　深圳城市轨道交通 5 号线项目组织关系图 ❶

2.3.2　承包类合同策划

根据本章第二节所述，工程项目建设可采用不同的模式，在国内工程实践中较为常见的是施工总承包模式。施工总承包，原则上土建、安装等工程施工只有一个总承包单位，装饰、安装部分可以在法律条件的允许下分包给第三方施工单位。在建筑工程中，一般来说土建施工单位即是法律意义上的施工总承包单位，土建施工单位负责整个建筑工程的建设与服务，如果存在分包工程时也负责包括：提供水电接口、提供垂直运输、土建收口、施工脚手架、竣工资料归档、成品保护、平行交叉影响、铁件预埋等总包单位的服务和配合管理责任。这种方式的特点是：

（1）在通过招标选择施工总承包单位时，一般以施工图设计为投标报价的基础，投标人的投标报价比较有依据，在开工前就要有较为明确的合同价，有利于业主对总造价的早期控制。

（2）施工图设计全部结束后，才能进行施工总承包单位的招标，开工日期较迟，建设周期势必较长，对进度控制不利。这是施工总承包模式的最大缺点，限制了其在建设周期紧迫的建设工程项目中的应用。

（3）建设工程项目质量的好坏在很大程度上取决于施工总承包单位的选择，取决于施工总承包单位的管理水平和技术水平。业主对施工总承包单位的依赖比较大。

（4）业主只需要进行一次招标，与一个施工总承包商签约，招标及合同管理工作量大大减小，对业主比较有利。

（5）业主只负责对施工总承包单位的管理及组织协调，工作量大大减小，对业主比较有利。

---

❶　姜敬波．风险分担视角下城市轨道交通 BT 项目的回购定价研究．博士论文，2010．

1. 分标策划

如图 2-3 所示，施工总承包合同体系包括设计合同、施工总承包合同、采购合同、设计分包合同、施工分包合同等。因此，承包类合同策划的首要内容是分标策划，又称为合同包划分，即业主需要将一个完整的工程项目划分为几个标段或者合同包。项目分标方式的确定是项目实施的战略问题，对整个工程项目有重大影响。

（1）通过分标和任务的委托确保项目总目标的实现。它必须反映项目战略和企业战略，反映业主的经营指导方针和根本利益。

（2）分标策划决定了与业主签约的承包商的数量，决定着项目的组织结构及管理模式，从根本上决定合同各方面责任、权力和工作的划分，所以它对项目的实施过程和项目管理产生根本性的影响。业主通过分标和合同委托项目任务，并通过合同实现对项目的目标控制。

（3）分标和合同是实施项目的手段。通过分标策划摆正工程过程中各方面的重大关系，防止由于这些重大问题的不协调或矛盾造成工作上的障碍，造成重大的损失。对于业主来说，正确的分标和合同策划能够保证圆满地履行各个合同，促使各个合同达到完美的协调，减少组织矛盾和争执，顺利地实现工程项目的整体目标。

2. 选择承包商方式

根据我国《招标投标法》，招标方式有公开招标、邀请招标两种方式，各种招标方式有其特点及适用范围。一般要根据承包形式、合同类型、业主所拥有的招标时间（工程紧迫程度），业主的项目管理能力和期望控制工程建设的程度等进行决定。

（1）公开招标

公开招标是指招标人以招标公告的方式邀请不特定的法人或其他组织投标。公开招标又称无限竞争性招标，是一种由招标人按照法定程序，在公共媒体（报刊、广播、网络等）上发布招标公告，所有符合条件的供应商或承包商都可以平等地参加投标竞争，招标人从中择优选择中标者的招标方式。

公开招标，业主选择范围大，承包商之间充分平等地竞争，有利于降低报价，提高工程质量，缩短工期。但招标期较长，业主有大量的管理工作，例如要准备许多资格预审文件和招标文件；资格预审、评标、澄清会议工作量大，且必须严格认真，防止不合格的承包商混入。不限对象的公开招标会导致许多无效投标，造成大量时间、精力和金钱的浪费。在这个过程中，严格的资格预审是十分重要的。

我国规定，国有资金占控股或者主导地位的依法必须进行招标的项目，应当公开招标。对于有些不适宜公开招标的重点项目，经批准可采用邀请招标的方式。

（2）邀请招标

邀请招标是指招标人用投标邀请书的方式邀请特定的法人或其他组织进行投标。邀请招标又称有限竞争性招标，是一种由招标人选择若干符合招标条件的供应商或承包商，向其发出投标邀请，由被邀请的供应商、承包商投标竞争，从中选定中标者的招标方式。

邀请招标的特点是：

1）招标人在一定的范围内邀请特定的法人或其他组织投标。为了保证招标的竞争性，邀请招标必须向三个及三个以上具备承担招标项目能力并且资信良好的投标人发出邀请书。

2）邀请招标不需发布公告，招标人只需向特定的投标人发出投标邀请书即可。接受邀请的人才有资格参加投标，其他人无权索要招标文件，不得参加投标。

3. 合同计价方式

合同的计价方式有很多种，不同种类的合同，有不同的应用条件、不同的权力和责任分配、不同的付款方式，同时合同双方的风险也不同，应依照具体情况选择合同类型。目前，合同的类型主要有两种。

（1）单价合同

《建设工程施工合同（示范文本）》GB—2017—0201 中对于单价合同的定义是指合同当事人约定以工程量清单及其综合单价进行合同价格计算、调整和确认的建设工程施工合同，在约定的范围内合同单价不做调整。合同当事人应在专用合同条款中约定综合单价包含的风险范围和风险费用的计算方法，并约定风险范围以外的合同价格的调整方法。

单价合同是最常见的合同种类，适用范围广，如 FIDIC 施工合同条件、NEC 合同等。在这种合同中，承包商仅按合同规定承担报价的风险，即对报价（主要为单价）的正确性和适宜性承担责任；而工程量变化的风险由业主承担。由于风险分配比较合理，能够适应大多数工程，能够调动承包商和业主双方的管理积极性。单价合同又分为固定单价合同和可调单价合同等形式。

1）固定单价合同。这也是经常采用的合同形式，特别是在设计或其他建设条件（如地质条件）还没有落实的情况下（计算条件应明确），而之后又需要增加工程内容或工程量时，可以按照单价适当追加合同内容。在每月（或每阶段）工程结算时，根据实际完成的工程量结算，在工程全部完成时以竣工图的工程量最终结算工程总价款。

2）可调单价合同。合同单价可调，一般是在工程招标文件中规定的。在合同中签订的单价，根据合同约定的条款，若在工程实施过程中物价发生变化等，可做调整。有的工程在招标或签约时，因某些不确定因素而在合同中暂定的某些分部分项工程的单价，在工程结算时，再根据实际情况和合同约定合同单价进行调整，确定实际结算单价。

单价合同的特点是单价优先，例如 FIDIC 施工合同条件，业主给出的工程量表中的工程量是参考数字，而实际合同价款按实际完成的工程量和承包商所报的单价计算。虽然在投标报价、评标、签订合同中，人们常常注重合同总价格，但在工程款结算中单价优先，所以单价是不能错的。对于投标书中明显的数字计算的错误，业主有权先做修改再进行评标。

（2）总价合同

总价合同是指合同当事人约定以施工图、已标价工程量清单或预算书及有关条件进行合同价格计算、调整和确认的建设工程施工合同，在约定的范围内合同总价不做调整。合同当事人应在专用合同条款中约定总价包含的风险范围和风险费用的计算方法，并约定风险范围以外的合同价格的调整方法。

总价合同主要有以下优点：

1）业主的项目管理简单。签订合同时，项目总价确定，控制投资比较方便，总的风险比较小。

2）承包商承担大量的风险，但是，通常能够获得较高的利润。

3）承包商报价依据明确，工程内容的不确定性比较小，从这方面来说，承包商的风险又是小的。

总价合同主要有以下缺点：

1）由于业主准备设计招标文件的时间比较长，因而开工比较晚，项目实施期限长。对于要求快速交付的工程不太适用。

2）在工程实施过程中，容易发生大量的工程变更和索赔。

3）在工程设计时，很难运用承包商的施工经验，无法达到设计优化的目的。

总价合同一般又可以分为固定总价合同、调价总价合同、固定工程量总价合同以及管理费总价合同四种方式，详细分析如下：

1）固定总价合同

承包商的报价以详细的设计图纸、技术规程和其他招标文件为基础进行标价计算，在此基础上，考虑项目施工过程中可能出现的费用上涨和不可预见的风险，增加一笔风险费用。固定总价合同中的"固定总价"是指：如果在工程实施过程中，图纸及工程要求不变，则总价固定。但是，如果图纸或工程质量要求发生变化、工期要求提前或业主提出了超过原合同规定的要求，则合同总价也应该做出相应的改变。很多固定总价合同的合同价格与工程建设完成后费用支付的实际价格相差很远，就是因为发生了应给予承包商补偿的各种事件，产生了价格的调整和变化。所以，这里的"固定总价"不是绝对不变的"总价"。

这种合同形式主要适用于工期比较短（一般不超过 1 年）、对工程项目要求十分明确的项目，且有详细的设计图纸和技术要求。固定总价合同除了工程变更或发生合同规定的补偿事项之外，合同价格将不会调整。所以，承包商将承担项目施工的绝大部分风险，将为许多不可预见的因素付出代价，因而这种合同承包商的报价一般较高。但是，业主在签订合同之前如果能够确定项目建设的具体投资，将承担很少的价格变动风险。

2）调价总价合同

调价总价合同又称为可调总价合同。承包商在报价及签订合同时，以招标文件的要求及当时的物价计算为基础，并考虑物价指数、工资标准等单价报出总价并与业主签订合同。但在合同条款中双方商定：在履行合同期间，如果由于通货膨胀引起物价上涨、工资上调等事件并达到某一限度时，合同总价应相应调整。签订这种合同业主承担了通货膨胀这一不可预见的费用因素的风险，承包商承担其他风险。从风险分配的角度来看，调价总价合同比固定总价合同的风险分配更为合理，承包商报价中的风险费将会减少，业主得到更低的报价，但是业主承担了涨价风险。

这种合同形式更适用于施工工期较长（例如 1 年以上），全球或地区性经济风暴时期的工程，以及地区物价波动较大的工程。

3）固定工程量总价合同

固定工程量总价合同即根据设计工作所依据的基础资料的可靠程度和设计的详细程度，对于能够准确计算出分项工程量的项目，编写工程量清单，业主要求投标人在投标时按单价合同的方式分别填报分项工程单价，从而计算出工程总价，据之签订合同。原定工程项目全部完成后，根据合同总价付款给承包商。如果改变设计或增加新项目，则用合同中已确定的单价来计算新的工程量和调整总价。

这种方式对业主有很多优点，一是可以了解投标人投标时的总价是如何计算得来的，便于业主审查投标价，特别是对投标人过度的不平衡报价，比较各投标人的价格差异，也可以在合同谈判时压低价格；二是在物价上涨或增减工作内容的情况下，参照已报单价确定变化后的单价。

这种方式适用于设计依据的基础资料可靠、设计图纸比较详尽、分项工程量比较准确、施工中工程量变化不大的项目。对于地上的小型工程项目、普通结构的土建工程项目，业主考虑到项目施工比较简单，主体工程内容比较明确，根据主要的工程内容可以确定双方进行全部工程建设的费用。

4）管理费总价合同

管理费总价合同是指为了进行某一具体工程项目建设，业主雇用某一公司（一般为咨询公司）或管理专家对工程项目施工进行管理和协调，由业主支付该公司或管理专家一笔总的管理费用。采用这种合同时，双方要明确具体的管理工作范畴。

上述四种总价合同中，前三种是业主和承包商之间签订合同时使用的，最后一种是业主与管理公司签订合同时使用的。

（3）其他计价方式的合同

在工程实践中还存在其他计价方式的合同，包括成本加酬金合同、费率合同等。其中成本加酬金合同也称为成本补偿合同，工程施工的最终合同价格将按照工程实际成本再加上一定的酬金进行计算，这是我国《建设工程施工合同（示范文本）》GF-1999-0201 中曾经采用过的一种计价方式，由于其应用较少，在 2013 版及之后施工合同范本中没有再单独列出来。成本补偿合同有以下七种形式：成本加固定费用合同、成本加定比费用合同、成本加奖金合同、成本加固定最大酬金合同、成本加保证最大酬金合同、成本补偿加费用合同、工时及材料补偿合同。

1）成本加固定费用合同

根据这种合同，招标单位对投标人支付的人工、材料、设备台班费等直接成本全部予以补偿，同时还增加一笔管理费。所谓固定费用，是指杂项费用与利润相加的和，这笔费用的总额是固定的，只有当工程范围发生变更而超出招标文件的规定时才允许变动。这种超出规定的范围是指在成本、工时、工期或其他可测项目方面的变更招标文件规定数量的上下 10%。

2）成本加定比费用合同

成本加定比费用合同与成本补偿合同相似，不同的只不过是所增加的费用不是一笔固定金额，而是按照成本的一定比率计算的一个百分比份额。

3）成本加奖金合同

奖金是根据报价书的成本概算指标制定的，概算指标可以是总工程量的工时数的形式，也可以是人工和材料成本的货币形式，在合同中，概算指标被规定了一个底点和一个顶点，投标人在概算指标的顶点下完成工程时就可以得到奖金，奖金的数额按照低于指标顶点的情况而定；而如果投标人在工时或工料成本上超过指标顶点时，他就应该对超出部分支付罚款，直到总费用降低到概算指标的顶点为止。

4）成本加固定最大酬金合同

根据这一合同，投标人得到的支付有三个方面：包括人工、材料、机械台班费以及管理费在内的全部成本；占人工成本百分比的增加费、酬金。在这种形式的合同中通常有三笔成本总额：报价指标成本、最高成本总额、最低成本总额。在投标人完成工程所花费的工程成本总额没有超过最低成本总额时，招标单位要支付其所花费的全部成本费用、杂项费用，并支付其应得酬金；在花费的工程成本总额在最低成本总额和报价指标成本之间时，招标人只支付工程成本和杂项费用；工程成本总额在报价指标成本与最高成本总额之间时，则只支付全部成本；在工程成本超过最高成本总额时，招标单位将不予支付超出部分。

5）成本加保证最大酬金合同

在这种合同下，招标单位补偿投标人所花费的人工、材料、机械台班费等成本，另外加付人工及利润的涨价部分，这一部分的总额可以一直达到为完成招标书中规定的规范和范围而给的保证最大酬金额度为止。这种合同形式，一般用于设计达到一定的深度，从而可以明确规定工作范围的工程项目招标中。

6）成本补偿加费用合同

在这种合同下，招标单位向投标人支付全部直接成本并支付一笔费用，这笔费用是对承包商所支付的全部间接成本、管理费用、杂项及利润的补偿。

7）工时及材料补偿合同

在工时及材料补偿合同下，工作人员在工作中所完成的工时用一个综合的工时费率来计算，并据此予以支付。这个综合的费率，包括基本工资、保险、纳税、工具、监督管理、现场及办公室的各项开支以及利润等。材料费用的补偿以承包商实际支付的材料费为准。

4. 其他重要合同条款的确定

业主应正确地对待合同，对合同的要求合理，但不应苛求。业主处于合同的主导地位，由其起草招标文件，并确定一些重要的合同条款。主要有：

（1）适用于合同关系的法律，以及合同争执仲裁的地点、程序等。

（2）付款方式。如采用进度付款、分期付款、预付款或由承包商垫资承包。这是由业主的资金来源保证等因素决定。让承包商在工程上过多地垫资，会对承包商的风险、财务状况、报价和履约积极性有直接影响。当然如果业主超过实际进度预付工程款，在承包商没有出具保函的情况下，又会给业主带来风险。

（3）合同价格的调整条件、范围、调整方法，特别是由于物价上涨、汇率变化、法律变化、海关税变化等导致对合同价格调整的规定。

（4）合同双方风险的分担。即将工程风险在业主和承包商之间进行合理分配。基本原则是，通过风险分配激励承包商，控制风险，取得最佳经济效益。

（5）对承包商的激励措施。

（6）业主在工程施工中对工程的控制是通过合同实现的，合同中必须设计完备的控制措施，以保证对工程的控制，如变更工程的权力；对计划的审批和监督权力；对工程质量的检查权；对工程付款的控制权；当施工进度拖延时令其加速的权力；当承包商不履行合同责任时业主的处理权等。

2.3.3 咨询服务类合同体系策划

工程项目建设过程中包括的咨询服务类别有：策划咨询，如可行性研究咨询、环评咨询、项目投资分析咨询、销售策划等；造价咨询，如跟踪审计、结算审计；工程咨询，如施工监理、工程项目管理；采购咨询，如招标代理、政府采购代理；以及全过程工程咨询服务等。然而，具体咨询服务的需要，是根据建设单位自身管理需求来界定的，一般建设单位管理能力越弱，对咨询服务的需求和依赖就越强。

咨询服务类合同策划主要在于与其他合同，特别是承包类合同的融合。如施工监理、跟踪审计、结算审计与施工总承包合同的融合，从一定程度上来说，施工监理、跟踪审计、结算审计等咨询服务合同是施工总承包合同的从合同。即意味着施工监理、跟踪审计、结算审计等咨询服务合同必须以主合同施工总承包合同为依据进行设计，且能够保证施工总承包合同的顺利履行。

2.4 承包商的合同策划

承包商的合同体系相对于建设单位的合同体系较为简单，主要包括施工合同、施工分包及劳务分包合同、材料设备采购合同等类别。而且，由于建设单位在工程项目和合同签订中的中心地位和主体作用，致使承包商的合同策划具备被动型特点。

承包商合同策划主要建立在建设单位对项目及合同要求的基础上，以及如何有效地防范或转移风险上，包括分包策划和合同执行策划两个方面的内容。

2.4.1 专业分包

根据《房屋建筑和市政基础设施工程施工分包管理办法》，专业工程分包，是指施工总承包企业将其所承包工程中的专业工程发包给具有相应资质的其他建筑业企业完成的活动。

专业分包是施工总承包商转移技术、成本风险，利用社会专业化资源完成工程建设的有效手段之一。专业分包的原因主要有以下几点：

（1）技术上需要。总承包商不可能，也不必具备总承包合同工程范围内的所有专业工程的施工能力。通过分包的形式可以弥补总承包商技术、人力、设备、资金等方面的不足。同时总承包商又可以通过这种形式扩大经营范围，承接自己不能独立承担的工程。

（2）经济上的目的。对于有些分项工程，如果总承包商自己承担会亏本，而将它分包出去，让报价低同时又有能力的分包商承担，总承包商不仅可以避免损失，还可以取得一定的经济效益。

（3）转嫁或减少风险。通过分包，可以将总包合同的风险部分地转嫁给分包商。这样，大家共同承担总承包合同风险，提高工程经济效益。

（4）业主的要求。业主指定总承包商将一些分项工程分包出去。

通常有如下两种情况：

1）对于某些特殊专业或需要特殊技能的分项工程，业主仅对某专业承包商信任和放心，可以要求或建议总承包商将这些工程分包给该专业承包商，即业主指定分包商。

2）在国际工程中，一些国家规定，外国总承包商承接工程后必须将一定量的工程分包给本国承包商；或工程只能由本国承包商承接，外国承包商只能分包。这是对本国企业的一种保护措施。

业主对分包商有着较高的要求，也要对分包商作资格审查。没有工程师或业主代表的同意，承包商不得随便分包工程。由于承包商向业主承担全部工程责任，分包商出现任何问题都由总包负责，所以分包商的选择要十分慎重。一般在总承包合同报价前就要确定分包商的报价，商谈分包合同的主要条件，甚至签订分包意向书。

工程分包策划的原则：

（1）便于管理，分标不能过多。

（2）有利于招标竞争，不能分标过少。

（3）所分各标，应易划清责任界线。

（4）按整体单项或者分区分段来分标，避免以工序分标。

（5）把实施作业内容和实施技术相近的项目合在一个标中，以减少施工设备重复购置，减少实施人员。

（6）考虑招标人提供的条件对主体项目分标的影响。

（7）要有利于发挥企业的优势，吸引有优势的承包人投标，可按项目性质和专业分标。

以上分标原则是相互制约的，要以确保投资效益，按合理工期控制总进度，又能达到质量标准，前提进行分标。

2.4.2 劳务分包

根据《房屋建筑和市政基础设施工程施工分包管理办法》，劳务作业分包，是指施工总承包企业或者专业承包企业将其承包工程中的劳务作业发包给劳务分包企业完成的活动。

劳务分包的策划，重点在于劳务分包合同的内容与责任，需要满足现行法律法规的规定。

一般情况下，发包人、承包人约定劳务分包合同价款计算方式时，可以选择固定合同价款、建筑面积综合单价、工种工日单价、综合工日单价四种方式选择其一进行计算。但发包人、承包人不得采用"暂估价"方式约定合同总价。

材料阅读：

长沙市地下综合管廊 PPP 项目合同体系 ❶

1. 项目背景

随着中国新型城镇化的推进，过去城市建设只重地上、不重地下的弊端逐渐暴露出来，现有管道老化严重，城市内涝问题频发。2014 年 6 月，《国务院办公厅关于加强城市地下管线建设管理的指导意见》中明确提出将稳步推进城市地下综合管廊建设，在 36 个城市开展地下综合管廊试点，探索投融资、建设维护、定价收费、运营管理等模式。

随着国家全面加强地方政府性债务和地方政府融资平台的管理，迫切需要创新地下综合管廊的投融资机制。长沙市政府为了缓解财政压力，筹集项目建设所需资金，提高长沙市地下综合管廊的建设水平、建设速度和运营管理水平，积极开展了综合管廊全国试点城市的申报工作，并于 2015 年 4 月 8 日在全国开展的试点城市竞争评选中，成功入围。

---

❶ 财政部政府和社会资本合作中心网站 http://www.cpppc.org/zh/pppxmalxb/5358.jhtml PPP 示范项目案例选编。

2. 项目概况

项目建设总投资估算为 39.95 亿元, 建设管廊里程合计 42.69km。其中, 先建管廊里程 17.38km, 建设投资约为 17.04 亿元, 采用"转让—运营—移交"(TOT)形式, 有偿转让给 PPP 项目公司进行经营管理。后建管廊里程 25.31km, 建设投资约为 22.91 亿元, 采用"建设—运营—移交"(BOT)形式, 由 PPP 项目公司负责全部的投融资、施工图设计、建设运营及移交工作。

项目合作期 28 年, 其中建设期 3 年, 运营维护期 25 年。

3. 项目回报机制

项目回报机制为使用者付费, 再加可行性缺口补助。

(1)使用者付费

项目公司向各入廊管线单位提供的地下综合管廊的使用服务, 由入廊管线单位向项目公司支付管廊租赁费作为回报。管廊租赁分包括入廊费和管廊运营维护费两部分。

(2)可行性缺口补助

对于使用者付费不足以覆盖项目的建设、运营成本及社会资本合理收益的差额部分, 由政府方按照《PPP 项目合同》约定给予项目公司可行性缺口补助。当年政府可行性缺口补助额计算公式如下:

当年政府可行性缺口补助额 = 当年管廊可用性服务费价格 - 当年入廊管线单位实际付费额

当年管廊可用性服务费价格 = 管廊可用性服务费报价 × [1 + (项目总投资/399508 - 1) × 0.92]

其中, 399508 万元为招标时的项目估算总投资; 0.92 为经测算的本项目经验调整系数。

4. 项目交易结构

项目发起方式为政府发起, 采用公开招标的采购方式, 项目最终的交易结构, 如图 2-6 所示。

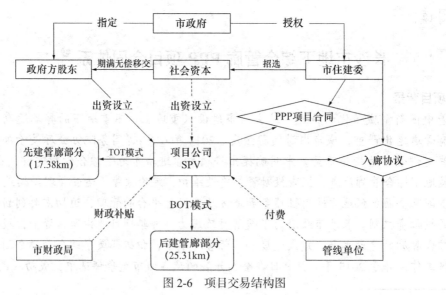

图 2-6　项目交易结构图

5. 合同谈判及签署

（1）合同谈判要点

招标文件已经明确的内容，在谈判过程中不得提出超出其投标文件法律方案中明确承诺的偏差范围的内容。且谈判过程中不允许对招标文件中的《PPP 项目合同》《合资经营协议》《公司章程》的条款进行实质性的变更，不得涉及合同中不可谈判的核心条款。

招标文件未明确的内容，候选社会资本可以在谈判过程中提出细化条款。

（2）谈判过程

在候选社会资本依次进行确认谈判并最终确定中选者之前，每一候选社会资本的谈判期限均不得超过 1 个月；每周二、五定期安排进行合同确认谈判。

思考题：

（1）合同结构的设计需要考虑哪些因素？

（2）合同结构设计的过程是什么？

第 3 章　建设工程合同订立

合同订立是当事人交易合意形成的过程，是合同书起草、谈判与签订的过程。由于建设工程的特殊性、复杂性，法律法规中对于建设工程合同的订立方式、程序、合同形式等进行了若干的限制性规定。建设工程合同签订首先要满足相关法律法规的规定，即合法性；其次要充分反映和易于实现合同当事人的意思表示，即合理性。本章知识要点有：合同订立的原则；合同形式；合同订立的一般程序；格式合同；缔约过失责任；建设工程合同的形式、内容、主体，以及招标投标的程序；合同的效力。

3.1　合同订立的基本原理

合同的订立过程，实质上是指当事人就合同的主要条款经过协商一致，并达成或签署协议的过程。根据合同法的规定，任何合同的订立都必然要经过要约与承诺两个阶段，此即为合同订立的过程，一般先由当事人一方提出要约，再由另一方当事人做出承诺的意思表示。双方意思达成一致，不要式合同成立；要式合同尚需要形成书面的合同书并双方签字、盖章，合同才能成立。要约和承诺属于法律行为，任何一方当事人做出符合法律规定形式的意思表示，就会受到法律的约束。

3.1.1　合同订立的基本原则

根据合同法通则中的规定，订立合同的基本原则有：

（1）平等原则

平等意为合同当事人法律地位平等，则一方当事人不得将自己的意志强加给另一方当事人。平等原则是指在法律上合同当事人是平等主体，没有地位高低、从属之分，不存在命令者与被命令者、管理者与被管理者的区别（对于行政管理合同不适用该原则）。

平等原则意味着合同当事人不论是法人，还是自然人；不论企业性质、规模大小与经济实力强弱；也不存在国籍、属地的差别，其法律地位一律是平等的。在此基础上，要求合同中的当事人的权利与义务对等，双方必须就合同条款充分协商，取得一致，合同才能成立。

（2）自愿原则

自愿表现为合同当事人真实意愿的体现，即当事人依法享有自愿订立合同的权利，任何单位和个人不得非法干预。自愿原则体现了民事活动的基本特征，是民事法律关系区别于行政法律关系、刑事法律关系的特有原则。自愿原则意味着合同当事人即市场主体自主自愿地进行交易活动，当事人根据自己的知识、认识和判断，以及相关的环境去自主选择自己所需要的合同，追求自己最大的利益。其主要内容包括：

1）订立与否自愿。当事人依自己意愿自主决定是否签订合同；

2）与谁签订合同自愿，在签订合同时，有权选择对方当事人；

3）合同内容由当事人在不违反法律法规强制性规定的情况下自愿约定；

4）在合同履行过程中，当事人可以协议补充、变更有关内容或解除合同；

5）可以约定违约责任，也可以自愿选择解决争议的方式。

但自愿不得破坏法律，即只要不违背法律、行政法规的强制性规定，合同的签订、履行、解除等，均由当事人自愿决定。

（3）公平原则

当事人应当遵循公平原则确定各方的权利和义务。公平原则要求当事人之间的权利义务要公平合理，并大体上平衡，合同上的责任和风险要合理分配。在合同实践上，对公平原则的理解是指订立合同时的公平；合同履行过程中，因条件与环境变化所形成的不公平，并不违反本原则。公平原则具体包括：

1）在订立合同时，要根据公平原则确定双方的权利、义务，不得滥用权力和优势，强迫对方接受不合理内容；

2）根据公平原则合理分配合同风险；

3）根据公平原则确定违约责任。

（4）诚实信用原则

当事人行使权利履行义务应当遵循诚实信用原则。

诚实信用原则对合同当事人的具体要求是：

1）在订立合同时，不得有欺诈或其他违背诚实信用的行为；

2）在履行合同中，应当根据合同的性质、目的和交易习惯，履行及时通知、协助、提供必要的条件、防止损失扩大、保密等义务；

3）合同终止后当事人也应当遵循诚实信用原则，及时履行通知、协助、保密等义务（后契约义务）。

（5）遵守法律法规，不得损害社会公共利益原则

当事人订立、履行合同，应当遵守法律、行政法规，尊重社会公德，不得扰乱社会经济秩序，损害社会公共利益。这是合同法确立的一项重要的基本原则。一般来说，合同的订立和履行，属于当事人之间的民事权利义务关系，只要当事人的意思不与强制性规范、社会公共利益和社会公德相违背，国家不予干预，且由当事人自主约定，采取自愿原则。但是合同的订立和履行，又不只是当事人之间的问题，有时可能涉及社会公共利益和社会公德，涉及国家经济秩序和第三人的权益。因此，合同当事人的意思表示应当在法律允许的范围内进行，对于损害社会公共利益、扰乱社会经济秩序的行为，应当予以干预。在国家法律、行政法规有强制性规定时，合同当事人必须严格遵守，不得恶意串通，损害国家、社会或者第三人的利益。

3.1.2 合同的形式

随着市场经济发展的需要，为便于快速经济交往，降低交易成本，合同形式变化多样。电子商务的快速发展，使得对于数据电文形式的合同需求增加，由此《电子签名法》（2005 年）规定民事活动中的合同当事人可以约定使用或者不使用电子签名、数据电文。

（1）书面形式

书面形式，指用文字形式订立的合同，包括正式的合同书、信件、数据电文（包括电报、电传、传真、电子数据交换和电子邮件）等可以有形地表现所载内容的形式。

书面形式包括一般书面形式和特殊书面形式。前者指以一般的文字方式表达订立合同的意愿，体现合同的内容。后者指公证形式（由公证机关在合同书上加盖公证印章，证明合同真实、合法，具有法律效力）、鉴证形式（由合同管理机关对合同的真实性和合法性进行鉴定，并在合同书上加盖鉴证印章）。

书面形式合同的优点是可以长期保存，发生合同纠纷时有据可查，便于当事人举证和主张权利。通常情况下，书面形式合同可以产生四种不同的法律效力：

1）证据效力。书面形式作为合同的证明；

2）成立效力。书面形式作为合同成立的要件；

3）生效效力。书面形式作为合同生效的要件；

4）对抗第三人的效力。书面形式作为对抗第三人的要件。

（2）口头形式

口头形式，指用语言方式订立的合同，包括用当面交谈、电话交谈等形式表达订立合同的愿望与合同的具体内容。口头形式合同的最大优点是简单、方便、易行，订立合同成本很低，但"口说无凭"，发生合同争议时难以举证，合同履行成本可能很高。因此，大宗和复杂的交易合同，最好采用书面形式，且合同法规定要式合同不能采用口头形式，必须使用书面形式。

（3）其他形式

其他形式，指用行为表示订立合同的意愿，体现合同的内容，包括推定行为、默示等。推定行为是用积极的行为表达订立合同的愿望与合同内容，如当事人之间有长期供货合同，合同期限届满后，一方继续供货，另一方继续接收货物并支付货款，可以从供货与接收货物的行为中推定双方达成了延长合同期限的协议。默示是用沉默不语的方式表达订立合同的愿望与合同内容，如产品试用期限届满时，试用人未声明拒绝购买时（沉默），视为同意购买，则购买合同成立、生效并履行完毕。

原则上，当事人可以自由选择合同形式，但法律、行政法规规定应当采用书面形式的，当事人约定采用书面形式的，应当采用书面形式。合同法对于合同形式的选择是以不要式为主，以要式合同为辅的原则。

3.1.3　合同的内容

合同法规定：合同的内容由当事人约定，当事人可以参照各类合同的示范文本订立合同。合同法第十二条规定，合同的内容一般包括以下条款：

（1）合同当事人的名称或者姓名和住所

表明合同主体的身份及住所，是确认合同主体资格的主要依据。公民个人签订合同应当有其个人签名或个人姓名图章。法人或其他组织签订合同应当有合同专用公章或企业公章，并有法定代表人、组织负责人或委托代理人的个人签章。法人或其他组织的住所是其主要办事机构的所在地，一般都要在工商登记机关进行登记。

（2）标的

标的或称客体，是合同当事人权利义务所指向的对象，没有标的的合同无法成立，标的不明的合同难以履行。常见的标的记载方法有：

1）不动产，应记载房屋的名称、坐落、层次、种类、构造、面积、权利范围等。如仅买卖或租赁不动产的一部分，最好附图标明位置或记载四周界标；如果面积是以实际测量的数据而非登记的为准，也应注明。

2）机械类，应记载牌号、商品名称、制造日期、型号、号码，如果有附属零部件，也应一并记入合同或另立清单。

3）车辆类，应记载厂牌、型号、年份、颜色、行车执照号码、牌照号码、引擎号码。

4）无形财产，专利权应记载专利证书号码、物品名称、取得专利权的时间、权利范围、专利期间。商标权应记载商标注册号码、商标名称、专用商品类别、专用期限，如果有附图说明更好。著作权应记载著作名称、册数、著作权人姓名、著作权年限。

5）有价证券，票据应记载发票人、发票日、票面金额、到期日、账号、票号。

6）不特定物，金钱只记载币类、数额。其他不特定物，如粮食等，应记载种类、品质、数量。

（3）数量

数量是对标的的计量，以数字和计量单位表示，如产品数量、完成的工作量等。多数情况下，以标的物长度、面积、体积、重量及其货币量表现出来。有些采用实物折合的方法计算，如棉纱用"支"。有的用复合单位计算，如拖拉机用"台/马力"等。产品数量忌用含糊不清的标准，如"一打""一捆""一车"等。具体的计量方法，应当按照国家或主管部门规定的计量方法执行。

无上述规定的，由双方商定，同时，应商定交货数量的正负尾差、合理磅差和在途自然减（增）量的规定及计算方法。对机电设备，必要时应在合同中明确规定随主机的辅机、附件、配套的产品、易损耗备件、配件和安装修理工具等。对成套供应的产品，应明确成套供应的范围，并提出成套供应清单。总之，签订数量条款时，应明确数量、计量单位和计量方法。

（4）质量

质量是合同标的内在品质和外观形象的优劣状况。任何合同中，标的总是有具体条件的，即通过数量和质量使其具体化。在确定标的质量时，如果有国家强制性标准或行业强制标准的，应按照这些标准确定，但应该写明这些标准的具体颁布日期、标准代号、编号和标准名称。如无上述标准，则由双方当事人协商确定，但也应该在合同中写明具体的验收标准或封存样品。对劳务或精神产品也应尽可能具体商定质量标准。

（5）价款或者报酬

价款或报酬，也称合同酬金，有偿合同都必须有价款或报酬的约定。价款是指一方当事人向以货物为交付标的的另一方所支付的货币。报酬是对完成一定劳务和实现一定劳动成果的人所支付的酬金。执行政府定价或指导价格的合同，价款或报酬按照国家有关规定执行。一般情况下，由合同双方当事人协商确定合同价款或报酬。

（6）履行期限、地点和方式

履行期限是当事人履行合同义务的起止时间。合同期限分为有效期限和履行期限两种。前者是合同发生法律效力的时间限度；后者指当事人履行合同义务的时间限度。合同只有在有效期限内履行才是合法的。由于合同可以一次履行，也可以分期分批履行。所以，尽管合同的有效期限只有一个，但履行期限有可能为几个。合同的履行期限必须在合同中明确规定，这是衡量合同是否按时履行或迟延履行的客观标准。履行期限届满，不能履行合同的一方要承担违约责任。履行期限不仅决定债权人何时能够请求履行，还决定债务人何时可以开始履行，另外，履行期限还是确定当事人是否违约的主要标准。

履行地点，指当事人按照合同行使权利和履行义务的地方。确定合同履行地的法律意义在于：

1）是确定承担违约责任的基础；

2）是确定法院地域管辖权的基础；

3）是确定清偿范围的基础（如大宗货物的运输费用，原则上由债务人承担）。

履行方式，指当事人以什么样的方式方法履行合同所规定的义务。例如，是提供劳务还是转移财产的所有权；是一次性履行还是分期履行；是由当事人亲自履行还是由他人代为履行；是需方自提还是供方送货或代办托运等。

（7）违约责任

违约，指当事人没有按照合同约定的标的、数量、质量、价款或酬金、履行期限、履行地点与方式履行合同义务的行为。多种多样的违约行为可以归纳为两种基本形式：一是完全不履行合同，即当事人没有履行任何合同义务；二是不适当履行合同，即当事人虽然实施了履行合同义务的行为，但不符合合同约定的条件。违约责任，指合同当事人完全不履行合同或不适当履行合同，同时应承担的法律责任。违约责任的形式通常由法律直接规定，但违约责任的具体内容一般由当事人自行约定。

（8）解决争议的办法

解决争议的办法，指当事人在合同订立与履行过程中发生争议后，以什么方法解决这些争议。解决合同争议的基本方法一般有两类：一类是非法律程序的解决方法，包括协商与调解，其特点是当事人自愿协商或接受调解，但协商或调解结果不可以强制执行；二是法律程序解决方法，包括仲裁与诉讼，其特点是当事人可以自愿选择仲裁或非自愿接受诉讼，仲裁或诉讼结果可以由法院强制执行。

3.1.4　订立合同的程序

合同订立的过程，是合同当事人之间达成合意的过程。

1. 合意过程的本质

订立合同，是潜在合同当事人就合同的主要条款达成合意的过程。

合意过程分为要约（offer）和承诺（acceptance）两个阶段。要约是当事人一方愿意进入交易的明确表示，承诺是另一方对要约的无条件接受，如是有条件的接受，就构成反要约。有效的要约和承诺，意味着合同成立。

合意过程本质是潜在交易者就合同的主要内容相互协商，讨价还价，相互妥协直至达成一致意见的过程，在订立合同的程序上表现为"要约—反要约—再要约—承诺（合意）"。合意过程是合同自由的充分体现，正是合同当事人反复讨价还价的行为，才能保证交易的自愿与公平，保证交易结果是当事人双方都愿意接受的。

合同订立程序要解决两个基本问题：一是如何认定要约的有效性，这涉及要约人是否接受要约的法律约束问题；二是如何确认承诺时间，这涉及合同是否成立的问题。

2. 要约

（1）要约和要约邀请

要约是希望和他人订立合同的意思表示。要约应当符合两个基本规定：一是要约的内容具体明确，应包含订立合同的基本条款；二是表明经受要约人的承诺，要约人即受该意思表示约束，合同即告成立。提出要约的一方称为要约人，接收要约的一方称为受要约人。

要约邀请是希望他人向自己发出要约的意思表示。寄送的价目表、拍卖公告、招标公告、招股说明书、商业广告等均属于要约邀请的表现形式。商业广告的内容符合要约规定的，视为要约。

要约和要约邀请有以下区别：

1）性质不同，前者是订立合同的意思表示，也是合同程序的组成部分，后者是合同程序之前的准备工作；

2）法律约束力不同，前者对要约人有法律约束力，后者没有；

3）目的不同，前者希望得到对方的承诺，后者希望对方向自己发出要约；

4）对象不同，前者针对特定人发出，后者向社会公众发出。

实践中，区分要约和要约邀请一般会遵循以下原则：

1）是否提出了订立合同的全部必要条款；

2）按照当地的习惯及当事人之间的通常做法进行确定；

3）依法律规定确定。

广告是否构成要约，一般要分析广告的具体内容，如果广告所列明的条件（特别是价格）明确具体，无任何讨价还价余地；就构成要约，对该要约的承诺就导致合同成立。

（2）要约生效时间

要约发出后，受要约人有承诺或不承诺的权利（不承诺无须答复要约人）。为了保护受要约人承诺的权利，法律要求要约人必须接受要约的约束，即不得随意撤销或撤回要约。确认要约生效时间，对于确认要约人何时受要约的法律约束，保护受要约人承诺的权利有重要意义。

要约一般向特定的受要约人发出，要约到达受要约人时即生效。

对于如何确定要约生效时间，各国法律有两种不同的规定：一般是发信主义，指要约脱离要约人实际控制后（如书面要约投入邮筒或交付电信部门）即生效。二是到达主义，指要约到达受要约人时即生效。我国采用"到达主义"原则。

如何确定要约到达时间？口头合同和其他形式的合同，以受要约人了解要约内容为准；书面合同，以书面要约到达受要约人为准。"到达"指要约到达受要约人可以实际控制的地方，不以受要约人实际接收为前提。例如，给法人的要约发送到法人住所后，即为到达，无论法定代表人实际上是否接收。以数据电文形式订立的合同，收件人指定系统接收数据电文的，该数据电文进入该特定系统的时间，视为到达时间；未指定特定系统的，该数据电文进入收件人任何系统的首次时间，视为到达时间。

从要约生效时起到承诺期限结束，要约人受到要约的约束，这就是要约的法律约束力。包括：除非符合要约撤回或撤销的条件，不得撤回或撤销要约或者变更要约的内容；受要约方若按期承诺，要约人必须与对方订立合同；以特定物为标的的要约，不得以此标的物再向第三人发出要约。

（3）要约撤回和撤销

要约可以撤回。撤回要约的通知应当在要约到达受要约人之前或者与要约同时到达受要约人，即要约撤回只能发生在要约生效之前的阶段。

要约可以撤销。撤销要约的通知应当在受要约人发出承诺通知之前到达受要约人处，即要约撤销只能发生在要约生效之后，合同成立之前的阶段。

以下两种情况的要约不得撤销：

1）要约人确定了承诺期限或者以其他形式明示要约不可撤销；

2）受要约人有理由认为要约不可撤销，并已经为履行合同做了准备工作。

要约撤回与要约撤销有以下区别：要约撤回是撤回要约的通知先于要约或与要约同时到达受要约人，此时，要约还没有生效，要约人可以不受要约的限制。要约撤销是撤销要约的通知先于受要约人发出承诺通知之前到达，此时，要约已经生效，要约人应当受要约的限制。

（4）要约失效

要约失效，指要约失去法律约束力。要约失效后，要约人不再受要约的约束，受要约人也失去了承诺的权利。要约失效的原因有：

1）受要约人拒绝要约通知送达要约人；

2）要约人依法撤销要约；

3）承诺期限届满，受要约人未做出承诺；

4）受要约人对要约内容做出实质性变更。

3. 承诺

（1）承诺的含义与法律效力

承诺是受要约人同意要约的意思表示。承诺的内容应当与要约的内容一致。承诺应当以通知的方式做出，但根据交易习惯或要约表明可以通过行为做出承诺的除外。以行为进行承诺的，一般应该是积极的推定行为，沉默原则上不能视为承诺的一种方式。

受要约人对要约的内容做出实质性变更的，不是承诺，而是新要约。对要约内容的实质性变更是指有关合同标的、数量、质量、价格或报酬、履行期限、履行地点和方式、违约责任、解决争议方法等方面的变更。承诺对要约的内容做出非实质性变更的，除要约人及时表示反对或要约表明承诺不得对要约内容做出任何变更以外，该承诺有效，合同的内容以承诺的内容为准。

承诺一旦做出并送达要约人，合同即告成立，要约人不得加以拒绝。

（2）承诺的期限和生效时间

要约规定承诺期限的，承诺应当在要约确定的期限内到达要约人。

要约没有规定承诺期限的，如果要约是以对话的方式做出的，应当即时做出承诺，但当事人另有约定的除外。如果要约是以非对话方式做出的，承诺应当在合理期限内到达要约人。合理期限通常根据交易习惯、交易性质及要约传送的速度确定。要约以信件或电报做出的，承诺期限自信件载明的日期或电报交发之日起计算；信件未载明日期时，自投寄该信件的邮戳日期开始计算。要约以电话或传真等快速通信方式做出的，承诺期限自要约到达受要约人时即开始计算。

承诺自通知到达要约人时生效。承诺不需要通知的，根据交易习惯或要约的要求做出承诺的行为时生效。不要式合同，承诺生效时合同成立。

（3）承诺撤回

承诺可以撤回。撤回承诺的通知应当在承诺通知到达要约人之前或者与承诺通知同时到达要约人。撤回承诺有以下特点：

1）只能发生在合同成立之前的阶段；

2）只有书面承诺才能撤回，口头承诺与行为承诺因要约人听到或看到后即发生法律效力，不存在撤回问题；

3）承诺只能撤回，不能撤销。

承诺到达要约人后，合同即告成立，任何人无权单方撤销合同，只能依据合同变更、解除的相关规定处理。

（4）逾期承诺和承诺逾期到达

受要约人超过承诺期限发出承诺的，为逾期承诺。逾期承诺不能使合同成立，视为新要约，但如果要约人及时通知受要约人该承诺有效时，视为按期承诺，合同成立。

受要约人在承诺期限内发出承诺，按照通常的情形能够及时到达要约人，但因其他原因承诺到达要约人时超过承诺期限的，为承诺逾期到达。逾期到达的承诺应视为有效，合同成立。但如果要约人及时通知受要约人承诺超过期限不接受时，承诺无效，合同不成立。

4. 合同成立

（1）合同成立的时间

当事人对合同的主要条款协商一致，要约和承诺依法完成，合同即告成立。应当注意的是，如果当事人已就合同的主要条款达成了一致协议，尽管合同内容不够明确，但合同可以成立。反之，如果当事人就合同的主要条款未达成一致协议，则合同不能成立。

不要式合同，承诺生效时间为合同成立的时间；当事人采用合同书形式订立合同的，自双方当事人签字或者盖章时起合同成立。

当事人采用信件、数据电文等形式订立合同的，可以在合同成立之前要求签订确认书。签订确认书时合同成立。确认书是合同订立过程中，受要约人以书面形式对合同条款予以最终的认可，等同于以书面形式做出的承诺。

（2）合同成立的地点

合同成立的地点与确定法院诉讼的管辖权有着密切联系。我国民事诉讼法规定，因合同纠纷提起诉讼的，原则上由被告住所地或者合同履行地的人民法院管辖。合同当事人也可以在书面合同中协议选择被告住所地、合同履行地、合同签订（成立）地、原告住所地、标的物所在地的人民法院管辖，但不得违反有关级别管辖和专属管辖的规定。

不要式合同，承诺生效的地点为合同成立的地点；当事人采用合同书形式订立合同的，双方当事人签字或盖章地点为合同成立的地点。

当事人采用数据电文形式订立合同的，收件人的主营业地为合同成立的地点；没有主营业地的，其经常居住地为合同成立的地点。当事人另有约定的，按照其约定。

（3）推定合同成立

法律、行政法规规定或者当事人约定采用书面形式订立合同，若当事人未采用书面形式但一方已经履行了主要义务，且对方接受的，则该合同成立。

采用合同书形式订立合同，在签字或者盖章之前，当事人一方已经履行了主要义务，对方接受的，则该合同成立。

3.1.5　格式合同（条款）

1. 合同格式条款的概念和特点

合同的格式条款，也称为格式合同（standard form contract）、标准合同，是当事人为了重复使用而预先拟订，并在订立合同的同时未与对方协商的条款。百货商店里的商品标签是最简单的格式合同，保险公司的保险单是典型的格式合同。

合同的格式条款主要应用于两个领域：一是消费合同，一方为经营者，另一方为普通消费者。因消费者缺乏对专业信息的了解，订立合的同时通常直接接受对方提供的合同条款，导致消费者的意愿完全依附或服从于经营者的意愿。二是商业合同，虽然是经营者之间订立的合同，但由于一方实力强大，或双方长期进行同类交易，合同逐渐标准化或格式化，合同条款遂由占优势地位一方单独提供，且长期不变。现实中，有格式条款的合同占整个合同总量的绝大部分比例。

格式条款的基本特点是：

（1）内容相同的合同要约向社会公众广泛发出。

（2）合同条款具有不可协商的性质，提出格式条款的一方当事人在交易之前已经确定合同的全部条款，另一方只能选择同意或拒绝，不能提出任何反要约，即没有讨价还价的余地。

（3）合同当事人在经济或法律地位事实上不平等，提出格式条款的一方当事人通常是拥有行业垄断地位的经营者（如交通、保险、金融、供电、供热、供水、供气等行业的经营者），可以凭借其经济优势将自己的意志强加于对方当事人，这是导致合同当事人缔约能力在事实上不平等的主要原因。

在大量同类交易十分频繁的情况下，合同的格式条款可以简化合同成立过程，避免一事一议所产生的不确定性，减少交易成本，提高交易效率。然而，由于格式条款剥夺了当事人一方参与合同协商的权利，背离了合同自愿与合意的本质，强迫处于不利经济地位的弱势群体接受不公平的合同条款，破坏了交易公平与自愿的原则。因此，各国法律在允许使用合同格式条款的前提下，都以国家干预的方式力图减少合同格式条款的弊端。

国家干预有三种基本形式：

（1）立法规制

国家通过民法、合同法、消费者权益保护法、反不正当竞争法限制合同格式条款的运用，如订立合同应遵守诚实信用原则和公平原则、合同当事人意思表示真实、不公平的合同格式条款无效、对格式条款的解释应当偏向于保护接受格式条款合同当事人的利益等。

（2）行政规制

建立政府管制机构，负责监督垄断性行业的产品服务定价及质量控制标准，防止其利用垄断地位损害消费者利益。

（3）司法规制

发生合同格式条款的争议后，由司法机关依法确定格式条款的限制是否合理。

2. 常见的不公平合同格式条款

（1）直接限制或免除一方当事人责任的条款，如声明不承担某些方面的法律责任。

（2）赋予经营者不受法律约束任意解除合同权利的条款。

（3）限制或排除对方主要权利，加重对方责任的条款。

（4）与契约无关的事项限制对方权利的条款，如限制对方只能与自己交易等。

（5）放弃权利条款，如强行要求对方放弃自己的某些合法权利。

（6）限制消费者寻求法律救济手段的条款，如规定合同争议不得提交仲裁或诉讼解决，只能与经营者协商解决等。

3. 我国对合同格式条款的法律规制

我国现行《合同法》《消费者权益保护法》均对合同的格式条款进行了立法规制。《合同法》主要从格式条款提供者的义务、确认无效格式条款、格式条款解释原则三个方面对格式合同的应用进行立法规制。

（1）格式条款提供者的主要义务

一是提出格式条款的一方应当遵循公平原则确定当事人之间的权利和义务。二是采取合理的方式（能够引起对方注意的方式）提请对方注意免除或者限制其责任的条款。三是对方对免责条款有疑义时，提供格式条款的一方应当按照对方的要求，对该条款予以解释说明。

（2）无效的格式条款

合同中的格式条款具有合同无效和可以变更或可以撤销的情形的，或者提供格式条款一方免除其责任，加重对方责任、排除对方主要权利的，该条款无效。

（3）格式条款的解释原则

对格式条款的理解发生争议的，应当按照通常的理解（通行专业知识）予以解释。

对格式条款有两种以上解释的，应当做出不利于提供格式条款一方的解释。

格式条款和非格式条款不一致的，应当采用非格式条款。当合同格式条款未能包括合同的全部条款时，当事人通常另行签订一份非格式条款的书面协议，以弥补格式条款的不足。合同履行过程中如果发现格式条款与非格式条款有不一致之处，应当采用非格式条款。

3.1.6 缔约过失责任

缔约过失责任，指合同成立前的缔约过程中，因一方当事人的过错致使合同不成立并给对方造成损失时应承担的法律责任。

缔约过失责任与违约责任不同。违约责任，指合同有效成立后当事人不履行合同而承担的法律责任，但在合同成立之前，因一方过错使另一方蒙受损失时，不能追究违约责任，只能追究侵权责任或缔约过失责任。由于侵权责任在过错举证和诉讼时效上对受害人相对不利，缔约过失责任可以更有效地保护当事人的合法权益。

通常情况下，有效合同未得到履行，可以追究不履行合同一方当事人的违约责任。如果合同被宣告无效或被撤销，则当事人之间不再有合同关系。依据无效合同已经交付的财产可以请求以不当得利返还，因对方过错而遭受的损失可以追究其侵权责任请求赔偿。唯有因订立合同进行准备工作而遭受的损失可以追究对方缔约过失责任。

缔约过失责任是基于合同法而产生的责任，不是根据合同产生的责任。所以，缔约过失责任的基础不是有效成立的合同，而是法律的直接规定，即无论合同是否成立，只要订立合同过程中当事人一方过错造成对方损失的，可以直接根据法律规定追究有过错方的法律责任。法律规定缔约过失责任的根据在于，准备订立合同并进行谈判的当事人之间互相负有诚信义务，并据此产生信赖关系，当事人一方因过错违反诚信义务致使合同不成立时，应赔偿对方基于信赖而产生的损害。应当注意的是，缔约过失责任与违约责任在损害赔偿的性质上有区别，它不包括期待合同利益的赔偿，只是针对所丧失利益的赔偿。

我国合同法明确规定，当事人在订立合同过程中有下列行为之一的，并给对方造成损失的，应当承担损害赔偿责任：

（1）假借订立合同，恶意进行磋商

恶意磋商是指一方当事人本无意与对方签订合同，却开始或继续与对方进行合同谈判。

（2）故意隐瞒与订立合同有关的重要事实或者提供虚假情况

隐瞒重要事实，指故意不告知对方足以影响其决定是否订立合同的重要事项。提供虚假情况，指故意向对方提供不符合实际情况的资料和信息。

（3）其他违背诚实信用原则的行为

此外，当事人在订立合同过程中知悉的商业秘密，无论合同是否成立，不得泄露或者不正当地使用。泄露或者不正当地使用该商业秘密给对方造成损失的，应当承担损害赔偿责任。

3.2　建设工程合同的订立

《建筑法》规定："建筑工程的发包单位与承包单位应当依法订立书面合同，明确双方的权利和义务。"因此，建设工程合同属于合同法规定的要式合同，需要以书面方式订立，并且到建设行政主管部门办理备案。在订立方式上，招标投标法规定了强制招标发包的范围，满足该范围的工程建设项目包括项目的勘察、设计、施工、监理以及与工程建设有关的重要设备、材料等的采购，必须通过招标与投标完成的工程的承发包，即建设工程合同的订立。

3.2.1　建设工程合同的形式

建设工程合同是一种统称，根据合同法的规定包括建设工程勘察、设计、施工合同；根据工程类别和合同内容的不同，以施工合同为例，其示范文本包括《建设工程施工合同（示范文本）》GF-2017-0201、《建设项目工程总承包合同示范文本（试行）》GF-2011-0216、《建设工程施工劳务分包合同（示范文本）》GF-2003-0214、《建设工程施工专业分包合同（示范文本）》GF-2003-0213 等。

《建筑法》第十五条规定："建筑工程的发包单位与承包单位应当依法订立书面合同，明确双方的权利和义务。"《合同法》第二百七十条规定："建设工程合同应当采用书面形式。"因此，建设工程合同应当采用书面形式订立，其原因为：

（1）建设工程合同复杂

由于建设工程合同标的的特殊性，合同涉及质量、费用、工期、安全、环境等多方面的内容，且法律法规对合同及工程的规制繁多；另外，建设工程的建设涉及多方利益相关者，他们之间的法律、经济关系错综交叉，牵一发而动全局。因此，建设工程合同的内容必须完整、详细、合规，所以说建设工程合同铸就了其复杂的特性。

（2）建设工程合同履行周期长

相对于其他类别的合同，工程建设的工期一般较长，再加上必要的工程建设筹备时间和工程建设完成的保修期，其合同履行的周期自然而然比较长。合同履行周期长，最直接的表现是法规、物价、市场、环境等对合同履约的不确定性增加，导致建设工程合同的履行风险增加，需要在合同中对履行期内的不确定性因素予以界定，并合理分担风险。

（3）建设工程合同易发生争议与纠纷

国内建筑业市场尚不规范，存在监督管理不到位、内部混乱等薄弱环节，加之竞争激烈，违规开发项目，围标串标，低于成本价报价，超资质无资质承包、违法分包、转包、挂靠等现象时有发生；为追求利益最大化，一些施工者降低工程成本、偷工减料、以次充好，导致工程质量不高，"豆腐渣工程""楼脆脆""楼歪歪""楼倒倒"等事件时有发生；受国家宏观调控政策的影响，资金链条吃紧引发投资不足，造成大量拖欠工程款和农民工工资的现象，已经严重侵害了建筑企业和进城务工人员的合法权益，远远超出了经济问题和法律问题的层面，演变成一个社会问题，纠纷矛盾不断，建设工程施工合同纠纷案件也随之大量涌入法院。根据浙江省高级人民法院公布的数据，浙江省法院 2005 年受理一审建设工程施工合同纠纷案件 2682 件，2006 年受理 2757 件；2007 年受理 2866 件；2008 年受理 3738 件；2009 年受理 4070 件；2010 年受理 2927 件；2011 年受理 2523 件。建设工程合同易出现争议的特性，要求合同形式上的书面订立。

3.2.2 建设工程合同的内容

《合同法》第二百七十五条规定："施工合同的内容包括工程范围、建设工期、中间交工工程的开工和竣工时间、工程质量、工程造价、技术资料交付时间、材料和设备供应责任、拨款和结算、竣工验收、质量保修范围和质量保证期、双方相互协作等条款。"以《建设工程施工合同（示范文本）》GF—2017—0201 为据，其主要合同内容包括：

1）发包人和承包人的基本权利、义务与责任方面，不仅包括作为合同主体的发包人与承包人的基本权利、义务与责任，还包括发包人与承包人的代表、工作人员的基本权利、义务与责任，作为发包人雇员的监理人的权利、义务与责任一并做出了相关界定。

2）工程质量的标准与要求、质量管理的规定方面，质量的检查检验程序与方法，不合格工程与质量争议的处理等。

3）安全文明施工的费用、制度与管理方面，合同当事人安全责任的划分，紧急情况处理的程序规定，以及劳动保护、职业健康与环境保护的约定等。

4）工期和进度方面，对进度计划编制与修订、工程开工的程序、工程延误的责任分担、工程暂停的管理程序等做出了相关的规定。

5）工程材料、设备的采购、运输、检查检验、保管与使用方面的规定。

6）费用方面，包括计价方式、调整的范围和方式，工程量的计量程序及工程款的支付程序和方式，以及工程结算的相关规定等。

3.2.3 建设工程合同主体的规定

根据《合同法》第二条第一款对合同的定义，"合同是平等主体的自然人、法人、其他组织之间设立、变更、终止民事权利义务关系的协议"。明确了合同的主体包括自然人、法人及其他组织。

（1）自然人

自然人是指因出生而取得民事主体资格的人，其外延包括本国公民、外国公民和无国籍人。

（2）法人

根据《民法通则》第三十六条，"法人是具有民事权利能力和民事行为能力，依法独立享有民事权利和承担民事义务的组织。法人的民事权利能力和民事行为能力，从法人成立时产生，到法人终止时消灭"。法人包括企业法人、机关、事业单位和社会团体法人。

法人的设立或成立，需要满足法定的条件，包括：

1）依法成立；

2）有必要的财产或者经费；

3）有自己的名称、组织机构和场所；

4）能够独立承担民事责任。

（3）其他组织

《合同法》对于何为其他组织没有明确的规定，但依最高人民法院关于适用《中华人民共和国民事诉讼法》若干问题的意见，其他组织是指合法成立、有一定的组织机构和财产，但又不具备法人资格的组织，包括：

1）依法登记领取营业执照的私营独资企业、合伙组织；

2）依法登记领取营业执照的合伙型联营企业；

3）依法登记领取我国营业执照的中外合作经营企业、外资企业；

4）经民政部门核准登记领取社会团体登记证的社会团体；

5）法人依法设立并领取营业执照的分支机构；

6）中国人民银行、各专业银行设在各地的分支机构；

7）中国人民保险公司设在各地的分支机构；

8）经核准登记领取营业执照的乡镇、街道、村办企业；

9）符合本条规定条件的其他组织。

（4）发包人的合同主体资格

《合同法》第 9 条第 1 款规定：当事人订立合同，应当具有相应的民事权利能力和民事行为能力。以建设工程施工合同为例，合同当事人包括发包人与承包人。

对建设工程的发包人是否必须是法人或其他组织而不包括自然人，目前仍存在不同的观点。一种观点认为我国《建筑法》将发包人称之为建设单位，将小型房屋建筑工程的建筑活动排除在《建筑法》的调整范围之外，从而认为我国法律对建设工程合同发包人在主体资格上的要求是法人或其他组织。第二种观点是《建筑法》属于行政法范畴，并且其适用范围的"建筑活动"是"建设工程"的一种概念，不能因《建筑法》将发包人称为建设单位，而认为《建设工程合同》的发包人必须是单位。因小型建设工程的建造而签订的合同也属于建设工程合同的调整范围，如农村个人住宅的建造、家庭装修工程等，那么自然人也理所当然地能够成为建设工程合同的发包人。

以房地产开发目的签订的建设工程合同，其发包人是否具有房地产开发企业营业执照以及相应资质对合同效力的影响。根据有关法律法规的规定，房地产开发企业必须依法取得营业执照并应当按照主管部门核定的资质等级，承担相应的房地产开发项目。因此，对于未依法取得从事房地产开发经营营业执照的发包人与承包人签订的建设工程合同，应该认定为无效合同。所以房地产开发企业作为建设工程合同发包人的主体资格是需要具备法人条件的。

（5）承包人的合同主体资格

《建筑法》第十二条：从事建筑活动的建筑施工企业、勘察单位、设计单位和工程监理单位，应当具备下列条件：

1）有符合国家规定的注册资本；

2）有与其从事的建筑活动相适应的具有法定执业资格的专业技术人员；

3）有从事相关建筑活动所应有的技术装备；

4）法律、行政法规规定的其他条件。

同时，《建筑法》规定：承包建筑工程的单位应当持有依法取得的资质证书，并在其资质等级许可的业务范围内承揽工程。所以，作为承包人的施工企业、勘察单位、设计单位和工程监理单位应当具备法人资格。

3.2.4 建设工程合同订立的方式与程序

《建筑法》第十九条规定：建筑工程依法实行招标发包，对不适于招标发包的可以直接发包。即建设工程合同可通过招投标签订，满足法律规定的可以不必经过招投标而直接签订合同。

1. 以招投标的方式签订合同

《招标投标法》第三条规定：在中华人民共和国境内进行下列工程建设项目包括项目的勘察、设计、施工、监理以及与工程建设有关的重要设备、材料等的采购，必须进行招标：

1）大型基础设施、公用事业等关系社会公共利益、公众安全的项目；

2）全部或者部分使用国有资金投资或者国家融资的项目；

3）使用国际组织或者外国政府贷款、援助资金的项目。

根据《必须招标的工程项目规定》，以上各类项目，包括项目的勘察、设计、施工、监理以及与工程建设有关的设备、材料等的采购，达到下列标准之一的，必须依据招标投标法及其实施条例进行招标：

1）施工单项合同估算价在 400 万元人民币以上的；

2）重要设备、材料等货物的采购，单项合同估算价在 200 万元人民币以上的；

3）勘察、设计、监理等服务的采购，单项合同估算价在 100 万元人民币以上的；

4）属于依法必须进行招标的项目范围，且以暂估价形式（未经过实质竞争）包括在项目总承包范围内的工程、货物、服务且达到上述规定规模标准的，应当依法进行招标。

2. 通过直接发包方式签订合同

根据《招标投标法》及《实施条例》的规定，涉及国家安全、国家秘密、抢险救灾或者属于利用扶贫资金实行以工代赈、需要使用农民工等特殊情况；需要采用不可替代的专利或者专有技术；采购人依法能够自行建设、生产或者提供；已通过招标方式选定的特许经营项目，投资人依法能够自行建设、生产或者提供；需要向原中标人采购工程、货物或者服务，否则将影响施工或者功能配套要求等项目，按照国家有关规定可以不进行招标，通过直接发包的方式签订合同。

签订合同的程序应遵循本章所述邀约与承诺的规定。

3. 通过其他采购方式签订合同

（1）竞争性谈判

竞争性谈判是指采购人或代理机构通过与多家供应商（不少于三家）进行谈判，最后从中确定中标供应商。与公开招标方式采购相比，竞争性谈判具有较强的主观性，评审过程也难以控制，容易导致不公正交易，甚至腐败。因此，必须对这种采购方式的适用条件加以严格限制并对谈判过程进行严格控制。政府采购法规定，符合下列情形之一的货物或者服务，可以依照本法采用竞争性谈判方式采购：

1）招标后没有供应商投标，或者没有合格标的，或者重新招标未能成立的；

2）技术复杂或者性质特殊，不能确定详细规格或者具体要求的；

3）采用招标所需时间不能满足用户紧急需要的；

4）不能事先计算出价格总额的。

（2）询价采购方式

询价采购方式，就是我们通常所说的货比三家，这是一种相对简单而又快速的采购方式。询价就是采购人向有关供应商发出询价通知书让其报价，然后在报价的基础上进行比较并确定最优供应商的一种采购方式。与其他采购方式相比有以下两个明显特征：一是邀请报价的供应商数量应至少有三家；二是只允许供应商报出且不得更改的报价。这种方法，适用于采购现成的而并非按采购人要求的特定规格特别制造或提供的标准化货物，货源丰富且价格变化弹性不大的采购项目。

（3）单一来源采购

单一来源采购，也称直接采购，它是指达到了限额标准和公开招标数额标准，但所购商品的来源渠道单一，或属专利、首次制造、合同追加、原有采购项目的后续扩充和发生了不可预见紧急情况不能从其他供应商处采购等情况。该采购方式的最主要特点是没有竞争性。

正是由于单一来源采购具有直接采购、没有竞争的特点，使单一来源采购只同唯一的供应商签订合同。也就是说，采购活动处于一对一的状态，且采购人处于主动地位。因此，在交易过程中，更容易滋生各种不规范行为和腐败行为。所以，有必要从法律上对这种采购方式的使用规定严格的适用条件。

政府采购法规定了三种情形，只要符合三种情形之一的便可以采用单一来源采购。

1）采购的项目只有唯一的制造商和产品提供者；

2）发生不可预见的紧急情况（正常因素或非归因于采购人）不能或来不及从其他供应商处采购的；

3）第三种情形是指，就采购合同而言，在原供应商替换或扩充货物或者服务的情况下，更换供应商会造成不兼容或不一致的困难，不能保证与原有采购项目一致性或者服务配套的要求，需要继续从原供应商处添购，且添购金额不超过原合同采购金额的10%。

3.3 工程招标与投标程序

招标投标方式签订合同的过程包括招标、投标、评标与定标。以招标投标方式签订建设工程合同的，招标公告等同于合同法中规定的要约邀请，投标行为和投标文件相当于要约，中标通知书则相当于承诺。

3.3.1 招标

1. 招标公告

招标公告是公开招标时发布的一种周知性文书，要公布招标单位、招标项目、招标时间、招标步骤及联系方法等内容，以吸引潜在投标人参加投标。《招标投标法》规定："招标人采用公开招标方式的，应当发布招标公告。依法必须进行招标的项目的招标公告，应当通过国家指定的报刊、信息网络或者其他媒介发布。"

招标公告适用于资格后审方法的公开招标，主要包括的内容有：

1）招标条件。包括：工程建设项目名称、项目审批、核准或备案机关名称及批准文件编号；项目业主名称；项目资金来源和出资比例；招标人名称；该项目已具备的招标条件。

2）工程建设项目概况与招标范围。对工程建设项目建设地点、规模、计划工期、招标范围、标段划分等进行概括性的描述，使潜在投标人能够初步判断是否有意愿以及自己是否有能力承担项目的实施。

3）资格后审的投标人资格要求。申请人应具备的工程施工资质等级、类似业绩、安全生产许可证、质量认证体系证书，以及对财务、人员、设备、信誉等能力和方面的要求。是否允许联合体申请投标以及相应要求；投标人投标的标段数量或指定的具体标段。

4）招标文件获取的时间、方式、地点、价格。应满足发售时间不少于5日。写明招标文件的发售地点。招标文件的售价应当合理，不得以营利为目的。且招标文件售出后，不予退还。为了保证投标人在未中标后及时退还图纸，必要时，招标人可要求投标人提交图纸押金，在投标人退还图纸时退还该押金，但不计利息。

5）投标文件递交的截止时间、地点。根据招标项目具体特点和需要确定投标文件递交的截止时间，注意应从招标文件开始发售到投标文件截止日不得少于20日。送达地点要详细告知。对于逾期送达的或者未送达指定地点的投标文件，招标人不予受理（图3-1）。

6）公告发布媒体。按照有关规定同时发布本次招标公告的媒体名称。

7）联系方式。包括招标人和招标代理机构的联系人、地址、邮编、电话、传真、电子邮箱、开户银行和账号等。

依法必须招标项目的招标公告，应当在国务院发展改革部门依法指定的媒介发布。在不同媒介发布的同一招标项目的资格预审公告或者招标公告的内容应当一致。指定媒介发布依法必须进行招标的项目的境内资格预审公告、招标公告，不得收取费用。

某政府办公楼工程招标公告（示例）

1. 招标条件

本招标项目**某政府办公楼工程**（项目名称）已由某市发改委批准建设，项目业主为**某市政府**，建设资金来自政府投资，项目已具备招标条件，现对该项目的施工进行公开招标。

2. 项目概况与招标范围

建设地点：某市政府院内

规模：$3000m^2$

计划工期：2009年10月1日开工　2010年3月10日竣工

招标范围：土建、装饰

3. 投标人资格要求

3.1 本次招标要求投标人须具备施工总承包叁级及以上资质，并在人员、设备、资金等方面具有相应的施工能力。

3.2 本次招标不接受联合体投标

4. 招标文件的获取

4.1 凡有意参加投标者，请于2009年6月20日至2009年6月26日（法定公休日、法定节假日除外），每日上午 9 时至 11 时，下午 2 时至 4 时（北京时间，下同），在某市工程交易中心持单位介绍信购买招标文件。

4.2 招标文件每套售价500元，售后不退。图纸押金500元，在退还图纸时退还（不计利息）。

5. 投标文件的递交

5.1 投标文件递交的截止时间（投标截止时间，下同）为 2009 年 7 月 29 日 9 时 0 分，地点为某市工程交易中心

5.2 逾期送达的或者未送达指定地点的投标文件，招标人不予受理。

6. 发布公告的媒介

本次招标公告同时在《某市晚报》《某市招标信息网》上发布。

7. 联系方式

招标人：________	招标代理机构：
地　址：________	地　址：
邮　编：________	邮　编：
联系人：________	联系人：
电　话：________	电　话：
传　真：________	传　真：
电子邮件：________	电子邮件：
网　址：________	网　址：
开户银行：________	开户银行：
账　号：________	账　号：

图 3-1　招标公告示例

其中，各地方人民政府依照审批权限审批、核准、备案的依法必须招标民用建筑项目的招标公告，可在省、自治区、直辖市人民政府发展改革部门指定的媒介上发布。在信息网络上发布的招标公告，至少应当持续到招标文件发出的截止时间为止。招标公告的发布应当充分公开，任何单位和个人不得非法干涉、限制招标公告的发布地点、发布范围或发布方式。

根据《招标公告发布暂行办法》（国家计委〔2000〕4 号令）规定，《中国日报》《中国经济导报》《中国建设报》“中国采购与招标网”（http：//www.chinabidding.com.cn）为指定依法必须招标项目的招标公告发布媒体。其中，国际招标项目的招标公告应在《中国日报》发布。

2. 资格审查

《招标投标法》规定：“招标人可以根据项目本身的要求，在招标公告或者投标邀请书中，要求潜在投标人提供有关资质证明文件和业绩情况，并对潜在投标人进行资格审查；国家对投标人资格条件有规定的，依照其规定。”

资格审查方式分为资格预审和资格后审。所谓资格预审是指招标人在发出投标邀请书或者发售招标文件前，按照资格预审文件确定的资格条件、标准和方法对潜在投标人订立合同的资格和履行合同的能力等进行审查。资格预审的目的是为了筛选出满足招标项目所需资格、能力和有参与招标项目投标意愿的潜在投标人，最大限度地调动投标人挖掘潜能，提高竞争效果。对潜在投标人数量过多或者大型复杂等的单一特征明显的项目，以

及投标文件编制成本高的项目，资格预审还可以有效降低招投标的社会成本，提高评标效率。

所谓资格后审是指开标后由评标委员会按照招标文件规定的标准和方法进行的资格审查。

资格审查，按以下五个步骤进行：

1）审查准备工作；

2）初步审查；

3）详细审查；

4）澄清、说明或补正；

5）确定通过资格预审的申请人及提交资格审查报告。

3. 招标文件

招标文件是告知潜在投标人招标项目的内容、范围和数量、投标资格条件、招标投标的程序规则、投标文件编制和递交要求、评标的标准和方法、拟签订合同的主要条款、技术标准和要求等信息的载体，是指导招标投标活动全过程的纲领性文件，是投标人编制投标文件、评标委员会对投标文件进行评审并推荐中标候选人或者直接确定中标人，以及招标人和中标人签订合同的依据。

招标人根据招标项目的特点和需要编制招标文件，它是投标人编制投标文件和报价的依据，因此应当包括招标项目的所有实质性要求和条件。招标文件通常分为投标须知、合同条件、技术规范、图纸和技术资料、工程量清单、招标控制价等几大部分内容。

为规范招标文件的内容和格式，节约招标文件编写的时间，提高招标文件的质量，国家有关部门分别编制了工程施工招标文件范本。如财政部《世界银行贷款项目招标文件范本》，住房城乡建设部《建设工程施工招标文件范本》《房屋建筑和市政基础设施工程施工招标文件范本》，交通运输部《公路工程国际招标文件范本》《公路工程国内招标文件范本》，国家电网有限公司《电力工程设备招标程序及招标文件范本》等。鉴于目前施工招投标还有很多领域没有招标文件范本，各行业及部门已有的范本体系不统一，概念和术语不规范，特别是对评标标准和方法等重要内容也还不够规范，2004年由国家发展改革委牵头，与当时的财政部、水利部、建设部、信息产业部等共同开始编制《施工招标文件范本》。目前，《中华人民共和国标准施工招标文件（2007年版）》，颁布后在政府投资工程建设项目的招标投标活动中试点使用。《标准施工招标文件（2007年版）》适用于一定规模以上，且设计和施工不是由同一承包商承担的工程施工招标。招标人可以结合工程项目具体情况，对《标准施工招标文件（2007年版）》进行了调整和修改。为了规范房屋建筑和市政工程施工招标资格预审文件、招标文件编制活动，促进房屋建筑和市政工程招标投标公开、公平和公正，根据《〈标准施工招标资格预审文件〉和〈标准施工招标文件〉试行规定》（国家发展改革委、财政部、建设部等九部委令第56号），中华人民共和国住房和城乡建设部制定了《房屋建筑和市政工程标准施工招标资格预审文件》和《房屋建筑和市政工程标准施工招标文件》，2010年6月9日起施行。

这些"范本"在推进我国招投标工作中起到了重要的作用，在使用"范本"编制具体工程项目的招标文件中，通用文件和标准条款不需要做任何改动，只需根据招标工程的具体情况，对投标人须知前附表、专用条款、技术规范、工程量清单、投标书附录等部分的内容重新进行编写，加上招标图纸即可构成一套完整的招标文件。

按照我国《招标投标法》，招标文件应当包括招标项目的技术要求、对投标人资格审查的标准、投标报价要求和评标标准等所有实质性要求和条件以及签订合同的主要条款。

根据《招标投标法》规定，招标文件的内容大致分为三类：

1）关于编写和提交投标文件的规定。载入这些内容的目的是尽量减少承包商或供应商由于不明确如何编写投标文件而处于不利单位或投标文件遭到拒绝的可能。

2）关于对投标人资格审查的标准及投标文件的评审标准和方法。这是为了提高招标过程的透明性和公平性，所以非常重要。

3）关于合同的主要条款，其中主要是商务性条款，有利于投标人了解中标后签订合同的主要内容，明确双方的权利义务。招标人应当在招标文件中规定实质性要求和条件，并用醒目的方式标明。

根据《招标投标法》和中华人民共和国住房和城乡建设部的有关规定，施工项目招标文件编制中还应遵守如下规定：

1）说明评标原则和评标办法。

2）施工招标项目工期超过 12 个月的，招标文件可以规定工程造价指数体系、价格调整因素和调整方法。

3）招标文件中建设工期比工期定额缩短 20% 以上的，投标报价中可以计算赶工措施费。

4）投标准备时间（即从开始发出招标文件之日起，至投标人提交投标文件截止之日止）最短不得少于 20 天。

5）在招标文件中应明确投标价格的计算依据，主要有以下几个方面：过程计价类别；执行的概预算定额及费用定额；执行的人工、材料、机械设备政策性调整文件等；工程量清单。

6）质量标准必须达到国家施工验收规范合格标准，对于要求质量达到优良标准时，应计取补偿费用，补偿费用的计算方法应按国家或地方有关文件的规定执行，并在招标文件中明确。

7）由于施工单位的原因造成不能按合同工期竣工时，计取赶工措施费的需要扣除，同时还应补偿由于误工给建设单位带来的损失。其损失费用的计算方法应在招标文件中明确。

8）如果建设单位要求按合同工期提前竣工交付使用，应考虑计取提前工期奖，提前工期奖的计算方法应在招标文件中明确。

9）在招标文件中应明确投标保证金的数额及支付方式。根据《中华人民共和国招标投标法实施条例》的规定，招标人在招标文件中要求投标人提交投标保证金的，投标保证金不得超过招标项目估算价的 2%。投标保证金有效期应当与投标有效期一致。

10）关于工程量清单，招标单位需按国家颁布的统一的项目编码、项目名称、计量单位和工程量计算规则，根据施工图纸计算工程量，提供给投标单位作为投标报价的基础。

11）合同条款的编写，招标单位在编制招标文件时，应根据《中华人民共和国合同法》《建设工程施工合同管理办法》的规定和工程的具体情况确定合同条款的内容。

3.3.2 投标

投标是投标人响应招标、参加投标竞争的行为或过程。投标人应当按照招标文件的要求编制投标文件，投标文件应当对招标文件提出的工期、投标有效期、质量要求、技术标准和要求、招标范围等实质性要求和条件做出响应。

投标文件正本一份，副本份数见投标人须知前附表。正本和副本的封面上应清楚地标记"正本"或"副本"的字样。当副本和正本不一致时，以正本为准。投标文件的正本与副本应分别装订成册，并编制目录，具体装订要求见投标人须知前附表规定。

投标文件应包括下列内容：

（1）投标函（图3-2）及投标函附录

```
                          投标函（示例）
致：_____（招标人名称）
在考察现场并充分研究_____（项目名称）___标段（以下简称"本工程"）施工招标文件的全部内容后，我方兹以：
人民币（大写）_____元，RMB￥：_____元，的投标价格和按合同约定
有权得到的其它金额，并严格按照合同约定，施工、竣工和交付本工程并维修其中的任何缺陷。
在我方的上述投标报价中，包括：
安全文明施工费RMB￥：_____元；暂列金额（不包括计日工部分）RMB￥：_____元；
专业工程暂估价RMB￥：_____元。
如果我方中标，我方保证在___年___月___日或按照合同约定的开工日期开始本工程的施工，___天（日历天）内竣工，
并确保工程质量达到___标准。我方同意本投标函在招标文件规定的提交投标文件截止时间后，在招标文件规定的投标
有效期满前对我方具有约束力，且随时准备接受你方发出的中标通知书。
随本投标函道交的投标函附录是本投标函的组成部分，对我方构成约束力。
随同本投标函递交投标保证金一份，金额为人民币（大写）：_____元（￥：元）。
在签署协议书之前，你方的中标通知书连同本投标函，包括投标函附录，对双方具有约束力。
投标人（盖章）：
法人代表或委托代理人（签字或盖章）：
日期：____年___月___日
```

图3-2 投标函（示例）

投标函附录在满足招标文件实质性要求的基础上，可提出比招标文件要求更有利于招标人的承诺（表3-1）。

投 标 函 附 录   表3-1

序号	条款内容	合同条款号	约定内容	备注
1	项目经理	1.1.2.4	姓名：	
2	工期	1.1.4.3	日历天	
3	缺陷责任期	1.1.4.5		
4	承包人履约担保金额	4.2		
5	分包	4.3.4	见分包项目情况表	
6	逾期竣工违约金	11.5	元／天	
7	逾期竣工违约金最高限额	11.5		
8	质量标准	13.1		
9	价格调整的差额计算	16.1.1	见价格指数权重表	

续表

序号	条款内容	合同条款号	约定内容	备注
10	预付款额度	17.2.1		
11	预付款保函金额	17.2.2		
12	质量保证金扣留百分比	17.4.1		
	质量保证金额度	17.4.1		
……	……			

备注：投标人在响应招标文件中规定的实质性要求和条件的基础上，可做出其他有利于招标人的承诺。此类承诺可在本表中予以补充填写。

（2）法定代表人身份证明或附有法定代表人身份证明的授权委托书

（3）联合体协议书

两个以上法人或者其他组织可以组成一个联合体，以一个投标人的身份共同投标。联合体各方均应当具备承担招标项目的相应能力；国家有关规定或者招标文件对投标人资格条件有规定的，联合体各方均应当具备规定的相应资格条件。由同一专业的单位组成的联合体，按照资质等级较低的单位确定资质等级。

联合体各方应当签订共同投标协议，明确约定各方拟承担的工作和责任，并将共同投标协议连同投标文件一并提交招标人。联合体中标的，联合体各方应当共同与招标人签订合同，就中标项目向招标人承担连带责任（图 3-3）。

联合体协议书（示例）

牵头人名称：　　　　　　法定代表人：　　　　　　法定住所：
成员二名称：　　　　　　法定代表人：　　　　　　法定住所：
……
鉴于上述各成员单位经过友好协商，自愿组成____（联合体名称）联合体，共同参加_____（招标人名称）（以下简称招标人）____（项目名称）____标段（以下简称本工程）的施工投标并争取赢得本工程施工承包合同（以下简称合同）。现就联合体投标事宜订立如下协议：
1．____（某成员单位名称）为_____（联合体名称）牵头人。
2．在本工程投标阶段，联合体牵头人合法代表联合体各成员负责本工程投标文件编制活动，代表联合体提交和接收相关的资料、信息及指示，并处理与投标和中标有关的一切事务；联合体中标后，联合体牵头人负责合同订立和合同实施阶段的主办、组织和协调工作。
3．联合体将严格按照招标文件的各项要求，递交投标文件，履行投标义务和中标后的合同，共同承担合同规定的一切义务和责任，联合体各成员单位按照内部职责的部分，承担各自所负的责任和风险，并向招标人承担连带责任。
4．联合体各成员单位内部的职责分工如下：_____。按照本条上述分工，联合体成员单位各自所承担的合同工作量比例如下：_____。
5．投标工作和联合体在中标后工程实施过程中的有关费用按照各自承担的工作量分摊。
6．联合体中标后，本联合体协议是合同的附件，对联合体各成员单位有合同约束力。
7．本协议书自签署之日起生效，联合体成员在中标或者中标时合同履行完毕后自动失效。
8．本协议书一式_____份，联合体成员和招标人各执一份。
牵头人名称：_____（盖单位章）法定代表人或其委托代理人：_____（签字）
成员二名称：_____（盖单位章）法定代表人或其委托代理人：_____（签字）
……
____年____月____日
备注：本协议书由委托代理人签字的，应附法定代表人签字的授权委托书。

图 3-3　联合体协议书（示例）

（4）投标保证金

投标人在递交投标文件的同时，应按投标人须知前附表规定的金额、担保形式和投标文件格式规定的投标保证金格式递交投标保证金，并作为其投标文件的组成部分。联合体投标的，其投标保证金由牵头人递交，并应符合投标人须知前附表的规定。投标人不按要求提交投标保证金的，其投标文件做无效投标处理。招标人与中标人签订合同后5日内，应向未中标的投标人和中标人退还投标保证金（图3-4）。

```
                        投标保证金（示例）
                                                              保函编号：
_____（招标人名称）：
    鉴于_____（投标人名称）（以下简称"投标人"）参加你方____（项目名称）___标段的施工投标，（担保人名称）
（以下简称"我方"）受该投标人委托，在此无条件地、不可撤销地保证：一旦收到你方提出的下述任何一种事实的书面
通知，在7日内无条件地向你方支付总额不超过_____（投标保函额度）的任何你方要求的金额：
1．投标人在规定的投标有效期内撤销或者修改其投标文件。
2．投标人在收到中标通知书后无正当理由而未在规定期限内与贵方签署合同。
3．投标人在收到中标通知书后未能在招标文件规定期限内向贵方提交招标文件所要求的履约担保。
本保函在投标有效期内保持有效，除非你方提前终止或解除本保函。要求我方承担保证责任的通知应在投标有效期内送
达我方。保函失效后请将本保函交投标人退回我方注销。
本保函项下所有权利和义务均受中华人民共和国法律管辖和制约。

担保人名称：_____（盖单位章）
法定代表人或其委托代理人：_____（签字）
地　　址：
邮政编码：
电　　话：
传　　真：

____年___月___日

备注：经过招标人事先的书面同意，投标人可采用招标人认可的投标保函格式，但相关内容不得背离招标文件约定的
实质性内容。
```

图3-4　投标保证金（示例）

出现特殊情况需要延长投标有效期的，招标人应以书面形式的通知所有投标人延长投标有效期。投标人同意延长的，应相应延长其投标保证金的有效期，但不得要求或被允许修改或撤销其投标文件；投标人拒绝延长的，其投标失效，但投标人有权收回其投标保证金。

（5）已标价工程量清单
（6）施工组织设计
（7）项目管理机构
（8）拟分包项目情况表（表3-2）

拟分包项目计划表　　　　　　　　　　　　　　表3-2

序号	拟分包项目名称、范围及理由	拟选分包人				备注
		拟选分包人名称	注册地点	企业资质	有关业绩	
		1				
		2				
		3				
		1				
		2				
		3				

（9）资格审查资料

对于已进行资格预审的，投标人在编制投标文件时，应按新情况更新或补充其在申请资格预审时提供的资料，以证实其各项资格条件仍能继续满足资格预审文件的要求，具备承担本标段施工的资质条件、能力和信誉。

对于未进行资格预审的，审查以下材料：

1）投标人基本情况表应附投标人营业执照副本及其年检合格的证明材料、资质证书副本和安全生产许可证等材料的复印件。

2）近年财务状况表应附经会计师事务所或审计机构审计的财务会计报表，包括资产负债表、现金流量表、利润表和财务情况说明书的复印件，具体年份要求见投标人须知前附表。

3）近年完成的类似项目情况表应附中标通知书和（或）合同协议书、工程接收证书（工程竣工验收证书）的复印件，具体年份要求见投标人须知前附表。每张表格只填写一个项目，并标明序号。

4）正在施工和新承接的项目情况表应附中标通知书和（或）合同协议书复印件。每张表格只填写一个项目，并标明序号。

5）近年发生过的诉讼及仲裁情况应说明相关情况，并附法院或仲裁机构做出的判决、裁决等有关法律文书复印件，具体年份要求见投标人须知前附表。

6）投标人须知前附表规定接受联合体投标的，规定的表格和资料应包括联合体各方相关情况。

（10）投标人须知前附表规定的其他材料

投标人须知前附表规定不接受联合体投标的，或者投标人没有组成联合体的，投标文件不包括联合体协议书。

1）投标文件的递交：

① 投标人应在规定的投标截止时间前递交投标文件；

② 投标人递交投标文件的地点见投标人须知前附表；

③ 除投标人须知前附表另有规定外投标人所递交的投标文件不予退还；

④ 招标人收到投标文件后，向投标人出具签收凭证；

⑤ 逾期送达的或者未送达指定地点的投标文件，招标人不予受理。

2）投标文件的修改与撤回：

① 在规定的投标截止时间前，投标人可以修改或撤回已递交的投标文件，但应以书面形式通知招标人；

② 投标人修改或撤回已递交投标文件的书面通知应按照要求签字或盖章，招标人收到书面通知后，向投标人出具签收凭证；

③ 修改的内容为投标文件的组成部分，修改的投标文件应按照规定进行编制、密封、标记和递交，并标明"修改"字样。

3.3.3 开标

招标人在规定的投标截止时间（开标时间）和投标人须知前附表规定的地点公开开标，并邀请所有投标人的法定代表人或其委托代理人准时参加。招标人作为主持人，按下列程序进行开标：

①宣布开标纪律；

②公布在投标截止时间前递交投标文件的投标人名称，并点名确认投标人是否派人到场；

③宣布开标人、唱标人、记录人、监标人等有关人员姓名；

④按照投标人须知前附表规定检查投标文件的密封情况；

⑤按照投标人须知前附表的规定确定并宣布投标文件开标顺序；

⑥设有标底的，公布标底；

⑦按照宣布的开标顺序当众开标，公布投标人名称、标段名称、投标保证金的递交情况、投标报价、质量目标、工期及其他内容，并记录在案（图3-5）；

⑧投标人代表、招标人代表、监标人、记录人等有关人员在开标记录上签字确认；

⑨开标结束。

```
        （项目名称）__标段施工开标记录表(示例)
开标时间：___年__月__日__时__分
开标地点：_____
（一）唱标记录

| 序号 | 投标人 | 密封情况 | 投标保证金 | 投标报价（元） | 质量目标 | 工期 | 备注 | 签名 |

招标人编制的标底（如果有）

（二）开标过程中的其他事项记录

    _____

    _____

（三）出席开标会的单位和人员（附签到表）
招标人代表：_____  记录人：_____  监标人：_____
                          ___年___月___日
```

图3-5 标段施工开标记录表（示例）

3.3.4 评标

评标由招标人依法组建的评标委员会负责。评标委员会由招标人或其委托的招标代理机构熟悉相关业务的代表，以及有关技术、经济等方面的专家组成。评标委员会成员人数及技术、经济等方面专家的确定方式见投标人须知前附表。

评标委员会按照评标办法规定的方法、评审因素、标准和程序对投标文件进行评审。评标办法没有规定的方法、评审因素和标准，不作为评标依据。

评标活动将按以下五个步骤进行：

1. 评标准备

评标委员会成员到达评标现场时应在签到表上签到以证明其出席，并首先推选一名评标委员会主任。招标人也可以直接指定评标委员会主任。评标委员会主任负责评标活动的组织领导工作。评标委员会主任在与其他评标委员会成员协商的基础上，可以将评标委员会划分为技术组和商务组。

评标委员会主任应组织评标委员会成员认真研究招标文件，了解和熟悉招标目的、招标范围、主要合同条件、技术标准和要求、质量标准和工期要求等，掌握评标标准和方法，熟悉本章及附件中包括的评标表格的使用。招标人或招标代理机构应向评标委员会提供评标所需的信息和数据，包括招标文件、未在开标会上当场拒绝的各投标文件、开标会记录、资格预审文件及各投标人在资格预审阶段递交的资格预审申请文件（适用于已进行资格预审的）、招标控制价或标底（如果有）、工程所在地工程造价管理部门颁布的工程造价信息、定额（如作为计价依据时）、有关的法律、法规、规章、国家标准以及招标人或评标委员会认为必要的其他信息和数据。

在不改变投标人投标文件实质性内容的前提下，评标委员会应当对投标文件进行基础性数据分析和整理（简称为"清标"），从而发现并提取其中可能存在的对招标范围理解的偏差、投标报价的算术性错误、错漏项、投标报价构成不合理、不平衡报价等存在明显异常的问题，并就这些问题整理形成清标成果。评标委员会对清标成果审议后，决定需要投标人进行书面澄清、说明或补正的问题，形成质疑问卷，向投标人发出问题澄清通知（包括质疑问卷），如图 3-6 所示。

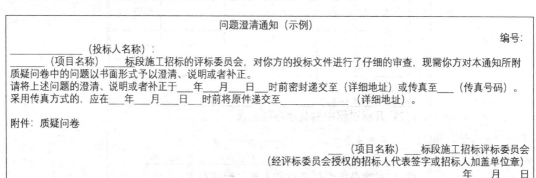

图 3-6　问题澄清通知（示例）

在不影响评标委员会成员的法定权利的前提下，评标委员会可委托由招标人专门成立的清标工作小组完成清标工作。在这种情况下，清标工作可以在评标工作开始之前完成，也可以与评标工作平行进行。清标工作小组成员应为具备相应执业资格的专业人员，且应当符合有关法律法规对评标专家的回避规定和要求，不得与任何投标人有利益、上下级等关系，不得代行依法应当由评标委员会及其成员行使的权利。清标成果应当经过评标委员会的审核确认，经过评标委员会审核确认的清标成果视同是评标委员会的工作成果，并由评标委员会以书面方式追加对清标工作小组的授权，书面授权委托书必须由评标委员会全体成员签名。

投标人接到评标委员会发出的问题澄清通知后，应按评标委员会的要求提供书面澄清资料并按要求进行密封，在规定的时间递交到指定地点。投标人递交的书面澄清资料由评标委员会开启。

2. 初步评审

（1）形式评审

评标委员会根据评标办法前附表中规定的评审因素和评审标准，对投标人的投标文件进行形式评审。

（2）资格评审

评标委员会根据评标办法前附表中规定的评审因素和评审标准，对投标人的投标文件进行资格评审。资格预审采用"合格制"的，投标文件中更新的资料应当符合资格预审文件中规定的审查标准，否则其投标做废标处理。资格预审采用"有限数量制"的，投标文件中更新的资料应当符合资格预审文件中规定的审查标准，其中以评分方式进行审查的，其更新的资料按照资格预审文件中规定的评分标准评分后，其得分应当保证即便在资格预审阶段仍然能够获得投标资格且没有对未通过资格预审的其他资格预审申请人构成不公平，否则其投标做废标处理。

（3）响应性评审

评标委员会根据评标办法前附表中规定的评审因素和评审标准，对投标人的投标文件进行响应性评审。

投标人投标价格不得超出（不含等于）按照招标文件规定计算的招标控制价或"拦标价"，凡投标人的投标价格超出招标控制价或"拦标价"的，该投标人的投标文件不能通过响应性评审。

（4）施工组织设计和项目管理机构评审

评标委员会根据评标办法前附表中规定的评审因素和评审标准，对投标人的施工组织设计和项目管理机构进行评审。

（5）判断投标是否为废标

评标委员会在评标（包括初步评审和详细评审）过程中，依据招标文件规定的废标条件判断投标人的投标是否为废标。

（6）算术错误修正

评标委员会依据本章中规定的相关原则对投标报价中存在的算术错误进行修正，并根据算术错误修正结果计算评标价。

（7）澄清、说明或补正

在初步评审过程中，评标委员会应当就投标文件中不明确的内容要求投标人进行澄清、说明或者补正。投标人应当根据问题澄清通知要求，以书面形式予以澄清、说明或者补正。

3. 详细评审

只有通过了初步评审、被判定为合格的投标方可进入详细评审。

评标委员会根据评标办法前附表、评标规定的程序、标准和方法，以及算术错误修正结果，对投标报价进行价格折算，计算出评标价，并判断投标报价是否低于其成本。由评标委员会认定投标人以低于成本竞标的，其投标做废标处理。

4. 澄清、说明或补正

在初步评审过程中，评标委员会应当就投标文件中不明确的内容要求投标人进行澄清、说明或者补正。投标人应当根据问题澄清通知要求，以书面形式予以澄清、说明或者补正。

5. 推荐中标候选人或者直接确定中标人及提交评标报告

（1）汇总评标结果

投标报价评审工作全部结束后，评标委员会应填写评标结果汇总表。

（2）推荐中标候选人

评标委员会在推荐中标候选人时，应遵照以下原则：

1）评标委员会对有效的投标按照评标价由低至高的次序排列，推荐中标候选人；

2）如果评标委员会作废标处理后，有效投标不足三个，则评标委员会可以将所有有效投标按评标价由低至高的次序作为中标候选人向招标人推荐，如果因有效投标不足三个使得投标明显缺乏竞争的，评标委员会可以建议招标人重新招标；

3）投标截止时间前递交投标文件的投标人数量少于三个或者所有投标被否决的，招标人应当依法重新招标。

（3）直接确定中标人

"投标人须知"前附表授权评标委员会直接确定中标人的，评标委员会对有效的投标按照评标价由低至高的次序排列，并确定排名第一的投标人为中标人。

（4）编制及提交评标报告

评标委员会向招标人提交评标报告。评标报告应当由全体评标委员会成员签字，并于评标结束时抄送有关行政监督部门。评标报告应当包括以下内容：

1）基本情况和数据表；

2）评标委员会成员名单；

3）开标记录；

4）符合要求的投标一览表；

5）废标情况说明；

6）评标标准、评标方法或者评标因素一览表；

7）经评审的价格一览表（包括评标委员会在评标过程中所形成的所有记载评标结果、结论的表格、说明、记录等文件）；

8）经评审的投标人排序；

9）推荐的中标候选人名单（如果"投标人须知"前附表授权评标委员会直接确定中标人，则为"确定的中标人"）与签订合同前要处理的事宜；

10）澄清、说明或补正事项纪要。

3.3.5　定标

投标人须知前附表规定评标委员会直接确定中标人外，招标人依据评标委员会推荐的中标候选人确定中标人。评标委员会推荐的中标候选人应当限定在 1～3 个人，并标明排列顺序，评标委员会推荐中标候选人的具体人数见投标人须知前附表。

在规定的投标有效期内，招标人以书面形式向中标人发出中标通知书，同时将中标结果通知未中标的投标人（图 3-7）。

中标通知书（示例）

_____（中标人名称）：

你方于_____（投标日期）所递交的_____（项目名称）____标段施工投标文件已被我方接受，被确定为中标人。
中标价：_____元。
工　期：_____日历天。
工程质量：符合_____标准。
项目经理：_____（姓名）。

请你方在接到本通知书后的___日内到_____（指定地点）与我方签订施工承包合同，在此之前按招标文件第二章"投标人须知"第7.3款规定向我方提交履约担保。
特此通知。

招标人：_____（盖单位章）
法定代表人：_____（签字）
____年__月__日

图 3-7　中标通知书（示例）

3.3.6　签订合同

招标人和中标人应当自中标通知书发出之日起 30 天内，根据招标文件和中标人的投标文件订立书面合同。中标人无正当理由拒签合同的，招标人取消其中标资格，其投标保证金不予退还；给招标人造成的损失超过投标保证金数额的，中标人还应当对超过部分予以赔偿。

3.4　建设工程合同的效力

合同效力，指依法成立受法律保护的合同，对合同当事人产生的必须履行其合同的义务，不得擅自变更或解除合同的法律拘束力，即法律效力。这个"法律效力"不是说合同本身是法律，而是说由于合同当事人的意志符合国家意志和社会利益，国家赋予当事人的意志以拘束力，要求合同当事人严格履行合同，否则即依靠国家强制力，要当事人履行合同并承担违约责任。

3.4.1　合同生效时间

根据《合同法》规定依法成立的合同，自成立时生效；法律、行政法规规定应当办理批准、登记等手续生效的，依照其规定，如中外合资经营合同、中外合作经营合同必须经过有关部门的审批后，才具有法律效力。

合同生效是指合同产生法律约束力。合同生效后，其效力主要体现在以下几个方面

（1）在当事人之间产生法律效力。一旦合同成立生效后，当事人应当依合同的规定，享受权利，承担义务。当事人依法受合同的拘束，是合同的对内效力。当事人必须遵循合同的规定，依诚实信用的原则正确、完全地行使权利和履行义务，不得滥用权利，违反义务。在客观情况发生变化时，当事人必须依照法律或者取得对方的同意，才能变更或解除合同。

（2）合同生效后产生的法律效果还表现在对当事人以外的第三人产生一定的法律拘束力。合同的这一效力表现称为合同的对外效力。合同一旦生效后，任何单位或个人都不得

65

侵犯当事人的合同权利，不得非法阻挠当事人履行义务。

（3）合同生效后的法律效果还表现在，当事人违反合同的，将依法承担民事责任，必要时人民法院也可以采取强制措施使当事人依合同的规定承担责任、履行义务，对另一方当事人进行补救。

建设工程施工合同自双方签字盖章生效，建设工程勘察、设计合同双方签字盖章，且定金支付后合同生效。

3.4.2　合同生效条件

《民法通则》第五十五条规定，民事法律行为应该具备下列条件：

（1）行为人具有相应的民事行为能力

合同当事人必须具有相应的民事权利能力和民事行为能力以及缔约能力，才能成为合格的合同主体。若主体不合格，合同不能产生法律效力。

（2）意思表示真实

意思表示真实，是指行为人的意思表示应当真实反映其内心的意思。合同成立后，当事人的意思表示是否真实往往难以从其外部判断，法律对此一般不主动干预。缺乏意思表示真实这一要件即意思表示不真实，如以欺诈、胁迫的手段，或者乘人之危，使当事人在违背真实意思的情况下的行为，并不绝对导致合同一律无效。

（3）不违反法律或者社会公共利益

合同不违反法律或者社会公共利益，主要包括两层含义：一是合同的内容合法，即合同条款中约定的权利、义务及其指向的对象即标的等，应符合法律的规定和社会公共利益的要求。二是合同的目的合法，即当事人缔约的原因合法，并且是直接的内心原因合法，不存在以合法的方式达到非法目的等规避法律的事实。

这是合同的一般生效要件。若法律、行政法规规定合同生效必须具备一定的形式要件时，不具备这些形式要件，合同不能生效。如建设工程合同应通过招标方式签订的，没有经过招标，所签订的合同无效。

1. 附条件合同

当事人对合同的效力可以约定附条件。附生效条件的合同，自条件成就时生效；附解除条件的合同，自条件成就时失效。

所附条件是指合同当事人自己约定的、未来有可能发生的、用来限定合同效力的某种合法事实。所附条件有以下特点：

（1）所附条件是由双方当事人约定的，并且作为合同的一个条款列入合同中。其与法定条件的最大区别就在于后者是由法律规定的，不由当事人的意思取合并具有普遍约束力的条件。因此，合同双方当事人不得以法定条件作为所附条件。

（2）条件是将来可能发生的事实。过去的、现存的事实或者将来必定发生的事实或者必定不能发生的事实不能作为所附条件。此外，法律规定的事实也不能作为附条件，如子女继承父亲遗产要等到父亲死亡，就不能作为条件。

（3）所附条件是当事人用来限制合同法律效力的附属意思表示。它同当事人约定的所谓供货条件、付款条件是不同的，后者是合同自身内容的一部分，而附条件合同的所附条件只是合同的附属内容。

（4）所附条件必须是合法的事实。违法的事实不能作为条件，如双方当事人不能约定某人杀死某人作为合同生效的条件。

所附条件可分为生效条件和解除条件。生效条件是指使合同的效力发生或者不发生的条件。在此条件出现之前，也即本条所说的条件成就之前，合同的效力处于不确定状态，当此条件出现后，即条件成就后，合同生效；当条件没有出现（或成就），合同也就不生效。例如甲与乙签订买卖合同，甲同意把房子卖给乙，但是条件是要在甲调到外地工作过后。这个条件一旦出现后，则卖房的合同即生效。解除条件又称消灭条件，是指对具有效力的合同，当合同约定的条件出现（即成就）时，合同的效力归于消灭；若确定该条件不出现（不成就），则该合同仍确保其效力。

附条件的合同中，所附条件的出现对该合同的法律效力有决定性作用，根据本条的规定，附条件的合同在所附条件出现时分为两种情况：生效条件的出现使该合同产生法律效力；附解除条件的合同中，解除条件的出现使该合同失去效力。

这里需要特别指出的是，附条件的合同虽然要在所附条件出现时生效或者失效，但是对于当事人仍然具有法律约束力，双方当事人不能随意变更或者解除。一旦符合所附条件时，一方如果不履行，就要赔偿因此给对方造成的损失。所以，附条件的合同效力可分为条件成就前的效力和条件成就后的效力。条件未出现前的效力对于附生效条件的合同表现为当事人不得自行撤销、变更合同的拘束力和可基于条件出现时对该合同生效的期待权；在附解除条件的合同中则表现为当事人可期待条件出现时合同效力归于消灭的期待权。条件出现后效力在附生效条件的合同中表现为该合同生效，在附解除条件的合同中则表现为条件出现后合同的效力归于消灭。

由于附条件的合同的生效或者终止的效力取决于所附条件的成就或者不成就（即出现或不出现），并且所附条件事先是不确定的，因此，任何一方均不得以违反诚实信用原则的方法恶意地促成条件的成就或者阻止条件的成就（出现）。因此，当事人为自己的利益不正当地阻止条件成就的，视为条件已成就；不正当地促成条件成就的，视为条件不成就。

2. 附期限合同

当事人对合同的效力可以约定附期限。附生效期限的合同，自期限届至时生效；附终止期限的合同，自期限届满时失效。

附期限的合同，是指附有将来确定到来的期限作为合同的条款，并在该期限到来时合同的效力发生或者终止的合同。所附的期限就是双方当事人约定的将来确定到来的某个时间。

附期限合同中的期限的特征在很多方面与附条件合同中的条件是相同的。但是二者是不完全相同的。在附条件的合同中条件的成就与否是当事人不能预见的，条件可能成就（出现），也可能不成就（不出现），因此，条件是不确定的事实。但是在附期限的合同中，合同的当事人在合同中规定一定的期限，把期限的到来作为合同生效和失效的根据，但期限的到来是当事人所预知的，所以期限是确定的事实。当事人在签订合同时，对于确定的事实只能在合同中附期限，而不能附条件。

附期限合同中的附期限可分为生效期限和终止期限。生效期限又可称为始期，是指以其到来使合同发生效力的期限。该期限的作用是延缓合同效力的发生，其作用与附条件合同中的生效条件相当。合同在该期限到来之前，其效力处于停止状态，待期限到来时，合同的效力才会发生。终止期限是指以其到来使合同效力消灭的期限。附终止期限合同中的终止期限与附条件合同中的附解除条件的作用相当，故其又称为解除期限。本条规定，附生效期限的合同，自期限届至时生效。附终止期限的合同，自期限届满时失效。

附期限合同中的期限可以是一个具体的期日，如某年某月某日；也可以是一个期间，如"合同成立之日起 5 个月"。

这里需要特别指出的是，附期限合同中的附期限与合同的履行期限是完全不同的两个概念。对于这两个概念是否一致曾有不同的意见，一种意见认为，附期限合同中的期限实质上就是合同中的履行期限，二者没有区别的必要；另一种意见认为，附期限合同中的期限与合同的履行期限是完全不同的，不可混淆。我们认为，合同的履行期限仅仅是规定债务人必须履行其义务的时间，法律除了特殊情况外，并没有绝对禁止债务人提前履行，债权人接受履行的，也是正当权利。但是在附生效期限的合同中所附生效期限到来之前，当事人根本没有债务，只有期限到来后合同的债务才得以产生。

3.4.3　限制民事行为能力人订立合同的效力

行为人具有相应的民事行为能力是民事法律行为有效的必备要件之一。合同作为一种民事法律行为也必须要求合同当事人具有相应的民事行为能力。限制民事行为能力人所签订的合同从主体资格上讲是有瑕疵的，因为当事人缺乏完全的缔约能力、代签合同的资格和处分能力。

限制民事行为能力人签订的合同要具有效力，一个最重要的条件就是要经过其法定代理人的追认，这种合同一旦经过法定代理人的追认就具有法律效力，在没有经过追认前，该合同虽然成立，但是并没有实际生效。所谓追认，是指法定代理人明确无误地表示同意限制民事行为能力人与他人签订的合同。这种同意是一种单方意思表示，无须合同的相对人同意即可发生效力。

法定代理人的追认应当以明示的方式做出，并且应当为合同的相对人所了解，才能产生效力。

1）法定代理人以行动自愿履行合同的行为也可视为法定代理人对合同的追认；

2）法定代理人的追认必须是无条件的，法定代理人不得对合同的追认附加任何条件，除非合同相对人的同意。

对于限制民事行为能力人签订的合同，并非所有的都必须经过法定代理人的追认。如限制民事行为能力人签订的纯获利益的合同或者与其年龄、智力、精神健康状况相适应而订立的合同，不必经法定代理人追认就具有法律效力。

"纯获利益"在我国一般是指限制民事行为能力人在某合同中只享有权利或者利益，不承担任何义务，如限制民事行为能力人接受奖励、赠与、报酬等，对于这些纯获利益的合同，他人不得以行为人限制民事行为能力为由，主张该合同不具有效力。同时，限制民事行为能力人也可独立订立与其年龄、智力、精神健康相适应的合同，这类合同一般是日常生活方面的合同，如购买书本、乘坐交通工具等；对于不能完全辨认其行为的精神病人，在其健康状况允许时，可订立某些合同，而不经法定代理人追认。除此之外，限制民事行为能力人订立的合同就必须经过其法定代理人同意后才具有法律效力。

合同的相对人可以催告限制民事行为能力人的法定代理人在 1 个月内予以追认。法定代理人未做表示的，视为拒绝追认。

3.4.4 无权代理合同的效力

无权代理合同，就是无代理权人代理他人从事民事行为所签订的合同。因无权代理而签订的合同有以下三种情形：

1）根本没有代理权而签订的合同。是指签订合同的人根本没有经过被代理人的授权，就以被代理人的名义签订的合同。

2）超越代理权而签订的合同。是指代理人与被代理人之间有代理关系存在，但是代理人超越了被代理人的授权范围与他人签订了合同。例如，甲委托乙购买电视机 300 台，但是乙擅自与他人签订了购买 500 台电视机的合同，这就是超越代理权而签订的合同。

3）代理关系终止后签订的合同。这是指行为人与被代理人之间原有代理关系，但是由于代理期限届满、代理事务完成或者被代理人取消委托关系等原因，被代理人与代理人之间的代理关系已不复存在，但原代理人仍以被代理人的名义与他人签订的合同。

对于无权代理人以被代理人名义与他人签订的合同，按照合同法规定的是一种效力待定的合同，主要基于以下原因：

1）无权代理人签订的合同并非都对本人不利，有些因无权代理而签订的合同对本人可能是有利的；

2）从本质上讲无权代理行为也具有某些代理的特性，如无权代理人具有为本人签订合同的意思表示，第三人也有意与本人签订合同，如果本人事后授权也就意味着事后对合同的承认；

3）无权代理合同经过事后的追认，可有利于维护交易秩序的稳定和保护合同相对人的利益。

3.4.5 表见代理合同的效力

表见代理，是行为人没有代理权、超越代理权或者代理权终止后签订了合同，如果相对人有理由相信其有代理权，那么相对人就可以向本人主张该合同的效力，要求本人承担合同中所规定的义务，受合同的约束。

构成表见代理合同要满足以下条件：

1）行为人并没有获得本人的授权就与第三人签订了合同，包括没有代理权、超越代理权或者代理权终止这三种情形。

2）合同的相对人在主观上必须是善意的、无过失的。所谓善意，是指相对人不知道或者不应当知道行为人实际上无权代理；所谓无过失，是指相对人的这种不知道不是因为其大意造成的。

如果相对人明知或者理应知道行为人是没有代理权、超越代理权或者代理权已终止，而仍与行为人签订合同，那么就不构成表见代理，合同相对人也就不能受到保护。

3.4.6 代表行为订立的合同效力

在日常的经济活动中，法人或者其他经济组织的经济活动都是经过其法定代表人、负责人进行的，法定代表人、负责人代表法人或者其他组织进行谈判、签订合同等。法定代表人、其他组织的负责人的权限不是无限制的，他们必须在法律的规定或者法人的章程规定的范围内行使职责。但是在现实经济活动中，却存在着法定代表人、负责人超越权限订立合同的情形。我国《民法通则》规定，法人的法定代表人是指依照法律或者法人的组织章程的规定，代表法人行使职权的负责人。可见法人的法定代表人或者其他组织的负责人是代表法人或者其他组织行使职权的。一般说来，法定代表人或者其他组织的负责人本身就是法人或者其他组织的组成部分，法定代表人的行为或者其他组织负责人的行为就是法人或者其他组织的行为，因此，他们执行职务的行为所产生的一切后果都应当由法人或者其他组织承担。对于合同的相对人来说，他只认为法定代表人或者其他组织的负责人就是代表法人或者其他组织。他一般并不知道也没有义务知道法定代表人或者其他组织负责人的权限到底有哪些，法人或者其他组织的内部规定也不应对合同的相对人构成约束力，否则，将不利于保护交易的安全，也不利于保护合同相对人的利益，对合同相对人来说也是不公平的。从以往的司法实践来看，由于对大量法定代表人或者其他组织的负责人超越权限而订立的合同做无效处理，严重地损害了合同相对人的利益，助长了一些法人或者其他组织借此逃避责任，谋取非法利益。因此，规定法定代表人或者其他组织的负责人超越权限的行为一般也有效，可以有效地防止此类现象的发生，也符合交易的规则。

需要特别注意的是，在订立合同的过程中，合同的相对人知道或者应当知道法定代理人或者其他组织的行为是超越了权限，而仍与之订立合同，则具有恶意，那么此时，合同就不具效力。因此，本条规定，法人或者其他组织的法定代表人、负责人超越权限订立的合同，除相对人知道或者应当知道其超越权限的以外，该代表行为有效。

3.4.7　无权处分合同的效力

在现实生活当中常常出现无处分权人利用合同擅自处分他人财产的行为。无处分权人，就是对归属于他人的财产没有权利进行处置的权利或者虽对财产拥有所有权，但由于在该财产上负有义务而对此不能进行自由处分的人。例如，A 将某物租赁给 B 使用，B 却将该物非法转让给 C，则 B 与 C 之间的买卖合同就属于因无权处分而订立的合同。

因无权处分他人财产而签订的合同一般具有如下特点：

1）无处分权人实施了处分他人财产的行为。这里所说的处分，是指法律意义上的处分，例如财产的转让、财产的赠与、在财产上设定抵押权等行为。财产只能由有处分权的人进行处分，无处分权人对他人财产进行处分是对他人的财产的侵害。即使是对共有财产享有共有权的共有人，也只能依法处分其应有的部分，不能擅自处分共有财产。因为共有财产属于全体共有人所有，某个共有人未经其他共有人同意擅自处分共有财产，就构成无权处分行为。

2）无处分权人处分他人财产而签订的合同必须经过权利人的事后追认或者在合同订立后取得对财产的处分权。这里的权利人，是指对财产享有处分权的人。所谓追认是指权利人事后同意该处分财产行为的意思表示。这种追认可以直接向买受人做出，也可以向处分人做出；可以用口头形式做出，也可以用书面形式做出。不管用何种形式，追认都必须用明显的方式做出，沉默和不作为都不视为追认。追认是一种单方的意思表示，其目的就是使无权处分而订立的合同发生法律效力。在权利人追认前，因无权处分而订立的合同处于效力待定状态，在得到追认以前，买受人可以撤销该合同；在追认以后，则合同将从订立合同时起就产生法律效力,任何一方当事人都可以请求对方履行合同义务。

如果无处分权人订立合同后取得处分权,该合同仍为有效合同。无权处分的本质是处分人在无权处分的情况下处分他人财产,从而侵害了他人的财产权。如果处分人在合同订立后取得了财产权利或者取得了对财产的处分权,就可以消除无权处分的状态,从而使合同产生效力。

3.4.8 无效合同

无效合同就是不具有法律约束力和不发生履行效力的合同。一般合同一旦依法成立,就具有法律拘束力,但是无效合同却由于违反法律、行政法规的强制性规定或者损害国家、社会公共利益,因此,即使其成立,也不具有法律拘束力。无效合同一般具有以下特征:

(1)无效合同具有违法性

一般来说本法所规定的无效合同都具违法性,它们大都违反了法律和行政法规的强制性规定以及损害了国家利益、社会公共利益,例如,合同当事人非法买卖毒品、枪支等。无效合同的违法性表明此类合同不符合国家的意志和立法的目的,所以,对此类合同国家就应当实行干预,使其不发生效力,而不管当事人是否主张合同的效力。

(2)无效合同是自始无效的

所谓自始无效,就是合同从订立之时起,就没有法律约束力,以后也不会转化为有效合同。由于无效合同从本质上违反了法律规定,因此,国家不承认此类合同的效力。对于已经履行的,应当通过返还财产、赔偿损失等方式使当事人的财产恢复到合同订立前的状态。

有下列情形之一的合同无效:

(1)一方以欺诈、胁迫的手段订立合同,损害国家利益

在经济生活中出现很多以此类合同的方式侵吞国有资产和侵害国家利益的情形,但是受害方当事人害怕承担责任或者对国家财产漠不关心,致使国有资产大量流失,若此类合同不纳入无效合同之中,则不足以保护国有资产。

所谓欺诈,就是故意隐瞒真实情况或者故意告知对方虚假的情况,欺骗对方,诱使对方做出错误的意思表示而与之订立合同。欺诈的种类很多,例如,出售假冒伪劣产品,提供虚假的商品说明书,在没有履行能力的情况下,对外签订合同骗取定金或者货款等。欺诈具有以下构成要件:

1)欺诈一方当事人有欺诈的故意。即欺诈方明知告知对方的情况是虚假的,并且会使对方当事人陷于错误而仍为之。欺诈的故意既包括欺诈人有使自己因此获得利益的目的,也包括使第三人因此获得利益而使对方当事人受到损失。

2)要有欺诈另一方的行为。所谓欺诈行为,是指欺诈方将其欺诈故意表示于外部的行为,欺诈行为既可以是积极的行为,也可以是消极的行为。欺诈行为在实践中可分为故意陈述虚假事实的欺诈和故意隐瞒真实情况使他人陷入错误的欺诈。故意告知虚假情况的行为属于虚假陈述,如将劣质品说成优等品;故意隐瞒真实情况的行为,是指行为人负有义务向他方如实告知某种真实情况而故意不进行告知。

3)受欺诈方签订合同是由于受欺诈的结果。只有当欺诈行为使他人陷于错误,而他

人由于此错误在违背其真实意愿的情况下而与之签订了合同，才能构成受欺诈的合同。

所谓胁迫，是指行为人以将要发生的损害或者以直接实施损害相威胁，使对方当事人产生恐惧而与之订立合同。因胁迫而订立的合同包括两种类型：一种是以将要发生的损害相威胁，而使他人产生恐惧。将要发生的损害可以是涉及生命、身体、财产、名誉、自由、健康等方面的，这种损害必须是相当严重的，足以使被胁迫者感到恐惧。如果一方所进行的将要造成的损害的威胁是根本不存在的、没有任何根据的，或者受胁迫方根本不会相信，不构成胁迫。另一种情况是行为人实施不法行为，直接给对方当事人造成人为的损害和财产的损害，而迫使对方签订合同。这种直接损害可以是对肉体的直接损害，如殴打对方；也可以是对精神的直接损害，如散布谣言、诽谤对方。

因胁迫而订立的合同需要具有如下构成要件：

1）胁迫人具有胁迫的故意。即胁迫人明知自己的行为将会对受胁迫方从心理上造成恐惧而故意为之的心理状态，并且胁迫人希望通过胁迫行为使受胁迫者做出的意思表示与胁迫者的意愿一致。

2）胁迫者必须实施了胁迫行为。如胁迫者必须要有以将要有的损害行为或者间接对对方施加损害相威胁的行为。如果没有胁迫行为，只具有主观上的故意，不构成胁迫行为。胁迫在合同中常常表现为强制对方订立合同而实施的，也可以是在合同订立后，以胁迫手段迫使对方变更或者解除合同。

3）胁迫行为必须是非法的。胁迫人的胁迫行为是给对方施加一种强制和威胁，但这种威胁必须是没有法律依据的。如果一方有合法的理由对另一方施加压力，则不构成合同中的威胁。如一方向另一方提出如若对方不按时履行合同，就要提起诉讼，则因为提起诉讼是合法手段，则不构成胁迫。

4）必须有受胁迫者因胁迫行为而违背自己的真实意思与胁迫者订立的合同。如果受胁迫者虽受到了对方的威胁但不为之所动，没有与对方订立合同或者订立合同不是由于对方的胁迫，则也不构成胁迫。

（2）恶意串通，损害国家、集体或者第三人利益的合同

恶意串通的合同，就是合同的双方当事人非法勾结，为牟取私利，而共同订立的损害国家、集体或者第三人利益的合同。例如，甲企业产品的质量低劣，销不出去，就向乙企业的采购人员或者其他订立合同的主管人员行贿，然后相互串通订立合同，将次品当成合格产品买入。在实践中比较常见的还有代理人与第三人勾结，订立合同，损害被代理人利益的行为。由于这种合同具有极大的破坏性，损害了国家、集体或者第三人的利益，为了维护国家、集体或者第三人的利益，维护正常的合同交易，属于无效合同。

（3）以合法形式掩盖非法目的而订立合同

以合法形式掩盖非法目的的民事行为无效。此类合同中，行为人为达到非法目的以迂回的方法避开了法律或者行政法规的强制性规定，所以又称为伪装合同。例如，当事人通过虚假的买卖行为达到隐匿财产、逃避债务的目的就是一种比较典型的以合法形式掩盖非法目的合同。由于这种合同被掩盖的目的违反法律、行政法规的强制性规定，并且会造成国家、集体或者第三人利益的损害，所以本法将此类合同也纳入了无效合同中。

（4）损害社会公共利益的合同

许多国家的法律都规定违反了公序良俗或者公共秩序的合同无效。公序良俗或者公共

秩序对于维护国家、社会一般利益及社会道德具有极其重要的作用。我国虽然没有采用公序良俗或者公共秩序的提法，但是我国《民法通则》第五十八条第五项确立了社会公共利益的原则，违反法律或者社会公共利益的民事行为无效。损害社会公共利益的合同实质上是违反了社会主义的公共道德，破坏了社会经济秩序和生活秩序。例如，与他人签订合同出租赌博场所。

（5）违反法律、行政法规的强制性规定的合同

只有违反了这些法律、行政法规的强制性规定的合同才无效。这是因为法律、行政法规包含强制性规定和任意性规定。强制性规定排除了合同当事人的意思自由，即当事人在合同中不得随意排除法律、行政法规强制性规定的适用，如果当事人约定排除了强制性规定，则构成本项规定的情形；对任意性规定，当事人可以约定排除，如当事人可以约定商品的价格。法律、行政法规的强制性规定与法律、行政法规的禁止性规定是不同的。法律、行政法规的强制性规定是指法律、行政法规中规定人们不得为某些行为或者必须为某些行为，如法律规定当事人订立的合同必须经过有关部门的审批等都属于强制性规定；而法律、行政法规的禁止性规定只是指规定人们不得为某些行为的规定。由此可见，法律、行政法规的强制性规定应当包括法律、行政法规的禁止性规定。

应当特别注意的是本项的规定只限于法律和行政法规，不能任意扩大范围。这里的法律是指全国人大及其常委会颁布的法律，如当事人订立的合同违反了刑事法律或者行政管理法律；行政法规是指由国务院颁布的法规，如我国税收征管、外汇管理的法规。实践中存在的将违反地方行政管理规定的合同都被认定为是无效的，这是不妥当的。

3.4.9 无效的合同免责条款

合同中的免责条款是指，合同中的双方当事人在合同中约定的，为免除或者限制一方或者双方当事人未来责任的条款。在现代合同发展中免责条款大量出现，免责条款一般有以下特征：

1）免责条款具有约定性。免责条款是当事人双方协商同意的合同的组成部分。这与法律规定的不可抗力致使不能履行或者履行不完全时免除责任是不同的。当事人可以依据意思自治的原则在合同中约定免责的内容或者范围，比如当事人可以约定"限制赔偿数额""免除某种事故发生的责任"等。

2）免责条款的提出必须是以明示的方式做出，任何以默示的方式做出的免责都是无效的。

3）合同中的免责条款具有免责性。免责条款的目的，就是排除或者限制当事人未来的民事责任。当然这种免责可以部分免责（限制），也可以是全部免责（排除）。

各国法律一般都规定，对于一方拟就的免责条款，应给予对方以充分注意的机会，比如免责条款印刷的方式和位置，要使对方充分注意到，或者给对方以充分的提示等。特别是在现代社会格式合同流行的情况下，对于格式合同中不合理、不公正的免责条款，出于对保护弱者的考虑，法律一般都确认该条款无效。例如《中华人民共和国消费者权益保护法》中明确规定，经营者不得以格式合同等方式排除或者限制消费者的权利。

对于免责条款的效力，法律视不同情况采取了不同的态度。一般来说，当事人经过充分协商确定的免责条款，只要是完全建立在当事人自愿的基础上，免责条款又不违反社会

公共利益，法律是承认免责条款的效力。但是对于严重违反诚实信用原则和社会公共利益的免责条款，法律是禁止的，否则不但将造成免责条款的滥用，而且还会严重损害一方当事人的利益，也不利于保护正常的合同交易。本条规定了以下两种无效的免责条款：

1）造成对方人身伤害的条款无效

对于人身的健康和生命安全，法律是给予特殊保护的，并且从整体社会利益的角度考虑，如果允许免除一方当事人对另一方当事人人身伤害的责任，那么就无异于纵容当事人利用合同形式对另一方当事人的生命进行摧残，这与保护公民的人身权利的宪法原则是相违背的。在实践当中，这种免责条款一般都是与另一方当事人的真实意思相违背的。所以本条对于这类免责条款加以禁止。

2）因故意或者重大过失给对方造成财产损失的免责条款

我国合同法确立免除故意或者重大过失造成合同一方当事人财产的条款无效，是因为这种条款严重违反了诚实信用原则，如果允许这类条款的存在，就意味着允许一方当事人可能利用这种条款欺骗对方当事人，损害对方当事人的合同权益，这是与合同法的立法目的完全相违背的。对于本项规定需要注意的有两点：

1）对于免除一方当事人因一般过失而给对方当事人造成财产损失责任的条款，可以认定为有效。

2）必须是免除因故意或者重大过失给对方当事人造成财产损失的条款无效。也就是说，对于故意或者重大过失行为必须限于财产损失，如果是免除人身伤害的条款不管是当事人是否有故意或者重大过失，只要是免除对人身伤害责任的条款依据本条第一项的规定都应当使之无效。

3.4.10　可变更、可撤销合同

可变更、可撤销合同，就是因意思表示不真实，通过有变更权、撤销权的当事人行使变更权、撤销权，使已经生效的意思表示发生变更或归于无效的合同。下列民事行为，一方有权请求人民法院或者仲裁机构予以变更或者撤销：

（1）行为人对行为内容有重大误解的

所谓重大误解，是指误解者做出意思表示时，对涉及合同法律效果的重要事项存在着认识上的显著缺陷，其后果是使误解者的利益受到较大的损失，或者达不到误解者订立合同的目的。误解直接影响当事人所应享有的权利和承担的义务。同时在这种情况下，虽然同行为人原来的真实意思不相符合，但这种情况的出现，并不是由于行为人受到对方的欺诈、胁迫或者对方乘人之危而被迫订立的合同，而使自己的利益受损，而是由于行为人自己的大意、缺乏经验或者信息不通而造成的。因此，对于这种合同，不能与无效民事行为一样处理，而应由一方当事人请求变更或者撤销。

因重大误解而可撤销的合同一般具有以下几个要件：

1）误解一般是因受害方当事人自己的过失产生的。这类合同发生误解的原因多是当事人缺乏必要的知识、技能、信息或者经验而造成的。

2）必须是对合同的内容构成重大的误解。也就是说，对于一般的误解而订立的合同一般不构成此类合同，这种误解必须是重大的。所谓重大的确定，要分别误解者所误解的不同情况，考虑当事人的状况、活动性质、交易习惯等各方面的因素。在我国的司法实践

中，对误解是否重大，主要从两个方面来考察：其一，对什么产生误解，如对标的物本质或性质的误解可以构成重大误解，对合同无关紧要的细节就不构成重大误解。其二，误解是否造成了对当事人的重大不利后果。如果当事人对合同的某种要素产生误解，并不因此而产生对当事人不利的履行后果，那么这种误解也不构成重大误解的合同。

3）这类合同要能直接影响当事人所应享有的权利和承担的义务，合同一旦履行就会使误解方的利益受到损害。

4）重大误解与合同的订立或者合同条件存在因果关系。误解导致了合同的订立，没有这种误解，当事人将不订立合同或者虽订立合同但合同条件将发生重大改变。与合同订立和合同条件无因果关系的误解，不属于重大误解的合同。

（2）显失公平的

所谓显失公平的合同，就是一方当事人在紧迫或者缺乏经验的情况下订立的，使当事人之间享有的权利和承担的义务严重不对等的合同。标的物的价值和价款过于悬殊、承担责任、风险承担显然不合理的合同，都可称为显失公平的合同。

显失公平的合同往往是当事人双方权利和义务很不对等，经济利益上严重失衡，违反了公平合理的原则，法律规定显失公平的合同应予撤销，不仅是公平原则的体现，而且切实保障了公平原则的实现；其次是从法律上确认显失公平的合同可撤销，对保证交易的公正性和保护消费者的利益，防止一方当事人利用优势或利用对方没有经验而损害对方的利益都有重要的意义。

（3）一方以欺诈、胁迫的手段或者乘人之危，使对方在违背对方真实意思的情况下订立的合同

损害国家利益的，涉及社会公共秩序，大陆法系的一般规定为无效。如果未损害国家利益，受欺诈、胁迫的一方可以自主决定该合同有效或者撤销。适用可撤销合同制度，已经能够充分保护受损害方的利益，也能适应订立合同时的各种复杂的情况。

被撤销的民事行为从行为开始时起无效。撤销权是一种权利，具有撤销权的当事人既可以行使撤销权，向人民法院或者仲裁机构请求撤销或者变更该合同，也可以放弃撤销权。

材料阅读：

电子合同签订的程序 ❶

1. 电子合同的订立

（1）合同谈判发起

电子合同订立系统使用人在注册身份信息后，应以加密的方式进入电子合同订立系统。

电子合同订立系统应电子合同订立一方发起谈判时，应提示查询对方身份状况。

在缔约双方进入商业谈判阶段后，电子缔约系统应当自动实时地记录双方的交流文

---

❶ 来源于《电子合同订立流程规范》GB/T 36298—2018。

字，并为缔约双方提供视频、语音等多种通信方式。缔约双方的任何交流的记录档案，非经一方请求，不得公开或者向第三方披露。

（2）合同谈判

电子合同订立系统应保持正常运行以确保谈判过程的顺利进行。

由于不可抗力的发生使谈判中断时，电子合同订立系统应能够进行灾难备份。

当事人应能够通过电子合同缔约系统查询谈判过程（包括内容的讨论过程和修改过程）的记录数据。

（3）电子合同的二次确认

经过谈判后形成的电子合同文本，应征求电子合同订立方的确认。确认过程应实施两次，即再次确认后进入电子签名阶段。

（4）电子合同的电子签名

电子合同必须附加合同签署各方的电子签名后依法具有与纸质书面合同相同的效力。

电子签名人应当妥善保管电子签名制作数据。电子签名人知悉电子签名制作数据已经失密或者可能已经失密时，应当及时告知有关各方，并终止使用该电子签名制作数据。

（5）电子合同的辅助认证

鼓励使用辅助加密或保密的技术设施的使用，包括二维码、时间戳、水印、短信通知等方法。

电子合同订立系统应对辅助加密或保密功能的使用做出详细说明，供当事人选择。

2. 电子合同的备份与查询

（1）电子合同备份

经过电子签名后的电子合同最终文本应当同步在电子合同订约系统或第三方存储服务商服务器中备份，以便在发生纠纷时调用查询。

电子合同的完整储存信息应当包括合同内容、签约时间、合同订立各方主体信息、电子签名信息等。订约人可随时在订约系统中查阅自己签订的合同信息。

存储服务商可应电子合同订立人的请求，对其合同谈判过程提供存储服务。储存后的电子合同能够应缔约人的请求进行在线查看和下载。

（2）电子合同查询

电子合同订立各方可以通过在线和离线两种方式查询电子合同第三方存储服务商保存的电子合同。

利用在线方式查询电子合同，应利用电子签名制作数据进入电子合同第三方存储服务商网站，并按照存储服务商规定的操作程序查询。

利用离线方式查询电子合同，应持主体身份文件，到电子合同第三方存储服务商办公地点进行查询。

电子合同第三方存储服务商有义务为合同订立各方或其他依法取证机构提供书面证明函。

合同缔约当事各方应当明确约定，如无相反证据，第三方存储的信息应得到合同订立各方的确认。

（3）电子合同保存期限

电子合同的存储期限不得晚于合同订立之日起五年，合同当事人另有约定的除外。

（4）第三方存储的推荐性

合同当事人双方或一方使用第三方存储的，经存储的合同信息应被视为完全真实的信息。

思考题：

（1）对比建设工程书面合同签订的程序，与电子签订合同存在哪些异同？

（2）建设工程合同若要形成电子合同，应从哪些方面改革？

第4章 建设工程合同履行

合同履行是当事人按照合同约定实现权利、履行义务的过程。合同履行管理之目的与意义是如何更好地促使当事人相互协作与配合，实现合同目标，即使出现意外事件，也能够保障遵守合同一方当事人的权益，并向不遵守合同的一方追究合同责任。本章知识要点有：合同履行的原则，合同履行中抗辩权、代位权、撤销权等相关规定，发包人、承包人、监理人、勘察设计人的建设工程中合同履行，建设工程合同履行过程中的变更管理，以及建设工程合同履行过程中的暂停。

4.1 合同履行的基本原理

当事人之所以要订立合同，完全是为了实现合同的目的，而合同履行即为实现合同的途径或过程。合同权利义务的实现，只有通过履行才能达到。所以合同的订立是前提，合同的履行是关键。

4.1.1 合同履行的基本原则

合同的履行原则，是指合同当事人在履行合同过程中所应遵循的基本准则。这些原则是用以弥补合同成文立法的不周延性缺陷；又可以限定法官在裁定合同纠纷时的自由量裁权。合同法规定了两个履行原则。其中诚实信用原则是整个合同法的基本原则，而全面履行原则是专属于合同履行的原则。

（1）全面履行原则

全面履行原则，又称为正确履行原则和适当履行原则，指当事人应当按照合同的各个条款，全面、正确地履行自己的义务。这是履行当事人约定的义务，包括主体、标的、数量、质量、价款、报酬、期限、地点、方式等。任何一个合同条款都应不折不扣地履行，任何一个条款不履行都会使当事人不能实现合同目的。合同法中全面履行原则的体现，如"债权人可以拒绝债务人提前履行债务，但提前履行不损害债权人利益的除外。债务人提前履行债务给债权人增加的费用，由债务人负担。"

（2）诚实信用原则

诚实信用原则是指当事人在履行合同义务时，秉承诚实、守信、善意、不滥用权利和规避义务，根据合同的性质、目的和交易习惯履行通知、协助、保密等义务。

遵循诚实信用原则，除了强调各方当事人按照法律规定或合同约定履行义务这一基本内涵外，更重要的是强调各方当事人应当履行附属义务。这些附属义务包括通知、协助、保密等。这些义务应根据合同性质、目的和交易习惯来确定。合同性质通常指合同类型，如单务合同还是双务合同、有偿合同还是无偿合同、实践合同还是诺成合同等。合同类型的确定体现着不同合同内在的质的差异性，影响着合同的履行。合同目的指订立合同所要达到的目标和愿望。例如，是转移财产、提供劳务还是完成工作，这也影响着合同的履行。交易习惯是指在经济交往中通常采用的，并为多数交易人普遍接受的传统习惯做法。在法律没有规定，合同也没有约定的情况下，依据交易习惯履行合同，有利于平衡合同当事人的利益，公平实现合同目的。

通知，比如义务人准备履行义务前，通知权利人做好准备；债权人分立、合并的情况及住所变更的情况应及时通知债务人等。协助，比如债权人要及时受领标的物，为债务人提供必要的条件等。保密，因为合同内容往往涉及商业秘密，诚实信用原则要求当事人遵循保密义务，尤其是在合同义务履行完毕，合同终止后或发生合同纠纷后。

4.1.2 合同履行中条款缺陷的补救

合同内容应当明确具体，这既是合同订立的基本要求，也是合同顺利实施的保障。但是，任何合同都面临着不确定性，可能导致合同条款存在欠缺或约定不明确。一旦出现合同条款欠缺或约定不明确，将会导致合同履行困难，此种情况下有三种解决方式：一是确认合同未成立，不存在履行的问题；二是用协议方式对合同进行补充，使其具体、明确、完备；三是规定补缺规则，直接依照规则确定合同内容，来履行合同。

从原则角度看，现代市场经济社会越来越将促进交易作为合同立法的重要原则。在合同条款存在某些缺陷时，应秉承促进交易的原则，来处理履行问题。从价值角度看，合同法作为私法，其立法价值目标主要包括公平、合理、高效、安全。第一种处理方式似乎公平、合理、安全，从程序和表面上看是解决了问题。但是并未从实体上和根本上解决问题。这种选择策略回避根本问题，违背高效的价值目标，不宜采纳；第二种方式更为合理、公平、安全，比第一种方式要高效，可以被采用，但其适用范围又受到一定限制，其以双方合意为条件，因此仅有它是不够的；第三种方式，在实质上不违背公平、合理、安全的目标，而且突出了高效，因而为许多国家和地区所采用。

合同法所采用解决合同条款缺陷的方式，包含三个层级：一是协议补缺；二是规则补缺；三是特殊规则补缺。

1. 协议补缺

合同法规定："合同生效后，当事人就质量、价款或报酬、履行地点等内容没有约定或者约定不明确，可以协议补充。"

这种补充协议和原协议一样反映了各方当事人的共同意志和愿望，所以，补充协议和原协议一样具有法律效力。对协议补缺原则，我国原有立法中也有所涉及，如民法通则第88条第2款规定："合同中有关质量、期限、地点或者价款约定不明确，按照合同有关条款，内容不能确定，当事人又不能通过协商达成协议的，适用下列规定。"这一规定从侧面反映出协议补缺规则。

所以，当合同履行过程中发现存在合同条款欠缺的，双方当事人的第一选择和最优选择，均是通过补充协议的方式，就条款欠缺事项达成一致。

2. 规则补缺

规则补缺是指在合同条款没有约定或约定不明确，当事人也无法就此缺陷进行协议补充的情况下，依据一定规则来补充合同缺陷，确定合同履行的方式方法等，使合同得以履行。这时合同内容的确定不需要当事人同意。

合同法规定："不能达成协议的，按照合同有关条款或者交易习惯确定。"适用规则补缺需要具备一定条件：

（1）规则补缺只适用于有效成立的合同。即合同条款没有约定或者约定不明确，但仍然被认定为有效成立的合同。如果合同缺少必备条款，如标的、数量，则合同尚未成立，也就谈不上履行。

（2）规则补缺只适用于部分常见条款的缺乏或不明确。对于特殊条款和专门条款则难以补缺。

（3）规则补缺只适用于无法协议补缺的情况下。如果说能协议补缺，则无须规则补缺。

（4）规则补缺要按照合同有关条款或者交易习惯。也就是说这里的规则就是"按照合同有关条款或者交易习惯"，不能乱补。民法通则只规定了"按照合同有关条款"，合同法增加了"交易习惯"，使合同的规则补缺更加灵活、全面。

3. 特殊规则补缺

特殊规则补缺就是在当事人就有关合同内容约定不明确时，既不能达成补充协议，又不能按照合同有关条款或者交易习惯确定的，适用下列规定：

（1）质量要求不明确的，按照国家标准、行业标准履行；没有国家标准、行业标准的，按照通常标准或者符合合同目的的特定标准履行。

（2）价款或者报酬不明确的，按照订立合同时履行地的市场价格履行；依法应当执行政府定价或者政府指导价的，按照规定履行。

（3）履行地点不明确，给付货币的，在接受货币一方履行；交付不动产的，在不动产所在地履行；其他标的，在履行义务一方所在地履行。

（4）履行期限不明确，债务人可以随时履行，债权人也可以随时要求履行，但应当给对方必要的准备时间。

（5）履行方式不明确的，按照有利于实现合同目的的方式履行。

（6）履行费用的负担不明确的，由履行义务的一方负担。笔者认为这实际上是规则补缺的特殊情况。

因为规则补缺要求按照"交易习惯"，而"交易习惯"具有不明确的特点，在不同国家、不同地方，交易习惯可能不一样，不同的人对交易习惯的认识或理解也可能不一样。这样，不同的人根据"交易习惯"补缺可能会补出不同的内容。为减少这种不确定性，法律上就根据交易习惯直接规定了一些补缺的具体规定，以确定合同内容。

4.1.3　价格变动时的履行规则

目前，我国实行主要由市场形成价格的价格机制，只有极少数商品和服务价格实行政府定价或政府指导价。当事人在合同中可以选择是否执行政府定价或者政府指导价。

如果当事人在合同中选择了执行政府定价或者政府指导价，在合同履行过程中，碰到政府价格调整时，应如何确定价格？按照合同法规定："执行政府定价或者政府指导价的，在合同约定的交付期限内政府价格调整时，按照交付时的价格计价。逾期交付标的物的，遇价格上涨时，按照原价格执行；价格下降时，按照新价格执行。逾期提取标的物或者逾期付款的，遇价格上涨时，按照新价格执行；价格下降时，按照原价格执行。"

在交付期限内价格变动时，是按照情势变更原则，把政府价格的调整作为一种情势变更，按交付时的价格计价。在交付期限外价格变动时的履行规则体现了惩罚违约方，保护守约方，即谁违约，谁受损，谁守约，谁受益的价值取向。

除以上确定合同价格的方式之外，当事人可以在合同中约定此类情形之下，合同价格确定的时间和方法。

4.1.4 合同的代为履行

合同具有相对性特点，即合同主要在当事人之间产生法律效力。只有合同的债权人能够向合同的债务人提出履行债务的要求，也只能由合同的债务人向债权人履行债务。债务人不能向第三人履行债务，也不能由第三人向债权人履行债务。当事人以外的第三人对当事人订立的合同不享有债权，也不承担债务和责任。即合同所确定的债权债务只能是合同当事人之间的债权债务关系。但合同的这一相对性特点并不排除由第三人参与来实现当事人之间的债权债务关系。即由第三人代替履行债务或者由第三人代替接受履行债务。所以当事人可以在合同中做出相关约定，但当事人之间的这种约定对第三人并无约束力，因为这一约定并未经过第三人同意，如果这种约定已经经过第三人同意并在合同中有所体现的话，那么就不是第三人而是当事人了。

在有这种约定的合同中，债务人向第三人履行债务，实际上就是向债权人履行债务；第三人向债权人履行债务实际上是代替债务人履行债务。如果债务人不履行或者履行不当，实际上仍然是对债权人违约，所以应向债权人承担违约责任而不是向第三人。正如合同法规定："当事人约定由债务人向第三人履行债务的，债务人未向第三人履行债务或者履行债务不符合约定，应当向债权人承担违约责任。"

同样，第三人不履行或者履行不当，实际上仍然是债务人违约，所以应由债务人承担违约责任而不是由第三人承担违约责任。正因如此，合同法规定："当事人约定由第三人向债权人履行债务的，第三人不履行债务或者履行债务不符合约定，债务人应当向债权人承担违约责任。"

4.1.5 合同履行的抗辩

合同履行的抗辩是指合同当事人（债务人）对抗或否认对方当事人（债权人）要求他履行债务的请求权。债务人这种对抗或否认债权人请求权的权利叫抗辩权。抗辩权的功能在于通过这种权利而使对方的请求权消灭或者使其效力延期发生。抗辩权可分为永久的抗辩权和一时的抗辩权。永久抗辩权导致对方请求权的根本消灭，所以又称为消灭的抗辩权，主要是指因时效届满而产生的抗辩权。如因诉讼时效届满而产生的抗辩权；当事人的各种撤销权因时效届满而消灭，还有当事人单方面解除合同的权利因时效届满而消灭等。

抗辩权是指因某种情况的发生致使对方的请示权在一定的期限内不能行使，所以又称为延缓的抗辩权。这里的抗辩就是指一时的抗辩，包括了三种具体的抗辩。

1. 同时履行抗辩

合同法规定："当事人互负债务，没有先后履行顺序的，应当同时履行。一方在对方履行之前有权拒绝其履行要求。一方在对方履行债务不符合约定时，有权拒绝其相应的履行要求。"这是合同法对同时履行规则、同时履行抗辩和同时履行抗辩权的规定。

适用同时履行抗辩需要有两个条件：一是双务合同债务的存在。即当事人之间互相负有债务。如果是单务合同，则当事人一方无须履行合同义务，负有义务的一方也就无从抗辩。二是没有先后履行顺序。包括没有约定履行顺序以及根据交易习惯无法确定先后顺序。

同时履行抗辩制度的作用表现在平衡利益、维护秩序、促进协作。关于这一制度所赖以产生的法律基础，有人主张为诚实信用原则。从同时履行抗辩（权）发展的历史可以清楚地看出公平原则，更准确地体现出同时履行抗辩（权）的法律价值所在。

2. 顺序履行抗辩（或称为后履行抗辩）

合同法规定："当事人互负债务，有先后履行顺序，先履行一方未履行的，后履行一方有权拒绝其履行要求。先履行一方履行债务不符合约定的，后履行一方有权拒绝其相应的履行要求。"这是合同法对顺序履行规则和顺序履行抗辩的规定。

适用顺序履行抗辩也需要有两个条件：一是双务合同债务的存在；二是存在履行债务的先后顺序。

顺序履行抗辩（权）产生的法律基础应该是合同的全面履行原则。

3. 不安抗辩

不安抗辩是指在双务合同中应当先履行债务的一方当事人在有确切证据证明后序履行债务的当事人在缔约后出现足以影响其对待给付的情形下，有权利中止履行合同。

（1）适用情形

合同法规定：应当先履行债务的当事人，有确切证据证明对方有下列情形之一的，可以中止履行：

1）经营状况严重恶化；

2）转移财产、抽逃资金，以逃避债务；

3）丧失商业信誉；

4）有丧失或者可能丧失履行债务能力的其他情形。当事人没有确切证据中止履行的，应当承担违约责任。由此可见，适用不安抗辩需要有以下几个条件：

① 后序履行合同义务的一方当事人在合同订立后丧失了履行合同的能力。也叫"履行不能"。

② 行使不安抗辩权的（进行不安抗辩的）当事人有对方丧失履行能力的确切证据。

为防止不安抗辩权的滥用，保障不安抗辩制度价值的真正实现，合同法要求进行不安抗辩的一方负举证责任，要有确切证据证明对方丧失履行能力。如果没有确切证据就中止履行，应当承担违约责任。

（2）不安抗辩的程序

合同法规定，当事人选择依照不安抗辩权的规定中止履行的，应当及时通知对方。也就是说当事人进行不安抗辩的程序就是"及时通知"，将自己中止履行的决定及原因及时告知对方。进行不安抗辩的一方在享有权利的同时，也要承担法定的通知义务。若非如此，则后序履行义务的当事人并不知悉对方中止履行，也就不可能采取相应的补救措施，其经济利益就可能受到损害。规定"及时通知"程序就是要避免对方因此受到损害，同时，也可以让对方及时提供担保，以消灭不安抗辩权。

（3）不安抗辩的后果

合同法规定:"对方提供适当担保时,应当恢复履行。中止履行后,对方在合理期限内未恢复履行能力并未担保适当担保的,中止履行的一方可以解除合同。"可见,不安抗辩的后果有两个:

1)恢复履行。即对方提供适当担保时,应恢复履行。不安抗辩的条件是对方"履行不能",而在对方提供担保后,就不存在"履行不能"的问题了,也就消灭了不安抗辩的适用条件,所以中止方应当恢复履行。

2)解除合同。如果在合理期限内未恢复履行能力并且未提供适当担保,表明后序履行人完全丧失了履行能力。为保证中止方的根本权益,立法赋予了中止方解除合同的权利。至于什么是"合理期限",大陆法系国家立法上通常没有明确规定。因为情况不同,规定一个统一的标准有时候难以适应具体情况的变化。一般以后履行方履行期届满为止。

4.1.6 债权人的代位权和撤销权

同占有、使用、收益和处分是所有权的权能一样,请求权、受偿权、代位权和撤销权是债权的权能,是法定权能,这种权能的享有无须当事人约定。

1. 代位权

(1)代位权的概念

代位权是指当债务人怠于行使其对第三人享有的到期债权从而损害债权人的利益时,债权人为保全自己的债权,可以以自己的名义代位行使债务人对第三人债权的权利。

合同法借鉴了国外民事立法的有益经验,在我国民事立法史上首次确立了代位权制度。行使代位权旨在通过保持债务人的财产进而实现债权人的债权,也就是说是为了债权人的利益,而不是为了债务人的利益。

(2)行使代位权的条件

代位权并非债权人可以随意行使的一种权利,必须具备一定条件。合同法规定:"因债务人怠于行使其到期债权,对债权人造成损害的,债权人可以向人民法院请求以自己的名义代位行使债务人的债权,但该债权专属于债务人自身的除外。代位的行使范围以债权人的债权为限。债权人行使代位权的必要费用,由债务人负担。"可见,行使代位权需具备以下条件:

① 债权人的债权有采取保全措施的必要。也就是"因债务人怠于行使其到期债权,对债权人造成损害,"债务人也迟延履行其债务。如无损害,则不能行使代位权。

② 债务人对第三人享有到期债权。如果债务人对第三人不享有到期债权,则债权人自然无"位"可代。如果债务人的债权未到期,则第三人不负有偿还义务,债权人也就不能代位求偿。最高法院的合同法解释还规定:债务人对第三人的债权必须"具有金钱给付内容"。

③ 债务人怠于行使其债权。也就是债务人应行使且能行使而不行使其债权。如果债务人已经行使,则债权人不能再代位行使。

④ 债务人的债权非专属于债务人自身。专属于债务人自身的债权具有人身性质,只能由债务人本人享有,而不能由他人代为享有。所以不能成为代位权的标的。根据最高法院解释:专属于债务人自身的债权指基于扶养关系、抚养关系、赡养关系、继承关系产生

的给付请求权和劳动报酬、退休金、养老金、抚恤金、安置费、人寿保险、人身伤害赔偿请求权等权利。

⑤ 债权人以自己的名义行使代位权。由于债权人只是代替债务人行使权利，因此债权人代替债务人行使权利所获得的一切利益均应归债务人。债权人不得请求债务人直接向自己履行债务。而只能请求第三人向债务人履行债务。债权人还必须通过强制执行程序才能实现其债权。也就是债权人需要"二次革命"才能实现其债权。如果债权人直接接受履行，不仅破坏了债的相对性规则，而且在存在数个债权人的情况下，也损害了其他未行使代位权的债权人的利益。最高法院解释中规定："代位权诉讼经人民法院审理后认定代位权成立的，由次债务人向债权人履行清偿义务，债权人与债务人、债务人与次债务人之间相应的债权债务关系即予消灭。"

⑥ 代位权的行使应通过人民法院。债权人行使代位权应通过什么方式来进行，在国外立法上采取了两种方式，即裁判方式和直接行使方式。债权人可以选择。而合同法规定："请求人民法院"，也就表明应通过诉讼的方式，而不能直接行使。

最高法院解释中规定：债权人对债务人起诉后，还可以对次债务人提起代位权诉讼，"受理代位权诉讼的人民法院在债权人起诉债务人的诉讼裁决发生法律效力以前，应当中止诉讼。"如果在代位权诉讼中，债权人未将债务人列为第三人的，人民法院可以追加债务人为第三人。次债务人对债务人的抗辩，可以向债权人主张。

代位权诉讼开始后，债务人对超过债权人债权的债权，还可以起诉次债务人。但"受理债务人起诉的人民法院在代位权诉讼裁决发生法律效力以前，应当依法中止。"

⑦ 代位权的行使范围以债权人的债权为限。

⑧ 行使代位权的必要费用由债务人负担。

2. 撤销权

（1）撤销权的概念

撤销权是指债权人对于债务人所做的危害债权人利益的行为，请求人民法院予以撤销的权利。撤销权与代位权一样同属保全债权的权利。这一制度起源于罗马法。该制度为保利斯所创，所以称保利斯诉权，后人也称之为废罢诉权，指债权人为维护本身的合法权益可以请求法院撤销债务人处分财产的行为。

（2）行使撤销权的条件

撤销权的行使也需要具备一定的条件。合同法规定："因债务人放弃到期债权或者无偿转让财产，对债权人造成损害的，债权人可以请求人民法院撤销债务人的行为。债务人以明显不合理的低价转让财产，对债权人造成损害，并且受让人知道该情形的，债权人也可以请求人民法院撤销债务人的行为。撤销权的行使范围以债权人的债权为限。债权人行使撤销权的必要费用，由债务人负担。"可见，行使撤销权应具备以下条件：

① 债务人实施了处分财产的行为。具体说包括三种行为：放弃到期债权；无偿转让财产；以明显不合理的低价转让财产。撤销权的目的在于恢复债务人的财产，而不在于增加债务人的财产，所以债务人拒绝受领某种利益的，债权人不得提出撤销。这里的利益不包括债权，而是指其他利益，如应继承的财产，别人赠与的财产。

② 债务人处分财产的行为已经发生了法律效力。如果债务人的行为并未成立或生效，债权人就不必行使撤销权。

③ 债务人处分财产的行为损害了债权人的利益。也就是说，这种处分行为减少了债务人的责任财产，会使债权人的债权难以实现或者根本不能实现。如果债务人处分财产的行为并不损害债权人利益，那么债权人就不能主张抵销。

④ 债务人或者第三人主观上有恶意。前两种处分行为属于无偿处分行为，只要债务人有恶意，债权人就可以行使撤销权，不需要第三人主观上有恶意。第三种处分行为是有偿的处分行为，需要债务人与第三人主观上都有恶意才可以撤销。

至于主观恶意的判断标准，对于债务人而言，只要处分行为损害债权人利益，就可以推定其有恶意。而对于第三人而言，是以其"知道该情形"为标准。如果其不知道，就不能说其有恶意，债权人就不能主张抵销。至于第三人是否有损害债权人的故意，是否和债务人有串通，则不必予以考虑。只要它"知道该情形"，债权人就可以主张撤销。

⑤ 撤销权的行使范围以债权人的债权为限。撤销权是法律对债权的扩张，这种扩张以债权人的利益得到保护为限度。超过债权数额就构成对债务人及第三人利益的不当干涉。

⑥ 撤销权的行使应通过人民法院以诉讼的方式进行。最高法院解释中规定：撤销权诉讼由被告住所地人民法院管辖。

⑦ 行使撤销权的必要费用，由债务人负担。最高法院解释中规定：包括律师代理费、差旅费等，第三人有过错的，应当适当分担。

（3）撤销权的行使期限

撤销权的行使期限是指债权人请求人民法院撤销债务人处分财产行为的时间界限，超过这一期限，债权人的撤销权消灭。

撤销权的行使期限，也可以叫撤销权的行使时效，与诉讼时效有相同之处，实际是一种特殊的诉讼时效，不过诉讼时效有中止、中断和延长的规定，而撤销权的行使时效却没有中止、中断和延长的规定。合同法规定："撤销权自债权人知道或者应当知道撤销事由之日起一年内行使。自债务人的行为发生之日起五年内没有行使撤销权的，该撤销权消灭。"可见，撤销权的行使期限也有两种情况：

① 普通期限。一年，自债权人知道或者应当知道撤销事由之日起计算。

② 最长期限。5 年，自债务人的行为（即撤销事由）发生之日起计算。这是指债权人不知道也不应当知道撤销事由的情况，就如同 20 年的最长诉讼时效。但也有学者提出，5 年时间过长，不利于市场秩序的稳定，而且会增加商业风险。但多数学者还是坚持认为 5 年的期限是合适的。

4.1.7 合同变更

合同的变更是指合同成立后，当事人在原合同的基础上对合同的内容进行修改或者补充。本书中合同变更的概念，不包括合同当事人的改变。虽然从广义上讲，合同主体的改变也是合同变更的一种原因，但是合同法对合同主体的变化，即债权人和债务人的改变，是通过债权转让和债务转让的制度调整的。所以，本书中对于合同变更的界定遵循合同法的说法，仅指合同中权利和义务关系的变更，不包括合同主体的变更。

合同是双方当事人通过要约、承诺的方式，经协商一致达成的。合同成立后，当事人应当按照合同的约定履行合同。任何一方未经对方同意，都不得改变合同的内容。但是，当事人在订立合同时，有时不可能对涉及合同的所有问题都做出明确的规定；合同签订后，当事人在合同履行前或者履行过程中也会出现一些新的情况，需要对双方的权利义务关系重新进行调整和规定。因此，需要当事人对合同内容重新修改或者补充。由于合同是当事人协商一致的产物，所以，当事人在变更合同内容时，也应当本着协商的原则进行。当事人可以依据要约、承诺等有关合同成立的规定，确定是否就变更事项达成协议。如果双方当事人就变更事项达成了一致意见，变更后的内容就取代了原合同的内容，当事人就应当按照变更后的内容履行合同。一方当事人未经对方当事人同意任意改变合同的内容，变更后的内容不仅对另一方没有约束力，而且这种擅自改变合同的做法也是一种违约行为，当事人应当承担违约责任。

合同变更既可能是合同标的的变更，比如，购买 A 公司的设备改为购买 B 公司的设备，也可能是合同数量的增加或者减少，比如，原合同约定购买 A 材料 20t 变更为仍然购买 A 材料，但是数量增加为 30t。既可能是履行地点由甲地改为乙地，也可能是履行方式的改变，比如，原订出卖人送货后改为买受人自己提货。既可能是合同履行期的提前或者延期，也可能是违约责任的重新约定。当事人给付价款或者报酬的调整更是合同变更的主要原因。此外，合同担保条款以及解决争议方式的变化也会导致合同的变更。

合同变更需要当事人协商一致，但有的情况下，仅有当事人协商一致是不够的，当事人还应当履行法定的程序。比如，中外合作经营企业法第七条规定，中外合作者在合作期限内协商同意对合作企业合同进行重大变更的，应当报审查批准机关批准；变更内容涉及法定工商登记项目、税务登记项目的，应当向工商行政管理机关、税务机关办理变更登记手续。外资企业法第十条规定，外资企业分立、合并或者其他重要事项变更，应当报审查批准机关批准，并向工商行政管理机关办理登记变更手续。因此，法律、行政法规对变更合同事项有具体要求的，当事人应当按照有关规定办理相应的手续。如果没有履行法定程序，即使当事人已协议变更了合同，变更的内容也不发生法律效力。

4.1.8　合同转让

合同权利的转让是指不改变合同权利的内容，由债权人将权利转让给第三人。债权人既可以将合同权利的全部转让，也可以将合同权利部分转让。

合同权利全部转让的，原合同关系消灭，产生一个新的合同关系，受让人取代原债权人的地位，成为新的债权人。合同权利部分转让的，受让人作为第三人加入到原合同关系中，与原债权人共同享有债权。

从鼓励交易，促进市场经济发展的目的看，只要不违反法律和社会公德，债权人可以转让其权利。但是，为了维护社会公共利益和交易秩序，平衡合同双方当事人的权益，法律又应当对权利转让的范围进行一定的限制。合同法规定有以下情形之一的，债权人不得转让其权利：

（1）根据合同性质不得转让的权利

根据合同性质不得转让的权利，主要是指合同是基于特定当事人的身份关系订立的，合同权利转让给第三人，会使合同的内容发生变化，动摇合同订立的基础，违反了当事人订立合同的目的，使当事人的合法利益得不到应有的保护。当事人基于信任关系订立的委托合同、雇佣合同及赠与合同等，都属于合同权利不得转让的合同。比如，赠与合同的赠与人明确表示将赠与的钱用于某贫困地区希望小学的建设，受赠人如果将受赠的权利转移给他人，用来建造别的项目，显然违反了赠与人订立合同的目的，损害了赠与人的合法权益。因此，对于根据合同性质不得转让的权利，债权人不得转让。

（2）按照当事人约定不得转让的权利

当事人在订立合同时可以对权利的转让做出特别的约定，禁止债权人将权利转让给第三人。这种约定只要是当事人真实意思的表示，同时不违反法律禁止性规定，那么对当事人就有法律的效力。债权人应当遵守该约定不得再将权利转让给他人，否则其行为构成违约。

但是，合同当事人的这种特别约定，不能对抗善意的第三人。如果债权人不遵守约定，将权利转让给了第三人，使第三人在不知实情的情况下接受了转让的权利，该转让行为就有效，第三人成为新的债权人。转让行为造成债务人利益损害的，原债权人应当承担违约责任。

（3）依照法律规定不得转让的权利

我国一些法律中对某些权利的转让做出了禁止性规定。对于这些规定，当事人应当严格遵守，不得违反法律的规定，擅自转让法律禁止转让的权利。

债权人转让权利或者债务人转移义务，法律、行政法规规定应当办理批准、登记等手续的，当事人应当依照其规定办理批准、登记等手续。如果债权人向批准或者登记机关提出权利转让请求时，批准或者登记机关经审查，未同意其转让的，该合同的权利就属于法律规定不得转让的权利，债权人不得违反法律的规定将权利进行转让。我国文物购销一直实行国家统一管理、收购和经营的政策，禁止私自倒卖文物的行为。为了保护国家的历史文化遗产，严格控制文物的出境，禁止公民个人私自将文物卖给外国人，文物保护法第二十五条规定，私人收藏的文物，严禁倒卖牟利，严禁私自卖给外国人。私人收藏的文物其所有权受国家的法律保护，其所有权的转移必须严格遵守国家法律的规定，转移的渠道要受法律的限制。因此，公民违反文物法的有关规定，将文物买卖合同中的权利转让给外国人的，其转让所有权的行为是无效的。

债权人转让权利是法律赋予其的一项权利，债权人可以在不违反法律和公共利益的基础上处分自己的权利。但是，由于债权人和债务人之间存在合同关系，债权人的转让权利的行为会给债务人的履行造成一定的影响。因此，在债权人的转让权利时给其增加相应的义务，更有利于保护债务人的合法利益。

关于债权人转让权利，不同国家的法律规定有所区别。有的国家的法律规定，债权人转让债权不必经债务人的同意，也无须通知债务人。这种制度设立的目的在于鼓励交易，加速经济的流转，因而给债权人充分行使其权利的自由，但另一方面也忽略了对债务人权利保护的程度，在债务人不知道债权人权利转让的情况下，可能会给债务人的履行增加负担，引起不必要的纠纷。同时，债权人可以任意转让权利的行为，也会使合同关系处于不稳定状态，容易造成社会经济秩序的混乱。法国、日本等国家的法律规定，债权人转让其债权可以不经债务人同意，但是必须将债权转让的事实及时通知债务人。这种制度考虑了对债务人权利的保护，保证债务人能及时了解权利转让的情况，避免了债务人在履行义务时可能造成的损失。同时，对债权人处分其权利的行为没有实质性的制约，也不会影响交易的正常运转。除了以上两种规定外，还有一种规定是要求债权人转让权利应当取得债务人的同意，如果转让方未经另一方的同意转让权利的，其转让行为不发生法律效力。这种制度确立的出发点，侧重于保护债务人的利益，通过限制合同权利的转让，达到稳定合同秩序的目的。但另一方面将债权人转让权利的效力交由债务人来确定，限制了债权人的权利，达不到鼓励交易、促进商品流通的目的。

考虑到合同双方当事人的利益的平衡，合同法在权利转让的问题上确立了权利转让只需通知债务人的原则。即债权人转让权利的，应当通知债务人。通知到达债务人时转让行为生效。未经通知，该转让行为对债务人不发生效力。这样规定一方面尊重了债权人对其权利的行使，另一方面也防止债权人滥用权利损害债务人的利益。同时将权利转让生效的决定权交给债权人行使，也符合其权利本身的属性，有利于促进市场经济的发展。

债务人接到债权人权利转让的通知后，权利转让即生效，随之会引起合同权利和义务关系的一系列变化。原债权人被新的债权人替代或者新债权人的加入使原债权人已不能完全享有原债权。因此，债权人一旦发出转让权利的通知，就意味着合同的权利已归受让人所有或者和受让人分享，债权人不得再对转让的权利进行处置，因此，原债权人无权撤销转让权利的通知。只有在受让人同意的情况下，债权人才能撤销其转让权利的通知。

4.1.9 合同义务转移

合同义务转移是指债务人经债权人同意，将合同的义务全部或者部分地转让给第三人。

如债权人可以全部或者部分转让权利一样，债务人也可以将合同的义务转移给第三人。转移合同义务也是法律赋予债务人的一项权利。但是，债权人和债务人的合同关系是产生在相互了解的基础上，在订立合同时，债权人一般要对债务人的资信情况和偿还能力进行了解，而对于取代债务人或者加入到债务人中的第三人的资信情况及履行债务的能力，债权人不可能完全清楚。所以，如果债务人不经债权人的同意就将债务转让给了第三人，那么，对于债权人来说显然是不公平的，不利于保障债权人合法利益的实现。

合同义务转移分为两种情况：一是合同义务的全部转移，在这种情况下，新的债务人完全取代了旧的债务人，新的债务人负责全面的履行合同义务；另一种情况是合同义务的部分转移，即新的债务人加入到原债务中，和原债务人一起向债权人履行义务。债务人不论转移的是全部义务还是部分义务，都需要征得债权人同意。未经债权人同意，债务人转移合同义务的行为对债权人不发生法律效力。债权人有权拒绝第三人向其履行，同时有权要求债务人履行义务并承担不履行或者迟延履行合同的法律责任。转移义务要经过债权人的同意，这也是合同义务转移制度与合同权利转让制度最主要的区别。

应当指出的是，债务人转移义务有别于第三人替债务人履行债务。合同法对第三人替债务人履行债务的问题做出了规定，明确当事人可以约定由第三人向债权人履行债务。第三人不履行或者履行债务不符合的，债务人应当向债权人承担违约责任。债务人转移义务和第三人替债务人履行债务的区别主要有以下几方面：

（1）在债务人转移义务时，债务人应当征得债权人的同意。在第三人替代履行的情况下，债务人同意第三人代替其履行债务即可，不必经债权人的同意。

（2）在债务人转移义务的情况下，债务人全部转移义务后就退出了原合同关系，第三人成为合同新的债务人。在债务人部分转移义务时，第三人加入到原合同关系中，和债务人共同履行义务。第三人替代履行时，第三人并未加入到合同关系中，债权人不能把第三人作为合同的主体，直接要求第三人履行义务。

（3）在债务人转移义务后，第三人成为合同关系的当事人，如果债务人未能按照合同约定履行，债权人可以直接请求第三人履行义务，而不能再要求原债务人履行。在合同义务部分转移的情况下，债权人可以向债务人和第三人中的任何一方要求履行。在第三人替代履行的情况下，第三人履行有瑕疵的，债权人只能要求债务人承担违约责任，而不能要求第三人承担违约责任。

4.2 建设工程合同的履行

建设工程合同的履行是相应合同的当事人，以其所签订的合同为依据，按照合同条款约定的程序、方式和标准，履行各自义务，实现合同权利的过程。一方的义务履行，对应着另一方权利的实现，所以本节仅针对合同义务的履行进行阐述。

4.2.1 建设工程发包人的合同履行

根据《建设工程施工合同（示范文本）》GF-2017-0201、《建设项目工程总承包合同示范文本》GF-2017-0216、《建设工程勘察合同（示范文本）》GF-2016-0203、《建设工程造价咨询合同（示范文本）》GF-2015-0212、《建设工程设计合同示范文本（专业建设工程）》GF-2015-0210、《建设工程设计合同示范文本（房屋建筑工程）》GF-2015-0209、《建设工程监理合同（示范文本）》GF-2012-0202，发包人的主要履行义务如下：

1. 办理工程的许可与批准

发包人应遵守法律，并办理法律规定由其办理的许可、批准或备案。这些工程的许可、批准或备案手续包括建设用地规划许可证、建设工程规划许可证、建设工程施工许可证、施工所需临时用水、临时用电、中断道路交通、临时占用土地等许可和批准。除此之外，发包人应协助承包人办理法律规定的有关施工证件和批件。

2. 发包人的雇员

（1）发包人的代表

发包人需要在合同条款中明确其派驻施工现场的发包人代表的姓名、职务、联系方式及授权范围等事项。发包人代表在发包人的授权范围内，负责处理合同履行过程中与发包人有关的具体事宜。发包人代表在授权范围内的行为由发包人承担法律责任。

发包人更换发包人代表的，应提前7天书面通知承包人。

（2）发包人的人员

发包人的人员包括发包人代表及其他由发包人派驻施工现场的人员。发包人的工作人员需遵守法律及有关安全、质量、环境保护、文明施工等规定，并保障承包人免于承受因发包人人员未遵守上述要求给承包人造成的损失和责任。

（3）监理及其他咨询人员

我国仍然在一定范围内实行强制监理制度，满足法规规定要求的项目，实行监理；另外，发包人根据自身管理需求，可能选择项目管理、全过程工程咨询、造价咨询等相关的咨询服务。咨询服务人员（包括监理人员）根据咨询合同的属性，定位为服务于发包人，属于发包人雇员这一类。

咨询服务人员的职权、职责及工作范围应该通过咨询合同约定，并由发包人以书面通知的形式通知各承包人。

3. 向勘察设计人、承包人、咨询服务人提供基本条件

（1）勘察设计资料及设计指标的提供

发包人应当在工程设计前或合同条款约定的时间向设计人提供工程设计所必需的工程设计资料，并对所提供资料的真实性、准确性和完整性负责。按照法律规定确需在工程设计开始后方能提供的设计资料，发包人应及时地在相应工程设计文件提交给发包人前的合理期限内提供，合理期限应以不影响设计人的正常设计为限。

发包人要求进行主要技术指标控制的，如钢材用量、混凝土用量等主要技术指标控制值应当符合有关工程设计标准的要求，且应当在工程设计开始前书面向设计人提出，经发包人与设计人协商一致后以书面形式确定作为本合同附件。且不得以任何理由要求设计人违反法律和工程质量、安全标准进行工程设计，降低工程质量。

（2）施工资料及施工条件的提供

发包人应当在移交施工现场前向承包人提供施工现场及工程施工所必需的毗邻区域内供水、排水、供电、供气、供热、通信、广播电视等地下管线资料，气象和水文观测资料，地质勘察资料，相邻建筑物、构筑物和地下工程等有关基础资料，并对所提供资料的真实性、准确性和完整性负责。

按照法律规定确需在开工后方能提供的基础资料，发包人应尽其努力及时地在相应工程施工前的合理期限内提供，合理期限应以不影响承包人的正常施工为限。

除合同条款另有约定外，发包人应最迟于开工日期7天前向承包人移交施工现场。并负责提供施工所需要的条件，包括：

1）将施工用水、电力、通信线路等施工所必需的条件接至施工现场内；

2）保证向承包人提供正常施工所需要的进入施工现场的交通条件；

3）协调处理施工现场周围地下管线和邻近建筑物、构筑物、古树名木的保护工作，并承担相关费用；

4）按照合同条款约定应提供的其他设施和条件。

（3）咨询服务工作条件的提供

发包人应按照咨询合同的约定，无偿向咨询服务人提供工程有关的资料，并在合同履行过程中，及时提供最新的与工程有关的资料。

发包人应为咨询服务人完成咨询服务提供必要的条件，包括无偿提供办公及生活用房、办公设备；负责协调工程建设中所有外部关系，提供必要的外部条件。

4. 发包人的付款义务

（1）勘察设计款项的支付

发包人应向勘察设计人支付定金或预付款，定金的比例不应超过合同总价款的20%；预付款的比例由发包人与设计人协商确定，一般不低于合同总价款的20%。定金或预付款应按照合同条款约定执行，但最迟应在开始勘察设计日期前合同条款约定的期限内支付。

发包人应当按照合同条款约定的付款条件及时向勘察设计人支付进度款。在对已付进度款进行汇总和复核中发现错误、遗漏或重复的，发包人和勘察设计人均有权提出修正申请。经发包人和勘察设计人同意的修正，应在下期进度付款中支付或扣除。

（2）施工款项的支付

除合同条款另有约定外，发包人应在收到承包人要求提供资金来源证明的书面通知后28天内，向承包人提供能够按照合同约定支付合同价款的相应资金来源证明。除合同条款另有约定外，发包人要求承包人提供履约担保的，发包人应当向承包人提供支付担保。支付担保可以采用银行保函或担保公司担保等形式，具体由合同当事人在专用合同条款中约定。

预付款的支付按照合同条款约定执行，但最迟应在开工通知载明的开工日期7天前支付。预付款应当用于材料、工程设备、施工设备的采购及修建临时工程、组织施工队伍进场等。除合同条款另有约定外，预付款在进度付款中同比例扣回。在颁发工程接收证书前，提前解除合同的，尚未扣完的预付款应与合同价款一并结算。

发包人应按合同约定向承包人及时支付合同价款，付款周期应与计量周期保持一致。发包人应在进度款支付证书或临时进度款支付证书签发后14天内完成支付，发包人逾期支付进度款的，应按照中国人民银行发布的同期同类贷款基准利率支付违约金。发包人签发进度款支付证书或临时进度款支付证书，不表明发包人已同意、批准或接受了承包人完成的相应部分的工作。在对已签发的进度款支付证书进行阶段汇总和复核中发现错误、遗漏或重复的，发包人和承包人均有权提出修正申请。经发包人和承包人同意的修正，应在下期进度付款中支付或扣除。

（3）工程咨询服务款项的支付

支付酬金包括正常工作酬金、附加工作酬金、合理化建议奖励金额及费用。发包人对咨询服务人提交的支付申请书有异议时，应当在收到支付申请书后7天内，以书面形式发出异议通知。无异议部分的款项应按期支付，有异议部分的款项按合同争议条款的约定办理。

5. 其他合同义务的履行

发包人应按合同约定及时接收勘察设计人提交的工程设计文件。并按合同约定或自发包人收到勘察设计人的工程设计文件之日起，对工程设计文件进行审查，审查期不超过15天，审查的范围和内容在合同中约定，审查的具体标准应符合法律规定、技术标准要求和合同约定。

发包人应按照合同约定的时间、程序审查、审批承包人、监理人等提交施工组织设计、施工进度计划、监理实施规划、工程项目管理实施规划等文件，以作为相关合同方合同履行的依据。

发包人须按时参加工程建设中的各项验收、检查，行使法律规定或合同约定的质量、安全义务，并应在收到经监理人审核的竣工验收申请报告后28天内审批完毕并组织监理人、承包人、设计人等相关单位完成竣工验收。

4.2.2 建设工程承包人的合同履行

根据《建设工程施工合同（示范文本）》GF-2017-0201、《建设项目工程总承包合同示范文本》GF-2017-0216承包人在履行合同过程中应遵守法律和工程建设标准规范，并履行以下义务：

1. 办理法律规定应由承包人办理的许可和批准

承包人办理施工所需的各种许可和批准，如渣土外运、排污、超限使用市政基础设施等，并将办理结果书面报送发包人留存。

2. 承包人的人员

（1）项目经理

承包人授权项目经理代表承包人负责履行合同，并在合同中明确项目经理的姓名、职称、注册执业证书编号、联系方式及授权范围等事项。项目经理应是承包人正式聘用的员工，承包人应向发包人提交项目经理与承包人之间的劳动合同，以及承包人为项目经理缴纳社会保险的有效证明。承包人需要更换项目经理的，应提前 14 天书面通知发包人和监理人，并征得发包人书面同意；未经发包人书面同意，承包人不得擅自更换项目经理。

（2）其他人员

承包人应在接到开工通知后 7 天内，向监理人提交承包人项目管理机构及施工现场人员安排的报告，其内容应包括合同管理、施工、技术、材料、质量、安全、财务等主要施工管理人员名单及其岗位、注册执业资格等，以及各工种技术工人的安排情况，并同时提交主要施工管理人员与承包人之间的劳动关系证明和缴纳社会保险的有效证明。

承包人派驻到施工现场的主要施工管理人员应相对稳定。施工过程中如有变动，承包人应及时向监理人提交施工现场人员变动情况的报告。承包人更换主要施工管理人员时，应提前 7 天书面通知监理人，并征得发包人书面同意。特殊工种作业人员均应持有相应的资格证明，监理人可以随时检查。

3. 现场查勘

承包人应对发包人提供的基础资料所做出的解释和推断负责，但因基础资料存在错误、遗漏导致承包人解释或推断失实的，由发包人承担责任。

承包人应对施工现场和施工条件进行查勘，并充分了解工程所在地的气象条件、交通条件、风俗习惯以及其他与完成合同工作有关的其他资料。因承包人未能充分查勘、了解前述情况或未能充分估计前述情况所可能产生的后果，承包人承担由此增加的费用和（或）延误的工期。

4. 分包

（1）分包的一般规定

承包人不得将其承包的全部工程转包给第三人，或将其承包的全部工程肢解后以分包的名义转包给第三人。承包人不得将工程主体结构、关键性工作及专用合同条款中禁止分包的专业工程分包给第三人，主体结构、关键性工作的范围由合同当事人按照法律规定在专用合同条款中予以明确。

承包人不得以劳务分包的名义转包或违法分包工程。

（2）分包的确定

承包人应按合同条款的约定进行分包，确定分包人。如在投标文件中已经列明分包计划的，可按照计划分包；否则，承包人需提出分包申请，并经发包人审核同意后，方可分包。按照合同约定进行分包的，承包人应确保分包人具有相应的资质和能力。工程分包不减轻或免除承包人的责任和义务，承包人和分包人就分包工程向发包人承担连带责任。

除合同另有约定外，承包人应在分包合同签订后 7 天内向发包人和监理人提交分包合同副本。

（3）分包管理

承包人应向监理人提交分包人的主要施工管理人员表，并对分包人的施工人员进行实名制管理，包括但不限于进出场管理、登记造册以及各种证照的办理。监理人及发包人均有权对承包人选定的分包人进行审查，以确定其是否具备法律法规规定的分包资格和项目所需的施工能力。

（4）分包合同价款

除生效法律文书规定或合同条款另有约定外，分包合同价款由承包人与分包人结算，未经承包人同意，发包人不得向分包人支付分包工程价款；生效法律文书要求发包人向分包人支付分包合同价款的，发包人有权从应付承包人工程款中扣除该部分款项。

（5）分包合同权益的转让

分包人在分包合同项下的义务持续到缺陷责任期届满以后的，发包人有权在缺陷责任期届满前，要求承包人将其在分包合同项下的权益转让给发包人，承包人应当转让。除转让合同另有约定外，转让合同生效后，由分包人向发包人履行义务。

5. 工程照管与成品、半成品保护

除合同条款另有约定外，自发包人向承包人移交施工现场之日起，承包人应负责照管工程及工程相关的材料、工程设备，直到颁发工程接收证书之日止。在承包人负责照管期间，因承包人原因造成工程、材料、工程设备损坏的，由承包人负责修复或更换，并承担由此增加的费用和（或）延误的工期。

对合同内分期完成的成品和半成品，在工程接收证书颁发前，由承包人承担保护责任。因承包人原因造成成品或半成品损坏的，由承包人负责修复或更换，并承担由此增加的费用和（或）延误的工期。

6. 质量管理

（1）一般质量管理义务

承包人应按照合同条款约定向发包人和监理人提交工程质量保证体系及措施文件，建立完善的质量检查制度，并提交相应的工程质量文件。对于发包人和监理人违反法律规定和合同约定的错误指示，承包人有权拒绝实施。

承包人应对施工人员进行质量教育和技术培训，定期考核施工人员的劳动技能，严格执行施工规范和操作规程。

（2）质量检查和检验

承包人应按照法律规定和发包人的要求，对材料、工程设备以及工程的所有部位及其施工工艺进行全过程的质量检查和检验，并作详细记录，编制工程质量报表，报送监理人审查。此外，承包人还应按照法律规定和发包人的要求，进行施工现场取样试验、工程复核测量和设备性能检测，提供试验样品、提交试验报告和测量成果以及其他工作。

承包人应为发包人及监理人的检查和检验提供方便，包括发包人及监理人到施工现场，或制造、加工地点，或合同约定的其他地方进行察看和查阅施工原始记录。发包人及监理人为此进行的检查和检验，不免除或减轻承包人按照合同约定应当承担的责任。

工程隐蔽部位经承包人自检确认具备覆盖条件的，承包人应在共同检查前 48 小时书面通知监理人检查，通知中应载明隐蔽检查的内容、时间和地点，并应附有自检记录和必要的检查资料。经监理人检查确认质量符合隐蔽要求，并在验收记录上签字后，承包人才能进行覆盖。经监理人检查质量不合格的，承包人应在监理人指示的时间内完成修复，并由监理人重新检查，由此增加的费用和（或）延误的工期由承包人承担。承包人覆盖工程隐蔽部位后，发包人或监理人对质量有疑问的，可要求承包人对已覆盖的部位进行钻孔探测或揭开重新检查，承包人应遵照执行，并在检查后重新覆盖恢复原状。经检查证明工程质量符合合同要求的，由发包人承担由此增加的费用和（或）延误的工期，并支付承包人合理的利润；经检查证明工程质量不符合合同要求的，由此增加的费用和（或）延误的工期由承包人承担。

承包人未通知监理人到场检查，私自将工程隐蔽部位覆盖的，监理人有权指示承包人钻孔探测或揭开检查，无论工程隐蔽部位质量是否合格，由此增加的费用和（或）延误的工期均由承包人承担。

（3）不合格工程处理

因承包人原因造成工程不合格的，发包人有权随时要求承包人采取补救措施，直至达到合同要求的质量标准，由此增加的费用和（或）延误的工期由承包人承担。无法补救的，发包人可拒绝接收全部或部分工程。因不合格工程导致其他工程不能正常使用的，承包人应采取措施确保相关工程的正常使用，由此增加的费用和（或）延误的工期由承包人承担。

（4）保修义务

工程保修期从工程竣工验收合格之日起算，具体分部分项工程的保修期由合同当事人在专用合同条款中约定，但不得低于法定最低保修年限。在工程保修期内，承包人应当根据有关法律规定以及合同约定承担保修责任。发包人未经竣工验收擅自使用工程的，保修期自转移占有之日起算。

工程竣工验收合格后，因承包人原因导致的缺陷或损坏致使工程、单位工程或某项主要设备不能按原定目的使用的，则发包人有权要求承包人延长缺陷责任期，并应在原缺陷责任期届满前发出延长通知，但缺陷责任期最长不能超过 24 个月。

任何一项缺陷或损坏修复后，经检查证明其影响了工程或工程设备的使用性能，承包人应重新进行合同约定的试验和试运行，试验和试运行的全部费用应由责任方承担。

除合同条款另有约定外，承包人应于缺陷责任期届满后 7 天内向发包人发出缺陷责任期届满通知，发包人应在收到缺陷责任期满通知后 14 天内核实承包人是否履行缺陷修复义务，承包人未能履行缺陷修复义务的，发包人有权扣除相应金额的维修费用。发包人应在收到缺陷责任期届满通知后 14 天内，向承包人颁发缺陷责任期终止证书。

在保修期内，发包人在使用过程中，发现已接收的工程存在缺陷或损坏的，应书面通知承包人予以修复，但情况紧急必须立即修复缺陷或损坏的，发包人可以口头通知承包人并在口头通知后 48 小时内书面确认，承包人应在专用合同条款约定的合理期限内到达工程现场并修复缺陷或损坏。

因承包人原因造成工程的缺陷或损坏，承包人拒绝维修或未能在合理期限内修复缺陷或损坏，且经发包人书面催告后仍未修复的，发包人有权自行修复或委托第三方修复，所需费用由承包人承担。但修复范围超出缺陷或损坏范围的，超出范围部分的修复费用由发包人承担。

7. 安全文明施工与环境保护

（1）安全生产要求

合同履行期间，承包人应当遵守国家和工程所在地有关安全生产的要求，合同当事人有特别要求的，应在专用合同条款中明确施工项目安全生产标准化达标目标及相应事项。承包人有权拒绝发包人及监理人强令承包人违章作业、冒险施工的任何指示。

在施工过程中，如遇到突发的地质变动、事先未知的地下施工障碍等影响施工安全的紧急情况，承包人应及时报告监理人和发包人，发包人应当及时下令停工并报政府有关行政管理部门采取应急措施。

（2）安全生产保证措施

承包人应当按照有关规定编制安全技术措施或者专项施工方案，建立安全生产责任制度、治安保卫制度及安全生产教育培训制度，并按安全生产法律规定及合同约定履行安全职责，如实编制工程安全生产的有关记录，接受发包人、监理人及政府安全监督部门的检查与监督。

（3）特别安全生产事项

承包人应按照法律规定进行施工，开工前做好安全技术交底工作，施工过程中做好各项安全防护措施。承包人为实施合同而雇用的特殊工种的人员应受过专门的培训并已取得政府有关管理机构颁发的上岗证书。

承包人在动力设备、输电线路、地下管道、密封防震车间、易燃易爆地段以及临街交通要道附近施工时，施工开始前应向发包人和监理人提出安全防护措施，经发包人认可后实施。

实施爆破作业，在放射、毒害性环境中施工（含储存、运输、使用）及使用毒害性、腐蚀性物品施工时，承包人应在施工前7天以书面通知发包人和监理人，并报送相应的安全防护措施，经发包人认可后实施。

需单独编制危险性较大的分部分项专项工程施工方案，及要求进行专家论证的超过一定规模的危险性较大的分部分项工程，承包人应及时编制和组织论证。

（4）治安保卫

除合同条款另有约定外，发包人应与当地公安部门协商，在现场建立治安管理机构或联防组织，统一管理施工场地的治安保卫事项，履行合同工程的治安保卫职责。

发包人和承包人除应协助现场治安管理机构或联防组织维护施工场地的社会治安外，还应做好包括生活区在内的各自管辖区的治安保卫工作。

除合同条款另有约定外，发包人和承包人应在工程开工后7天内共同编制施工场地治安管理计划，并制定应对突发治安事件的紧急预案。在工程施工过程中，发生暴乱、爆炸等恐怖事件，以及群殴、械斗等群体性突发治安事件的，发包人和承包人应立即向当地政府报告。发包人和承包人应积极协助当地有关部门采取措施平息事态，防止事态扩大，尽量避免人员伤亡和财产损失。

（5）文明施工

承包人在工程施工期间，应当采取措施保持施工现场平整，物料堆放整齐。工程所在地有关政府行政管理部门有特殊要求的，按照其要求执行。合同当事人对文明施工有其他要求的，可以在专用合同条款中明确。

在工程移交之前，承包人应当从施工现场清除承包人的全部工程设备、多余材料、垃圾和各种临时工程，并保持施工现场清洁整齐。经发包人书面同意，承包人可在发包人指定的地点保留承包人履行保修期内的各项义务所需的材料、施工设备和临时工程。

（6）紧急情况处理

在工程实施期间或缺陷责任期内发生危及工程安全的事件，监理人通知承包人进行抢救，承包人声明无能力或不愿立即执行的，发包人有权雇佣其他人员进行抢救。此类抢救按合同约定属于承包人义务的，由此增加的费用和（或）延误的工期由承包人承担。

（7）事故处理

工程施工过程中发生事故的，承包人应立即通知监理人，监理人应立即通知发包人。发包人和承包人应立即组织人员和设备进行紧急抢救和抢修，减少人员伤亡和财产损失，防止事故扩大，并保护事故现场。需要移动现场物品时，应做出标记和书面记录，妥善保管有关证据。发包人和承包人应按国家有关规定，及时如实地向有关部门报告事故发生的情况，以及正在采取的紧急措施等。

（8）劳动保护

承包人应按照法律规定安排现场施工人员的劳动和休息时间，保障劳动者的休息时间，并支付合理的报酬和费用。承包人应依法为其履行合同所雇用的人员办理必要的证件、许可、保险和注册等，承包人应督促其分包人为分包人所雇用的人员办理必要的证件、许可、保险和注册等。

承包人应按照法律规定保障现场施工人员的劳动安全，并提供劳动保护，并应按国家有关劳动保护的规定，采取有效的防止粉尘、降低噪声、控制有害气体和保障高温、高寒、高空作业安全等劳动保护措施。承包人雇佣人员在施工中受到伤害的，承包人应立即采取有效措施进行抢救和治疗。

承包人应按法律规定安排工作时间，保证其雇佣人员享有休息和休假的权利。因工程施工的特殊需要占用休假日或延长工作时间的，应不超过法律规定的限度，并按法律规定给予补休或付酬。

（9）生活条件

承包人应为其履行合同所雇用的人员提供必要的膳宿条件和生活环境；承包人应采取有效措施预防传染病，保证施工人员的健康，并定期对施工现场、施工人员生活基地和工程进行防疫和卫生的专业检查和处理，在远离城镇的施工场地，还应配备必要的伤病防治和急救的医务人员与医疗设施。

（10）环境保护

承包人应在施工组织设计中列明环境保护的具体措施。在合同履行期间，承包人应采取合理措施保护施工现场环境。对施工作业过程中可能引起的大气、水、噪声以及固体废物污染采取具体可行的防范措施。

承包人应当承担因其原因引起的环境污染侵权损害赔偿责任，因上述环境污染引起纠纷而导致暂停施工的，由此增加的费用和（或）延误的工期由承包人承担。

8. 进度管理

（1）施工进度计划的编制与修订

承包人应在施工组织设计中编制有详细的施工进度计划，施工进度计划作为工程参建各方合同履约的共同依据，经发包人批准后实施。

当施工进度计划与工程的实际进度不一致时，承包人需要修订施工进度计划，保证工程施工处于有序的状态。发包人和监理人对承包人提交的施工进度计划的确认，不能减轻或免除承包人根据法律规定和合同约定应承担的任何责任或义务。

（2）开工准备与通知

承包人在施工准备工作完成后，于施工组织设计中约定的期限，向监理人提交工程开工报审表，详细说明按施工进度计划正常施工所需的施工道路、临时设施、材料、工程设备、施工设备、施工人员等落实情况以及工程的进度安排。经发包人同意后，监理人应在计划开工日期7天前向承包人发出开工通知，工期自开工通知中载明的开工日期起算。

除专用合同条款另有约定外，因发包人原因造成监理人未能在计划开工日期之日起90天内发出开工通知的，承包人有权提出价格调整要求，或者解除合同。发包人应当承担由此增加的费用和（或）延误的工期，并向承包人支付合理利润。

9. 合同款项申请与支付

承包人应于合同约定的时间向监理人报送之前月份已完成的工程量报告，并附具进度付款申请单、已完成工程量报表和有关资料。监理人应在收到承包人提交的工程量报告后7天内完成对承包人提交的工程量报表的审核并报送发包人，以确定当月实际完成的工程量。监理人对工程量有异议的，有权要求承包人进行共同复核或抽样复测。承包人应协助监理人进行复核或抽样复测，并按监理人要求提供补充计量资料。承包人未按监理人要求参加复核或抽样复测的，监理人复核或修正的工程量视为承包人实际完成的工程量。

承包人编制的进度付款申请单应包括下列内容：

（1）截至本次付款周期已完成工作对应的金额；

（2）根据变更应增加和扣减的变更金额；

（3）应支付的预付款和扣减的返还预付款；

（4）应扣减的质量保证金；

（5）应增加和扣减的索赔金额；

（6）对于已签发的进度款支付证书中出现错误的修正，应在本次进度付款中支付或扣除的金额；

（7）根据合同约定应增加和扣减的其他金额。

将发包人按合同约定支付的各项价款专用于合同工程，且应及时支付其雇用人员工资，并及时向分包人支付合同价款。

4.2.3　建设工程勘察、设计人的合同履行

根据《建设工程勘察合同（示范文本）》GF-2016-0203、《建设工程设计合同示范文本（专业建设工程）》GF-2015-0210、《建设工程设计合同示范文本（房屋建筑工程）》GF-2015-0209，勘察人和设计人的主要合同义务履行如下：

1. 勘察人的一般义务

勘察人应按勘察任务书和技术要求并依据有关技术标准进行工程勘察工作，建立质量保证体系，按本合同约定的时间提交质量合格的成果资料，并对其质量负责。

勘察人开展工程勘察活动时应遵守有关职业健康及安全生产方面的各项法律法规的规定，采取安全防护措施，确保人员、设备和设施的安全。在燃气管道、热力管道、动力设备、输水管道、输电线路、临街交通要道及地下通道（地下隧道）附近等风险性较大的地点，以及在易燃易爆地段及放射、有毒环境中进行工程勘察作业时，应编制安全防护方案并制定应急预案。

勘察人在提交成果资料后，应为发包人继续提供后期服务。

2. 设计人的一般义务

设计人应遵守法律和有关技术标准的强制性规定，完成合同约定范围内的房屋建筑工程方案设计、初步设计、施工图设计，提供符合技术标准及合同要求的工程设计文件，提供施工配合服务，并完成合同约定的工程设计其他服务。

设计人应当根据建筑工程的使用功能和专业技术协调要求，合理确定基础类型、结构体系、结构布置、使用荷载及综合管线等。设计人应当严格执行其双方书面确认的主要技术指标控制值，由于设计人的原因导致工程设计文件超出在专用合同条款中约定的主要技术指标控制值比例的，设计人应当承担相应的违约责任。设计人在工程设计中选用的材料、设备，应当注明其规格、型号、性能等技术指标及适应性，满足质量、安全、节能、环保等要求。

设计人不得将其承包的全部工程设计转包给第三人，或将其承包的全部工程设计肢解后以分包的名义转包给第三人。设计人不得将工程主体结构、关键性工作及专用合同条款中禁止分包的工程设计分包给第三人，工程主体结构、关键性工作的范围由合同当事人按照法律规定在专用合同条款中予以明确。设计人不得进行违法分包。

4.2.4　建设工程监理人的合同履行

根据《建设工程监理合同（示范文本）》GF-2012-0202，监理人的主要履行义务如下：

（1）收到工程设计文件后编制监理规划，并在第一次工地会议7天前报发包人。根据有关规定和监理工作需要，编制监理实施细则；

（2）熟悉工程设计文件，并参加由发包人主持的图纸会审和设计交底会议；

（3）参加由发包人主持的第一次工地会议，主持监理例会并根据工程需要主持或参加专题会议；

（4）审查施工承包人提交的施工组织设计，重点审查其中的质量安全技术措施、专项施工方案与工程建设强制性标准的符合性；

（5）检查施工承包人工程质量、安全生产管理制度及组织机构和人员资格；

（6）检查施工承包人专职安全生产管理人员的配备情况；

（7）审查施工承包人提交的施工进度计划，核查承包人对施工进度计划的调整；

（8）检查施工承包人的试验室；

（9）审核施工分包人资质条件；

（10）查验施工承包人的施工测量放线成果；

（11）审查工程开工条件，对条件具备的签发开工令；

（12）审查施工承包人报送的工程材料、构配件、设备质量证明文件的有效性和符合性，并按规定对用于工程的材料采取平行检验或见证取样方式进行抽检；

（13）审核施工承包人提交的工程款支付申请，签发或出具工程款支付证书，并报委托人审核、批准；

（14）在巡视、旁站和检验过程中，发现工程质量、施工安全存在事故隐患的，要求施工承包人整改并报委托人；

（15）经发包人同意，签发工程暂停令和复工令；

（16）审查施工承包人提交的采用新材料、新工艺、新技术、新设备的论证材料及相关验收标准；

（17）验收隐蔽工程、分部分项工程；

（18）审查施工承包人提交的工程变更申请，协调处理施工进度调整、费用索赔、合同争议等事项；

（19）审查施工承包人提交的竣工验收申请，编写工程质量评估报告；

（20）参加工程竣工验收，签署竣工验收意见；

（21）审查施工承包人提交的竣工结算申请并报委托人；

（22）编制、整理工程监理归档文件并报委托人。

4.3 建设工程合同的变更

变更是建设工程合同履行管理的重点，因为在很多研究中将变更界定为合同成本超支、工期延误的主要原因。但是，变更管理并不是减少变更，而是控制变更对合同顺利履行的影响。

4.3.1 施工合同变更

1. 变更的范围

根据《建设工程施工合同（示范文本）》GF-2017-0201，合同履行过程中发生以下情形的，应进行变更：

（1）增加或减少合同中任何工作，或追加额外的工作；

（2）取消合同中任何工作，但转由他人实施的工作除外；

（3）改变合同中任何工作的质量标准或其他特性；

（4）改变工程的基线、标高、位置和尺寸；

（5）改变工程的时间安排或实施顺序。

2. 变更权

发包人和监理人均可以提出变更。变更指示均通过监理人发出，监理人发出变更指示前应征得发包人同意。承包人收到经发包人签认的变更指示后，方可实施变更。未经许可，承包人不得擅自对工程的任何部分进行变更。

涉及设计变更的，应由设计人提供变更后的图纸和说明。如变更超过原设计标准或批准的建设规模时，发包人应及时办理规划、设计变更等审批手续。

3. 变更程序

（1）发包人提出变更

发包人提出变更的，应通过监理人向承包人发出变更指示，变更指示应说明计划变更的工程范围和变更的内容。

（2）监理人提出变更建议

监理人提出变更建议的，需要向发包人以书面形式提出变更计划，说明计划变更的工程范围和变更的内容、理由，以及实施该变更对合同价格和工期的影响。发包人同意变更的，由监理人向承包人发出变更指示。发包人不同意变更的，监理人无权擅自发出变更指示。

（3）变更执行

承包人收到监理人下达的变更指示后，认为不能执行，应立即提出不能执行该变更指示的理由。承包人认为可以执行变更的，应当书面说明实施该变更指示对合同价格和工期的影响，且合同当事人应当按照合同（变更估价）条款约定确定变更估价。

4. 变更估价

（1）变更估价原则

除专用合同条款另有约定外，变更估价按照本款约定处理：

1）已标价工程量清单或预算书有相同项目的，按照相同项目单价认定；

2）已标价工程量清单或预算书中无相同项目，但有类似项目的，参照类似项目的单价认定；

3）变更导致实际完成的变更工程量与已标价工程量清单或预算书中列明的该项目工程量的变化幅度超过 15% 的，或已标价工程量清单或预算书中无相同项目及类似项目单价的，按照合理的成本与利润构成的原则，由合同当事人按照合同（商定或确定）条款确定变更工作的单价。

（2）变更估价程序

承包人应在收到变更指示后 14 天内，向监理人提交变更估价申请。监理人应在收到承包人提交的变更估价申请后 7 天内审查完毕并报送发包人，监理人对变更估价申请有异议的，通知承包人修改后重新提交。发包人应在承包人提交变更估价申请后 14 天内审批完毕。发包人逾期未完成审批或未提出异议的，视为认可承包人提交的变更估价申请。

因变更引起的价格调整应计入最近一期的进度款中支付。

5. 承包人的合理化建议

承包人提出合理化建议的，应向监理人提交合理化建议说明，说明建议的内容和理由，以及实施该建议对合同价格和工期的影响。

除专用合同条款另有约定外，监理人应在收到承包人提交的合理化建议后 7 天内审查完毕并报送发包人，发现其中存在技术上的缺陷，应通知承包人修改。发包人应在收到监理人报送的合理化建议后 7 天内审批完毕。合理化建议经发包人批准的，监理人应及时发出变更指示，由此引起的合同价格调整按照合同（变更估价）条款约定执行。发包人不同意变更的，监理人应书面通知承包人。

合理化建议降低了合同价格或者提高了工程经济效益的，发包人可对承包人给予奖励，奖励的方法和金额在专用合同条款中约定。

6. 变更引起的工期调整

因变更引起工期变化的，合同当事人均可要求调整合同工期，由合同当事人按照合同（商定或确定）条款并参考工程所在地的工期定额标准确定增减工期天数。

7. 暂估价

暂估价专业分包工程、服务、材料和工程设备的明细由合同当事人在专用合同条款中约定。

（1）依法必须招标的暂估价项目

对于依法必须招标的暂估价项目，采取以下第 1 种方式确定。合同当事人也可以在专用合同条款中选择其他招标方式。

第 1 种方式：对于依法必须招标的暂估价项目，由承包人招标，对该暂估价项目的确认和批准按照以下约定执行：

1）承包人应当根据施工进度计划，在招标工作启动前 14 天将招标方案通过监理人报送发包人审查，发包人应当在收到承包人报送的招标方案后 7 天内批准或提出修改意见。承包人应当按照经过发包人批准的招标方案开展招标工作；

2）承包人应当根据施工进度计划，提前 14 天将招标文件通过监理人报送发包人审批，发包人应当在收到承包人报送的相关文件后 7 天内完成审批或提出修改意见；发包人有权确定招标控制价并按照法律规定参加评标；

3）承包人与供应商、分包人在签订暂估价合同前，应当提前 7 天将确定的中标候选供应商或中标候选分包人的资料报送发包人，发包人应在收到资料后的 3 天内与承包人共同确定中标人；承包人应当在签订合同后的 7 天内，将暂估价合同副本报送发包人留存。

第 2 种方式：对于依法必须招标的暂估价项目，由发包人和承包人共同招标确定暂估价供应商或分包人，承包人应按照施工进度计划，在招标工作启动前 14 天通知发包人，并提交暂估价招标方案和工作分工。发包人应在收到后的 7 天内确认。确定中标人后，由发包人、承包人与中标人共同签订暂估价合同。

（2）不属于依法必须招标的暂估价项目

除专用合同条款另有约定外，对于不属于依法必须招标的暂估价项目，采取以下第 1 种方式确定。

第 1 种方式：对于不属于依法必须招标的暂估价项目，按本项约定确认和批准。

1）承包人应根据施工进度计划，在签订暂估价项目的采购合同、分包合同前 28 天向监理人提出书面申请。监理人应当在收到申请后 3 天内报送发包人，发包人应当在收到申请后 14 天内给予批准或提出修改意见，发包人逾期未予批准或提出修改意见的，视为该书面申请已获得同意；

2）发包人认为承包人确定的供应商、分包人无法满足工程质量或合同要求的，发包人可以要求承包人重新确定暂估价项目的供应商、分包人；

3）承包人应当在签订暂估价合同后 7 天内，将暂估价合同副本报送发包人留存。

第 2 种方式：承包人按照合同（依法必须招标的暂估价项目）条款约定的第 1 种方式确定暂估价项目。

第 3 种方式：承包人直接实施的暂估价项目。

承包人具备实施暂估价项目的资格和条件的，经发包人和承包人协商一致后，可由承包人自行实施暂估价项目，合同当事人可以在专用合同条款约定具体事项。

（3）因发包人原因导致暂估价合同订立和履行迟延的，由此增加的费用和（或）延误的工期由发包人承担，并支付承包人合理的利润。因承包人原因导致暂估价合同订立和履行迟延的，由此增加的费用和（或）延误的工期由承包人承担。

8. 暂列金额

暂列金额应按照发包人的要求使用，发包人的要求应通过监理人发出。合同当事人可以在专用合同条款中协商确定有关事项。

9. 计日工

需要采用计日工方式的，经发包人同意后，由监理人通知承包人以计日工计价方式实施相应的工作，其价款按列入已标价工程量清单或预算书中的计日工计价项目及其单价进行计算；已标价工程量清单或预算书中无相应的计日工单价的，按照合理的成本与利润构成的原则，由合同当事人按照合同（商定或确定）条款确定变更工作的单价。

采用计日工计价的任何一项工作，承包人应在该项工作实施过程中，每天提交以下报表和有关凭证报送监理人审查：

（1）工作名称、内容和数量；

（2）投入该工作的所有人员的姓名、专业、工种、级别和耗用工时；

（3）投入该工作的材料类别和数量；

（4）投入该工作的施工设备型号、台数和耗用台时；

（5）其他有关资料和凭证。

计日工由承包人汇总后，列入最近一期进度付款申请单，由监理人审查并经发包人批准后列入进度付款。

10. 价格调整

（1）市场价格波动引起的调整

除专用合同条款另有约定外，市场价格波动超过合同当事人约定的范围，合同价格应当调整。合同当事人可以在专用合同条款中约定选择以下一种方式对合同价格进行调整。

第 1 种方式：采用价格指数进行价格调整。

1）价格调整公式。

因人工、材料和设备等价格波动影响合同价格时，根据专用合同条款中约定的数据，按公式（4-1）计算差额并调整合同价格：

$$\Delta P = P_0 \left[A + \left(B_1 \times \frac{F_{t1}}{F_{01}} + B_2 \times \frac{F_{t2}}{F_{02}} + B_3 \times \frac{F_{t3}}{F_{03}} + \cdots + B_n \times \frac{F_{tm}}{F_{0n}} \right) - 1 \right] \tag{4-1}$$

式中　　　　　　　ΔP——需调整的价格差额；

P_0——约定的付款证书中承包人应得到的已完成工程量的金额。此项金额应不包括价格调整、不计质量保证金的扣留和支付、预付款的支付和扣回。约定的变更及其他金额已按现行价格计价的，也不计在内；

A——定值权重（即不调部分的权重）；

$B_1；B_2；B_3；\cdots B_n$——各可调因子的变值权重（即可调部分的权重），为各可调因子在签约合同价中所占的比例；

$F_{t1}；F_{t2}；F_{t3}；\cdots F_{tm}$——各可调因子的现行价格指数，指约定的付款证书相关周期最后一天的前 42 天的各可调因子的价格指数；

F_{01}；F_{02}；F_{03}；…F_{0n}——各可调因子的基本价格指数，指基准日期的各可调因子的价格指数。

以上价格调整公式中的各可调因子、定值和变值权重，以及基本价格指数及其来源在投标函附录价格指数和权重表中约定，非招标订立的合同，由合同当事人在专用合同条款中约定。价格指数应首先采用工程造价管理机构发布的价格指数，无前述价格指数时，可采用工程造价管理机构发布的价格代替。

2）暂时确定调整差额。

在计算调整差额时无现行价格指数的，合同当事人同意暂用前次价格指数计算。实际价格指数有调整的，合同当事人进行相应调整。

3）权重的调整。

因变更导致合同约定的权重不合理时，按照合同（商定或确定）条款执行。

4）因承包人原因导致工期延误后的价格调整。

因承包人原因未按期竣工的，在合同约定的竣工日期后继续施工的工程，在使用价格调整公式时，应采用计划竣工日期与实际竣工日期的两个价格指数中较低的一个作为现行价格指数。

第2种方式：采用造价信息进行价格调整。

合同履行期间，因人工、材料、工程设备和机械台班价格波动影响合同价格时，人工、机械使用费按照国家或省、自治区、直辖市建设行政管理部门、行业建设管理部门或其授权的工程造价管理机构发布的人工、机械使用费系数进行调整；需要进行价格调整的材料，其单价和采购数量应由发包人审批，发包人确认需调整的材料单价及数量，作为调整合同价格的依据。

1）人工单价发生变化且符合省级或行业建设主管部门发布的人工费调整规定的，合同当事人应按省级或行业建设主管部门或其授权的工程造价管理机构发布的人工费等文件调整合同价格，但承包人对人工费或人工单价的报价高于发布价格的除外。

2）材料、工程设备价格变化的价款调整按照发包人提供的基准价格，按以下风险范围规定执行。

① 承包人在已标价工程量清单或预算书中载明材料单价低于基准价格的。除专用合同条款另有约定外，合同履行期间材料单价涨幅以基准价格为基础超过5%时，或材料单价跌幅以在已标价工程量清单或预算书中载明材料单价为基础，超过5%时，其超过部分据实调整。

② 承包人在已标价工程量清单或预算书中载明材料单价高于基准价格的。除专用合同条款另有约定外，合同履行期间材料单价跌幅以基准价格为基础，超过5%时，材料单价涨幅以在已标价工程量清单或预算书中载明材料单价为基础，超过5%时，其超过部分据实调整。

③ 承包人在已标价工程量清单或预算书中载明材料单价等于基准价格的。除专用合同条款另有约定外，合同履行期间材料单价涨跌幅以基准价格为基础，超过±5%时，其超过部分据实调整。

④ 承包人应在采购材料前将采购数量和新的材料单价报发包人核对，发包人确认用于工程时，发包人应确认采购材料的数量和单价。发包人在收到承包人报送的确认资料后

5 天内不予答复的视为认可，作为调整合同价格的依据。未经发包人事先核对，承包人自行采购材料的，发包人有权不予调整合同价格。发包人同意的，可以调整合同价格。

前述基准价格是指由发包人在招标文件或专用合同条款中给定的材料、工程设备的价格，该价格原则上应当按照省级或行业建设主管部门或其授权的工程造价管理机构发布的信息价编制。

3）施工机械台班单价或施工机械使用费发生变化超过省级或行业建设主管部门或其授权的工程造价管理机构规定的范围时，按规定调整合同价格。

第 3 种方式：专用合同条款约定的其他方式。

（2）法律变化引起的调整

基准日期后，因法律变化导致承包人在合同履行过程中所需要的费用发生除合同（市场价格波动引起的调整）条款约定以外的增加时，由发包人承担由此增加的费用；减少时，应从合同价格中予以扣减。基准日期后，因法律变化造成工期延误时，工期应予以顺延。

因法律变化引起的合同价格和工期调整，合同当事人无法达成一致的，由总监理工程师按合同（商定或确定）条款的约定处理。

因承包人原因造成工期延误，在工期延误期间出现法律变化的，由此增加的费用和（或）延误的工期由承包人承担。

4.3.2　勘察设计合同变更

《建设工程勘察合同（示范文本）》GF-2016-0203、《建设工程设计合同示范文本（专业建设工程）》GF-2015-0210、《建设工程设计合同示范文本（房屋建筑工程）》GF-2015-0209 中对变更有以下规定。

1. 变更范围

本合同变更是指在合同签订日后发生的以下变更：

（1）法律法规及技术标准的变化引起的变更；

（2）规划方案或设计条件的变化引起的变更；

（3）不利物质条件引起的变更；

（4）发包人的要求变化引起的变更；

（5）因政府临时禁令引起的变更；

（6）其他专用合同条款中约定的变更。

2. 变更确认

当引起变更的情形出现，除专用合同条款对期限另有约定外，勘察人应在 7 天内就调整后的技术方案以书面形式向发包人提出变更要求，发包人应在收到报告后 7 天内予以确认，逾期不予确认也不提出修改意见，视为同意变更。

3. 变更合同价款确定

（1）变更合同价款按下列方法进行：

1）合同中已有适用于变更工程的价格，按合同已有的价格变更合同价款；

2）合同中只有类似于变更工程的价格，可以参照类似价格变更合同价款；

3）合同中没有适用或类似于变更工程的价格，由勘察人提出适当的变更价格，经发包人确认后执行。

（2）除专用合同条款对期限另有约定外，一方应在双方确定变更事项后14天内向对方提出变更合同价款报告，否则视为该项变更不涉及合同价款的变更。

（3）除专用合同条款对期限另有约定外，一方应在收到对方提交的变更合同价款报告之日起14天内予以确认。逾期无正当理由不予确认的，则视为该项变更合同价款报告已被确认。

（4）一方不同意对方提出的合同价款变更，按合同（争议解决）条款的约定处理。

（5）因勘察人自身原因导致的变更，勘察人无权要求追加合同价款。

4.3.3 监理合同的变更

《建设工程监理合同（示范文本）》GF-2012-0202中对于变更的规定有：

任何一方提出变更请求时，双方经协商一致后可进行变更。

除不可抗力外，因非监理人原因导致监理人履行合同期限延长、内容增加时，监理人应当将此情况与可能产生的影响及时通知委托人。增加的监理工作时间、工作内容应视为附加工作。附加工作酬金的确定方法在专用条件中约定。

合同生效后，如果实际情况发生变化使得监理人不能完成全部或部分工作时，监理人应立即通知委托人。除不可抗力外，其善后工作以及恢复服务的准备工作应为附加工作，附加工作酬金的确定方法在专用条件中约定。监理人用于恢复服务的准备时间不应超过28天。

合同签订后，遇有与工程相关的法律法规、标准颁布或修订的，双方应遵照执行。由此引起监理与相关服务的范围、时间、酬金变化的，双方应通过协商进行相应调整。

因非监理人原因造成工程概算投资额或建筑安装工程费增加时，正常工作酬金应做相应调整。调整方法在专用条件中约定。

因工程规模、监理范围的变化导致监理人的正常工作量减少时，正常工作酬金应做相应调整。调整方法在专用条件中约定。

4.4 建设工程合同的暂停

4.4.1 建设工程发包人的暂停

1. 暂停权

发包人有工程建设和（或）施工的任意暂停权，发包人可以任何理由，在任何时候，由自己或监理向勘察人、设计人、承包人发出暂停施工的指示，勘察人、设计人、承包人应按指示暂停勘察、设计和（或）施工。

因工程安全、环境保护等需要，经承包人申请，发包人或指示监理人，下达暂停施工指令。

2. 暂停的指令

（1）通知暂停

因发包人原因引起暂停的，发包人直接或监理人经发包人同意后，应及时、直接下达暂停的指示。

　　在施工过程中，如遇到突发的地质变动、事先未知的地下施工障碍等影响施工安全的紧急情况，承包人应及时报告监理人和发包人，发包人应当及时下令停工并报政府有关行政管理部门采取应急措施。若情况紧急且监理人未及时下达暂停施工指示的，承包人可先予暂停施工，并及时通知监理人。监理人应在接到通知后 24 小时内发出指示，逾期未发出指示，视为同意承包人暂停施工。监理人不同意承包人暂停施工的，应说明理由，承包人对监理人的答复有异议的，按照合同争议处理。

　　（2）指令暂停

　　承包人在工程建设过程中，因违反相关法规或规范的强制性规定，或严重违反合同约定，可能引发质量和（或）安全事故的，发包人有权指令承包人暂停施工。包括承包人将安全文明施工费挪作他用，经发包人责令其限期改正，逾期仍未改正的，发包人可以责令其暂停施工。

　　3. 发包人承担的暂停责任

　　因发包人原因引起的暂停施工，发包人应承担由此增加的费用和（或）延误的工期，并支付承包人合理的利润。主要包括：

　　（1）发包人因自身原因，要求、指令承包人暂停施工的；

　　（2）因突发的地质变动、事先未知的地下施工障碍等影响施工安全情况而指示暂停施工的；

　　（3）因发包人原因，承包人暂停施工的。

4.4.2　建设工程承包人的暂停

　　1. 暂停权

　　承包人可以依据合同约定或法律规定，在特定情形下，拥有暂停施工的权利。具体情形包括：

　　（1）发包人逾期支付预付款超过 7 天的，承包人有权向发包人发出要求预付的催告通知，发包人收到通知后 7 天内仍未支付的，承包人有权暂停施工。

　　（2）一般发包人应在开工后 28 天内预付安全文明施工费总额的 50%，其余部分与进度款同期支付，发包人逾期支付安全文明施工费超过 7 天的，承包人有权向发包人发出要求预付的催告通知，发包人收到通知后 7 天内仍未支付的，承包人有权暂停施工。

　　（3）在合同履行过程中发生的下列情形，因发包人原因未能在计划开工日期前 7 天内下达开工通知的；因发包人原因未能按合同约定支付合同价款的；发包人自行实施被取消的工作或转由他人实施的；发包人提供的材料、工程设备的规格、数量或质量不符合合同约定，或因发包人原因导致交货日期延误或交货地点变更等情况的。承包人可要求发包人采取有效措施纠正违约行为，发包人收到承包人要求后 28 天内仍不纠正违约行为的，承包人有权暂停相应部位工程施工。

　　2. 承包人承担责任的暂停施工

　　承包人承担因其原因引起的环境污染侵权损害赔偿责任，因上述环境污染引起纠纷而导致暂停施工的，由此增加的费用和（或）延误的工期由承包人承担。

　　承包人因挪用安全文明施工费而被责令暂停施工的，由此增加的费用和（或）延误的工期由承包人承担。

其他因承包人原因引起的暂停施工，所增加的费用和（或）延误的工期由承包人承担。

4.4.3 建设工程设计人的暂停

1. 发包人原因引起的暂停设计

因发包人原因引起的暂停设计或发包人通知暂停设计，发包人应承担由此增加的设计费用和（或）延长的设计周期。如发包人逾期支付定金或预付款超过专用合同条款约定的期限的，设计人有权向发包人发出要求支付定金或预付款的催告通知，发包人收到通知后7天内仍未支付的，设计人有权不开始设计工作或暂停设计工作。

2. 设计人原因引起的暂停设计

因设计人原因引起的暂停设计，设计人应当尽快向发包人发出书面通知并承担相应的违约责任，且设计人在收到发包人复工指示后15天内仍未复工的，视为设计人无法继续履行合同的情形，设计人应按合同解除的约定承担责任。

3. 其他原因引起的暂停设计

当出现非设计人原因造成的暂停设计，设计人应当尽快向发包人发出书面通知，设计人的设计服务暂停，设计人的设计周期应当相应延长，复工应由发包人与设计人共同确认一个合理期限；因发生此类情况，导致设计人增加设计工作量的，发包人应当另行支付相应的设计费用。

4.4.4 建设工程监理合同的暂停

委托监理合同当事人一方无正当理由未履行合同约定的义务时，另一方可以依合同约定暂停履行合同直至解除本合同。

因不可抗力致使委托监理合同部分或全部不能履行时，一方当事人应立即通知另一方，可暂停或解除本合同。

在委托监理合同有效期内，因非监理人的原因导致工程施工全部或部分暂停，发包人可通知监理人要求暂停全部或部分工作。监理人应立即安排停止工作，并将开支减至最小。除不可抗力外，由此导致监理人遭受的损失应由发包人予以补偿。

监理人在合同约定的支付之日起28天后仍未收到发包人按合同约定应付的款项，可向发包人发出催付通知。发包人接到通知14天后仍未支付或未提出监理人可以接受的延期支付安排，监理人可自行暂停全部或部分工作。暂停工作后14天内监理人仍未获得发包人应付酬金或合理答复的，监理人可解除合同。

暂停部分监理与相关服务时间超过182天，监理人可发出解除合同约定的该部分义务的通知；暂停全部工作时间超过182天，监理人可发出解除合同的通知，自通知到达委托人时解除。发包人应将监理与相关服务的酬金支付至合同解除日。

4.4.5 暂停后的复工

（1）暂停设计后的复工

暂停设计后，发包人和设计人应采取有效措施积极消除暂停设计的影响。当工程具备复工条件时，发包人向设计人发出复工通知，设计人应按照复工通知要求复工。

除设计人原因导致暂停设计外，设计人暂停设计后复工所增加的设计工作量，发包人应当另行支付相应的设计费用。

（2）暂停施工后的复工

暂停施工后，发包人和承包人应采取有效措施积极消除暂停施工的影响。在工程复工前，监理人会同发包人和承包人确定因暂停施工造成的损失，并确定工程复工条件。当工程具备复工条件时，监理人应经发包人批准后向承包人发出复工通知，承包人应按照复工通知要求复工。

承包人无故拖延和拒绝复工的，承包人承担由此增加的费用和（或）延误的工期；因发包人原因无法按时复工的，按照因发包人原因导致工期延误的约定办理。

（3）暂停施工持续 56 天以上

监理人发出暂停施工指示后 56 天内未向承包人发出复工通知，除该项停工属于承包人原因引起的暂停施工或不可抗力约定的情形外，承包人可向发包人提交书面通知，要求发包人在收到书面通知后 28 天内准许已暂停施工的部分或全部工程继续施工。发包人逾期不予批准的，则承包人可以通知发包人，将工程受影响的部分视为可取消工作。

暂停施工持续 84 天以上不复工的，且不属于承包人原因引起的暂停施工或不可抗力约定的情形，并影响整个工程以及合同目的实现的，承包人有权提出价格调整要求，或者解除合同。

材料阅读：

施工合同管理绩效评价 ❶

1. 大型工程建设项目合同管理绩效现状

经过调研数据统计发现，80% 以上的企业都对本项目绩效不够满意，论文从行为绩效和结果绩效两个方面来阐述，其中行为绩效包括：技术性与信息性；结果绩效包括经济性与和谐性。

（1）行为绩效

在合同形成阶段，被调查者所在的施工单位普遍存在以下问题：

第一，合同形成阶段，因为合同管理人员专业素质参差不齐，对于合同条款的拟定不够细致，死条款较多，缺乏灵活度、合同审查和谈判工作也比较形式化，难以签订一个严谨的合同。大型工程建设项目管理部门较多，岗位与职责的分配往往不明确，存在重叠之处，上报程序复杂，影响了合同履行效率；

第二，在合同履行阶段，某些项目因为专业技术人员的能力与合同条款的限制导致一些合同变更、索赔比较困难，造成了合同纠纷，影响了绩效；

第三，在合同履行完毕后，未能及时组织员工学习合同管理经验，造成了"技术浪费"，从长远来看，不利于企业的发展，在无形中也影响了绩效的好坏。

（2）结果绩效

---

❶ 王婷 . 大型工程建设项目施工合同管理绩效评价研究 . 西安建筑科技大学硕士论文，2016.

因为行为绩效不够高，就会导致结果绩效的不满意。经过调查，施工企业结果绩效较差主要因为以下几个方面：

第一，在合同形成阶段，因为合同条款拟定不严谨，必然会导致合同文本的不严谨，因为合同审查、谈判的不用心，必然会遗漏很多问题，增加合同履行的难度，因为岗位设置与职责分配的不合理，必然会影响合同履行效率，这些都影响了合同管理结果绩效；

第二，在合同履行阶段，三大目标的控制、变更、索赔的处理、工程款的结算，这些行为指标绩效的好坏直接决定了合同管理结果绩效的好坏，即企业获得的效益的多少。这个阶段一切的技术行为都是为了经济效益的最大化，而因为合同签订阶段的行为绩效过低，在很大程度上影响了合同履行阶段的结果绩效；

第三，在合同履行完毕后，被调查者所在企业缺乏对技术培训和信息归档的重视，这方面也没有计入绩效考核中。

综上所述，目前影响陕西省大型工程建设项目施工合同管理绩效的主要问题有：合同形成阶段的合同文本的不严谨以及合同审查的力度不够；合同履行阶段的三大目标的控制能力、合同变更与索赔的能力还有待提高；合同履行完毕后结尾较为草率，技术的培训和信息的归档都比较随意，也没有计入绩效考核中。

2. 大型工程建设项目合同管理绩效评价现状

（1）绩效评价体系现状

1）评价指标不全面

施工企业的合同管理绩效评价指标主要包括合同条款的拟定、投标成本、合同变更，索赔、成本控制、质量控制、进度控制、风险识别与控制、工程款到账情况、合同纠纷处理、工程环境、技术能力、突发事件处理情况、企业满意度。

总体来说，企业关注的都是直接影响经济效益的指标，缺乏间接影响指标。本文认为间接影响指标应该包括岗位设置、甲乙双方的信任程度、社会评价、责任与任务分解、数据库的建设、信息获取、客户与企业满意度等。

2）评价体系单一，缺乏灵活度

通过调研结果得知，目前施工企业所采用的合同管理绩效评价体系比较单一，缺乏灵活度，不同的项目采用同一套评价体系，然而这套评价体系是否适用所有的项目还有待研究。

调研结果表明，80%以上的施工企业每个项目都采取同一套评价体系，并且这套评价体系指标只是简单的打分表，指标的权重也是固定的，缺乏灵活度。比如，房建项目与基础建设项目在合同管理绩效指标的选取就存在差异性；又比如说，公共建设项目更关注的是社会评价而不是经济效益，故而对于不同的项目，应该根据实际情况采取不同的评价体系，这样才能保证绩效评价基础数据的准确度。

3）看重经济效益而忽略其他方面的评价

施工单位普遍看重的是经济效益，在社会评价及技术创新方面的考量太少。对于大型工程建设项目而言，技术创新和社会评价都很重要，虽然关注这些方面的指标可能会损失一部分经济利益，但是从长远角度看，拥有好的社会评价和先进的技术对企业的能力是一种肯定，有利于提升企业的核心竞争力。

调研结果表明，60%的企业关注眼前利益而忽略了社会评价和技术创新方面，80%的企业为了节约成本而采用过勉强通过的技术或方案，导致项目进行不顺利，从而损失了更多的经济效益。

（2）绩效评价方法现状

1）缺乏适用的评价方法

经过调查，80%以上的施工企业使用的绩效评价方法是以企业绩效评价为参考，通过对合同管理人员、部门、组织的评价来进行的，没有独特的合同管理评价方法。首先，大部分施工企业没有对合同管理采用专有的评价方法，这就使得评价结果的准确度受到了怀疑；其次，大型工程建设项目合同管理包含的绩效指标很多，并且存在很多定性指标，需要建立科学的模型来计算，这样才能保证评价结果的准确性。

2）现有评价方法不科学

90%的施工企业采用的评价方式是简单的表格打分法，然后结合指标权重，计算各指标的加权平均数。这种评价方法主观性太强，也不适用于复杂的合同管理体系，会导致评价结果不准确。

综上所述，大多数被调查者所在施工企业的合同管理全过程的绩效评价体系与方法都是以企业管理为参考设置的，缺点是容易将合同管理与企业管理混淆，并且评价体系和方法都过于简单，评价体系不够完善，评价方法也存在较强的主观性。对于大型工程建设项目的绩效评价而言，评价体系包含的内容更多，评价结果主观性更强，需要更加客观、合理的评价方法，故而本文在第4章中建立了更加完善的评价体系，确定了更加客观、合理的评价方法（表4-1）。

3. 构建的绩效评价指标体系

合同形成阶段的绩效分解表　　　　　　　　　　表 4-1

阶段	目标层	指标层	指标解释
施工合同形成阶段绩效指标	经济性	合同文本	合同条款是否全面，约定是否到位
		投标成本	投标成本是否控制得当
		履约能力	承包商自身是否有履约能力，履约风险是否可控
	和谐性	岗位设置	合同管理的岗位设置是否合理
		相互信任	甲乙双方是否诚信，是否有过不良记录
		社会评价	该项目是否得到社会认可，是否有阻碍合同履行的因素存在
		责任与任务分解	合同责任是否落实，目标是否明确
	技术性	投标文件编制	投标文件编制是否完整，重要条款是否明确
		合同策划人员专业素质	合同策划人员专业技能是否过硬
		合同审查	是否审查全面，是否能够审查出合同漏洞
		合同谈判技巧	合同谈判技巧和策略是否运用得当
	信息性	建立数据库	能否及时快速地查找到有关合同文件内容
		信息获取	投标资料、业主信息、市场信息是否收集全面

在将合同管理全过程分为合同形成阶段、合同履行阶段与合同履行结束后阶段的基础上，提出了从经济性、技术性、和谐性、信息性四个维度来将绩效目标层层分解，从而构

建了绩效评价指标体系（表4-2、表4-3）。

合同履行阶段绩效分解表　　　　　　　　　　　　　　　　　　　　　　表4-2

阶段	目标层	指标层	指标解释
施工合同履行阶段绩效指标	经济性	目标控制	成本、质量、进度、安全是否达到合同要求
		合同变更	处理变更问题是否及时挽回损失，甚至创造价值
		索赔处理	索赔是否及时，能否挽回损失，甚至创造价值
		风险控制	合同风险控制情况
		工程款到账情况	工程款能否按照合同约定到账
	和谐性	工程环境	工程作业、管理、周边环境是否与预定一致
		客户满意度	甲方是否满意合同履行的程度
		企业满意度	企业是否满意合同履行的程序
	技术性	机械设备	能否合理选择机械设备类型和性能参数
		管理技术创新	新方法的运用是否有效
		合同纠纷处理	能否预防或妥善处理
		专业技术人员的能力	技术难题能否解决，是否定期组织学习
	信息性	建立数据库	合同资料、变更、索赔信息等处理能否及时录入数据库
		信息获取	能否实现合同管理不同职能部门间的有效沟通

合同履行结束后绩效分解表　　　　　　　　　　　　　　　　　　　　　　表4-3

阶段	目标层	指标层	指标解释
施工合同履行后阶段绩效指标	经济性	工程尾款到账情况	工程结束后，是否能够按合同约定拿到尾款
		目标控制结果	成本、质量、进度、安全是否达到合同预期
	和谐性	相互信任	合同管理结束后，甲乙双方是否仍然相互信任
		客户满意度	甲方是否满意合同履行的结果
		社会影响	社会对项目完成的评价，是否有良好的影响
		企业满意度	企业是否满意合同管理工作
	技术性	文化建设	行为规范、道德准则、风险习惯等方面是否得到了提高
		管理技术普及	合同管理过程中是否做到技术创新，技术创新是否能够普及
	信息性	完善数据库	合同资料、变更、索赔信息等处理是已经录入数据库
		信息公示	合同管理工作是否透明，公示信息是否经得起检查

4. 绩效评价方法

（1）层次分析法

层次分析法是通过对评价目标进行逐层分解，细化指标，再对相关指标进行评判得分，并乘以相应权数后得出最终结论的分析方法。该方法已经在很多领域被应用，层次分析法经过多年的发展，衍生出改进层次分析法、模糊层次分析法、可拓模糊层次分析法和灰色层次分析法等多种方法，并根据研究的实际情况各有其适用的范围。

（2）熵权法

熵权法是一种依据各指标所包含的信息量的多少确定指标权重的客观赋权法，某个指标的熵越小，说明该指标值的变异程度越大，提供的信息量也就越多，在综合评价中起的作用越大，则该指标的权重也应越大。熵权法计算步骤简单，有效利用了指标数据，排除了主观因素的影响。

（3）灰色关联度分析法

灰色关联度分析法是在 20 世纪 80 年代由我国著名学者邓聚龙首先提出的一种系统科学理论。主要包括：灰色决策方法、灰色预测方法、灰色系统控制理论、灰色规划方法、灰色系统建模理论等。灰色关联分析理论是灰色系统理论的一个重要组成部分，是一种多因素统计分析理论，它以各因素的样本数据为依据，用灰色关联度来描述因素间的强弱、大小和次序。该方法实质上是比较数据曲线的几何形状的接近程度。几何形状越接近，变化趋势就越接近，关联度就越大。

（4）数据包络分析法（DEA）

数据包络分析法（DEA）的思想最早是由 Farrell 在分析英国农业生产力时提出的。到了 1978 年，经过美国著名运筹学家 A.Charnes 和 W.W.Copper 等人的努力，使数据包络分析法（DEA）被广泛地应用到不同的领域。

数据包络分析方法是对客观数据通过分式规划计算其评价单元的相对效率，并可通过投影原理提出相应为改进方向。DEA 以相对效率概念为基础，以凸出分析和线性规划为工具，可用于多目标决策问题。

（5）主成分分析法

主成分分析作为一种常用的多指标统计方法，它将原来多个变量转化为少数几个综合指标，从数学的角度说，是一种降维处理技术。其本质就是用较少的变量来反映出更多的信息。

（6）模糊综合评价法

该方法运用模糊数学的隶属度理论，将那些边界不清，难以量化的指标转化成定量指标的一种综合评价方法。该综合评价法根据模糊数学的隶属度理论把定性评价转化为定量评价，即用模糊数学对受到多种因素制约的事物或对象做出一个总体的评价，它具有结果清晰、系统性强的特点，能较好地解决模糊的、难以量化的问题，适合各种非确定性问题的解决。

思考题：

（1）结合阅读材料中对于施工合同管理绩效评价的指标和方法，谈谈你对提高合同绩效有哪些想法？

（2）合同较小与工程项目绩效有何联系与区别？

第5章　建设工程合同终止

合同终止是合同生命周期的结束，属于合同管理的收尾阶段。当事人签订合同的初衷是实现合同权利与义务，使得合同自然终止。但是由于风险、不确定性的存在，实践中有一部分合同会以非正常的方式终止。因此，在合同终止阶段的管理要区分自然终止和非正常终止两种情形。本章知识要点有：合同终止的各种情形；合同终止后的义务；建设工程合同终止阶段的管理内容；合同解除的法律知识；建设工程施工合同、勘察设计合同以及监理合同的解除。

5.1　合同终止概述

合同是平等主体的公民、法人、其他组织之间设立、变更、终止债权债务关系的协议。合同的性质，决定了合同是有期限的民事法律关系，不可能永恒存在，有着从设立到终止的过程。合同的权利义务终止，指依法生效的合同，因具备法定情形或当事人约定的情形，合同债权、债务归于消灭，债权人不再享有合同权利，债务人也不必再履行合同义务。按照合同法规定，合同终止有以下情形。

5.1.1　债务已经按照约定履行

合同是当事人为达到其利益要求而达成的合意，合同目的的实现，有赖于债务的履行。债务按照合同约定得到履行，一方面可使合同债权得到满足，另一方面也使得合同债务归于消灭，产生合同的权利义务终止的后果。

债务已经按照约定履行，指债务人按照约定的标的、质量、数量、价款或者报酬、履行期限、履行地点和方式全面履行。

以下情况也属于合同按照约定履行：

（1）当事人约定的第三人按照合同内容履行

合同是债权人与债务人之间的协议，其权利义务原则上不涉及合同之外的第三人，合同债务当然应当由债务人履行，但有时，为了实现当事人特定目的，便捷交易，法律允许合同债务由当事人约定的第三人履行，第三人履行债务，也产生债务消灭的后果。

（2）债权人同意以他种给付代替合同原定给付

合同的种类不同，债务的内容也就不同。例如，货物买卖合同，债务的内容是交付货物或支付价款；承揽合同，债务的内容是提供劳务或者支付报酬。债务人应当按照合同约定的内容履行，但有时，实际履行债务在法律上或者事实上不可能，比如，债务履行时，法律规定该履行需经特许，债务人无法得到批准许可，或者标的物已灭失，无法交付；或者实际履行费用过高，比如交付货物的运输费用大大提高，甚至超过合同标的的价格，实际履行极不经济；或者不适于强制履行，比如以债务人的具有人身性质的特定行为为标的的合同。在实际履行不可能的情况下，经债权人同意，可以采用代物履行的办法，达到债务消灭的目的。

（3）当事人之外的第三人接受履行

债务人应当向债权人履行债务，债权人受领后产生债务消灭的后果。但有时，当事人约定由债务人向第三人履行债务，债务人向第三人履行后，也产生债务消灭的后果。

债务履行后，是否以债权人接受作为合同的权利义务终止的条件？有三种情况：一是债务履行不适当，债权人提出了异议；二是债务已经按照约定履行，但债权人拒绝接受；三是债权人下落不明，或者死亡、丧失行为能力而未确定继承人或监护人无法履行。第一种情况，表明对合同的履行存在争议，在合同纠纷没有解决以前，合同的权利义务不能终止。在第二种和第三种情况下，债务人可以依照法律的规定，将标的物提存，达到终止合同的权利义务的目的。

合同中约定几项债务时，某项债务按照约定履行，产生债务消灭的效果，但并非终止合同。在双务合同中，只有当事人双方都按照约定履行，合同才能终止。任何一方履行有欠缺，都不能达到终止合同的目的。

5.1.2　合同解除

合同的解除，指合同有效成立后，当具备法律规定的合同解除条件时，因当事人一方或双方的意思表示而使合同关系归于消灭的行为。

合同解除具有以下特征：

（1）合同的解除适用于合法有效的合同。合同只有在生效以后，才存在解除，无效合同、可撤销合同不发生合同解除。

（2）合同解除必须具备法律规定的条件。合同一旦生效，即具有法律拘束力，非依法律规定，当事人不得随意解除合同。我国法律规定的合同解除条件主要有约定解除和法定解除。

（3）合同的解除必须有解除的行为。即符合法律规定的解除条件，合同还不能自动解除，不论哪方当事人享有解除合同的权利，主张解除合同的一方，必须向对方提出解除合同的意思表示，才能达到合同解除的法律后果。

（4）合同解除使合同关系自始消灭或者向将来消灭。即合同的解除，要么视为当事人之间未发生合同关系，要么合同尚存的权利义务不再履行。

合同解除与附解除条件的合同，虽然在解除合同的条件成就时，都使合同消灭，但两者有区别，表现在：

1）附解除条件，是行为人以意思表示对自己的行为所加的限制性附款；合同的解除不是合同的附款，不仅基于当事人约定发生，也基于法律规定发生。

2）附解除条件的合同，条件成就时合同自然解除，不需要当事人再有什么意思表示；合同的解除，仅具备条件还不能使合同消灭，必须有解除合同的意思表示。

3）附解除条件的合同，条件成就时，合同对于将来失其效力；合同解除，合同不仅对于将来失其效力，有些具有溯及既往的效力。

5.1.3　债务相互抵销

债务相互抵销，指当事人互负到期债务，又互享债权，以自己的债权充抵对方的债权，使自己的债务与对方的债务在等额内消灭。

债务相互抵销应当具备以下条件：

（1）必须是当事人双方互负债务，互享债权。抵销发生的基础在于当事人双方既互负债务，又互享债权，只有债务而无债权或者只有债权而无债务，均不发生抵销。

（2）当事人双方互负的债权债务，须均合法，若其中一个债不合法时，不得主张抵销。

（3）按照合同的性质或者依照法律规定不得抵销的债权不得抵销。

抵销制度，一方面免除了当事人双方实际履行的行为，方便了当事人，节省了履行费用。另一方面，当互负债务的当事人一方财产状况恶化，不能履行所负债务时，通过抵销，起到了债权担保的作用；特别是当一方当事人破产时，对方履行交付的财产将作为破产财产，而未收回的债权要在各债权人之间平均分配，显然不利于对方当事人，而通过抵销，可以使对方当事人的债权迅速获得满足。

破产法第三十三条规定："债权人对破产企业负有债务的，可以在破产清算前抵销。"

5.1.4 债务人依法将标的物提存

提存，指由于债权人的原因，债务人无法向其交付合同标的物时，债务人将该标的物交给提存机关而消灭合同的制度。

债务的履行往往需要债权人的协助，如果债权人无正当理由而拒绝受领或者不能受领，债权人虽应负担受领迟延的责任，但债务人的债务却不能消灭，债务人仍得随时准备履行，这显然有失公平。

我国 20 世纪 50 年代曾有过提存制度，后中断。1981 年制定的经济合同法规定："定作方超过 6 个月不领取定作物的，承揽方有权将定作物变卖，所得价款在扣除报酬、保管费用以后，用定作方的名义存入银行。"该规定虽然没有用提存这一概念，但实质上却是承认了提存的法律制度。

最高人民法院《关于贯彻执行〈中华人民共和国民法通则〉若干问题的意见（试行）》规定："债权人无正当理由拒绝债务人履行义务，债务人将履行的标的物向有关部门提存的，应当认定债务已经履行。因提存所支出的费用，应当由债权人承担。提存期间，财产收益归债权人所有，风险责任由债权人承担。"明确承认提存是债的消灭的原因。合同法将提存作为合同权利义务终止的法定原因之一，规定了提存的条件、程序和法律效力。

5.1.5 债权人免除债务

债权人免除债务，指债权人放弃自己的债权。债权人可以免除债务的部分，也可以免除债务的全部。免除部分债务的，合同部分终止，免除全部债务的，合同全部终止。

5.1.6 债权债务同归于一人

债权和债务同归于一人，指由于某种事实的发生，使一项合同中，原本由一方当事人享有的债权，而由另一方当事人负担的债务，统归于一方当事人，使得该当事人既是合同的债权人，又是合同的债务人。

5.1.7 法律规定或者当事人约定终止的其他情形

除了前述合同的权利义务终止的情形，出现了法律规定的终止的其他情形的，合同的权利义务也可以终止。比如，民法通则第六十九条规定：代理人死亡、丧失民事行为能力，作为被代理人或者代理人的法人终止，委托代理终止。合同法第四百一十一条规定：委托人或者受托人死亡、丧失民事行为能力或者破产的，委托合同终止。

当事人也可以约定合同的权利义务终止的情形，比如，当事人订立的附解除条件的合同，当解除条件成就时，债权债务关系消灭，合同的权利义务终止。当事人订立附终止期限的合同，期限届至时，合同的权利义务终止。

5.1.8 合同终止与无效、被撤销合同区别

合同的权利义务终止与被宣告无效的合同、被撤销的合同都使合同关系不复存在，但他们在性质上、法律后果上有明显的不同。

1. 合同权利义务终止与无效合同

合同权利义务终止与无效合同的主要区别是：

（1）无效合同指合同不符合法律规定的合同有效条件，合同关系不应成立；而合同权利义务终止是消灭已经生效的合同。

（2）无效合同是当然无效，即使当事人不对合同效力提出主张，人民法院或者仲裁机关也有权确认合同无效；而合同权利义务终止是出现了终止合同的法定的事由，当事人行使权利使合同关系消灭，国家不主动干预。

（3）合同被宣告无效后，合同自始无效，产生恢复原状的法律后果；而合同权利义务终止主要是对将来失其效力，即合同不再履行，只有某些被解除的合同溯及既往。

2. 合同权利义务终止与合同被撤销

合同权利义务终止与合同被撤销都是通过当事人行使法定权利而使合同关系消灭，但两者有区别，表现在：

（1）合同被撤销主要是因受欺诈、胁迫，或者因重大误解、显失公平而订立合同，撤销合同的原因在合同订立时就存在，法律直接规定可以撤销合同。合同权利义务终止的原因发生在合同成立以后，由法律规定或者当事人约定终止合同。

（2）合同的撤销必须由撤销权人提出，由仲裁机构或者人民法院确认，而合同权利义务终止可以通过当事人协商或者一方当事人行使法定权利，不一定需要仲裁机构或者人民法院裁决。

（3）合同被撤销发生溯及既往的效力；合同权利义务终止，有些并不发生溯及既往的效力。

5.1.9 后合同义务

（1）通知的义务

合同权利义务终止后，一方当事人应当将有关情况及时通知另一方当事人。比如，债务人将标的物提存的，应当通知债权人标的物的提存地点和领取方式。

（2）协助的义务

合同的权利义务终止后，当事人应当协助对方处理与原合同有关的事务。比如，合同解除后，需要恢复原状的，对于恢复原状给予必要的协助；合同的权利义务终止后，对于需要保管的标的物协助保管。

（3）保密的义务

保密指保守国家秘密、商业秘密和合同约定不得泄露的事项。国家秘密，指关系国家的安全和利益，依照法定程序确定，在一定时间内只限于一定范围的人员知悉的事项。国家秘密事关国家安全和利益，合同的权利义务终止后，合法接触、掌握、使用国家秘密的合同当事人，对于保密期内的国家秘密，无权向第三者泄露。泄露了国家秘密，要承担民事责任、行政责任甚至刑事责任。商业秘密，指不为公众所知悉，能为权利人带来经济利益，具有实用性，并经权利人采取保密措施的技术信息和经营信息。商业秘密一旦进入公共领域，就会失去其商业价值，损害合同当事人的经济利益和竞争优势。因此，合同的权利义务终止后，当事人负有保守商业秘密的义务。泄露了商业秘密要承担民事责任。除了国家秘密和商业秘密，当事人在合同中约定保密的特定事项，合同的权利义务终止后，当事人也不得泄露。

5.2 建设工程合同的履行终止

5.2.1 提前竣工

提前竣工是指在保证工程质量与安全的前提下，在合同约定的竣工时间之前竣工。

发包人要求承包人提前竣工的，发包人应通过监理人向承包人下达提前竣工指示，承包人应向发包人和监理人提交提前竣工建议书，提前竣工建议书应包括实施的方案、缩短的时间、增加的合同价格等内容。发包人接受该提前竣工建议书的，监理人应与发包人和承包人协商采取加快工程进度的措施，并修订施工进度计划，由此增加的费用由发包人承担。承包人认为提前竣工指示无法执行的，应向监理人和发包人提出书面异议，发包人和监理人应在收到异议后7天内予以答复。任何情况下，发包人不得压缩合理工期。

发包人要求承包人提前竣工，或承包人提出提前竣工的建议能够给发包人带来效益的，合同当事人可以在专用合同条款中约定提前竣工的奖励。

5.2.2 竣工退场

颁发工程接收证书后，由发包人负责工程的照管责任，承包人应按以下要求对施工现场进行清理：

（1）施工现场内残留的垃圾已全部清除出场；

（2）临时工程已拆除，场地已进行清理、平整或复原；

（3）按合同约定应撤离的人员、承包人施工设备和剩余的材料，包括废弃的施工设备和材料，已按计划撤离施工现场；

（4）施工现场周边及其附近道路、河道的施工堆积物，已全部清理；

（5）施工现场其他场地清理工作已全部完成。

施工现场的竣工退场费用由承包人承担。承包人应在专用合同条款约定的期限内完成竣工退场，逾期未完成的，发包人有权出售或另行处理承包人遗留的物品，由此支出的费用由承包人承担，发包人出售承包人遗留物品所得款项在扣除必要费用后应返还承包人。

5.2.3　地表还原

承包人应按发包人要求恢复临时占地及清理场地，承包人未按发包人的要求恢复临时占地，或者场地清理未达到合同约定要求的，发包人有权委托其他人恢复或清理，所发生的费用由承包人承担。

5.2.4　甩项竣工协议

发包人要求甩项竣工的，合同当事人应签订甩项竣工协议。在甩项竣工协议中应明确，合同当事人按照合同（竣工结算申请）条款及合同（竣工结算审核）条款的约定，对已完合格工程进行结算，并支付相应合同价款。

5.2.5　最终结清

1. 最终结清申请单

（1）除专用合同条款另有约定外，承包人应在缺陷责任期终止证书颁发后 7 天内，按专用合同条款约定的份数向发包人提交最终结清申请单，并提供相关证明材料。

除专用合同条款另有约定外，最终结清申请单应列明质量保证金、应扣除的质量保证金、缺陷责任期内发生的增减费用。

（2）发包人对最终结清申请单内容有异议的，有权要求承包人进行修正和提供补充资料，承包人应向发包人提交修正后的最终结清申请单。

2. 最终结清证书和支付

（1）除专用合同条款另有约定外，发包人应在收到承包人提交的最终结清申请单后 14 天内完成审批并向承包人颁发最终结清证书。发包人逾期未完成审批，又未提出修改意见的，视为发包人同意承包人提交的最终结清申请单，且自发包人收到承包人提交的最终结清申请单后 15 天起视为已颁发最终结清证书。

（2）除专用合同条款另有约定外，发包人应在颁发最终结清证书后 7 天内完成支付。发包人逾期支付的，按照中国人民银行发布的同期同类贷款基准利率支付违约金；逾期支付超过 56 天的，按照中国人民银行发布的同期同类贷款基准利率的 2 倍支付违约金。

（3）承包人对发包人颁发的最终结清证书有异议的，按合同（争议解决）条款的约定办理。

5.2.6　缺陷责任与保修

1. 工程保修的原则

在工程移交发包人后，因承包人原因产生的质量缺陷，承包人应承担质量缺陷责任和保修义务。缺陷责任期届满，承包人仍应按合同约定的工程各部位保修年限承担保修义务。

2. 保修

（1）保修责任

工程保修期从工程竣工验收合格之日起算，具体分部分项工程的保修期由合同当事人在专用合同条款中约定，但不得低于法定最低保修年限。在工程保修期内，承包人应当根据有关法律规定以及合同约定承担保修责任。

发包人未经竣工验收擅自使用工程的，保修期自转移占有之日起算。

（2）修复费用

保修期内，修复的费用按照以下约定处理：

1）保修期内，因承包人原因造成工程的缺陷、损坏，承包人应负责修复，并承担修复的费用以及因工程的缺陷、损坏造成的人身伤害和财产损失；

2）保修期内，因发包人使用不当造成工程的缺陷、损坏，可以委托承包人修复，但发包人应承担修复的费用，并支付承包人合理的利润；

3）因其他原因造成工程的缺陷、损坏，可以委托承包人修复，发包人应承担修复的费用，并支付承包人合理的利润，因工程的缺陷、损坏造成的人身伤害和财产损失由责任方承担。

（3）修复通知

在保修期内，发包人在使用过程中，发现已接收的工程存在缺陷或损坏的，应书面通知承包人予以修复，但情况紧急必须立即修复缺陷或损坏的，发包人可以口头通知承包人并在口头通知后 48 小时内书面确认，承包人应在专用合同条款约定的合理期限内到达工程现场并修复缺陷或损坏。

（4）未能修复

因承包人原因造成工程的缺陷或损坏，承包人拒绝维修或未能在合理期限内修复缺陷或损坏，且经发包人书面催告后仍未修复的，发包人有权自行修复或委托第三方修复，所需费用由承包人承担。但修复范围超出缺陷或损坏范围的，超出范围部分的修复费用由发包人承担。

（5）承包人出入权

在保修期内，为了修复缺陷或损坏，承包人有权出入工程现场，除情况紧急必须立即修复缺陷或损坏外，承包人应提前 24 小时通知发包人进场修复的时间。承包人进入工程现场前应获得发包人同意，且不应影响发包人正常的生产经营，并应遵守发包人有关保安和保密等规定。

3. 缺陷责任期

缺陷责任期自实际竣工日期起计算，合同当事人应在专用合同条款约定缺陷责任期的具体期限，但该期限最长不超过 24 个月。

单位工程先于全部工程进行验收，经验收合格并交付使用的，该单位工程缺陷责任期自单位工程验收合格之日起算。因发包人原因导致工程无法按合同约定期限进行竣工验收的，缺陷责任期自承包人提交竣工验收申请报告之日起开始计算；发包人未经竣工验收擅自使用工程的，缺陷责任期自工程转移占有之日起开始计算。

工程竣工验收合格后，因承包人原因导致的缺陷或损坏致使工程、单位工程或某项主要设备不能按原定目的使用的，则发包人有权要求承包人延长缺陷责任期，并应在原缺陷责任期届满前发出延长通知，但缺陷责任期最长不能超过 24 个月。

任何一项缺陷或损坏修复后，经检查证明其影响了工程或工程设备的使用性能，承包人应重新进行合同约定的试验和试运行，试验和试运行的全部费用应由责任方承担。

除专用合同条款另有约定外，承包人应于缺陷责任期届满后 7 天内向发包人发出缺陷责任期届满通知，发包人应在收到缺陷责任期满通知后 14 天内核实承包人是否履行缺陷修复义务，承包人未能履行缺陷修复义务的，发包人有权扣除相应金额的维修费用。发包人应在收到缺陷责任期届满通知后 14 天内，向承包人颁发缺陷责任期终止证书。

5.2.7　质量保证金

经合同当事人协商一致扣留质量保证金的，应在专用合同条款中予以明确。

1. 承包人提供质量保证金的方式

承包人提供质量保证金有以下三种方式：

（1）质量保证金保函；

（2）相应比例的工程款；

（3）双方约定的其他方式。

除专用合同条款另有约定外，质量保证金原则上采用上述第（1）种方式。

2. 质量保证金的扣留

质量保证金的扣留有以下三种方式：

（1）在支付工程进度款时逐次扣留，在此情形下，质量保证金的计算基数不包括预付款的支付、扣回以及价格调整的金额。

（2）工程竣工结算时一次性扣留质量保证金。

（3）双方约定的其他扣留方式。

除专用合同条款另有约定外，质量保证金的扣留原则上采用上述第（1）种方式。

发包人累计扣留的质量保证金不得超过结算合同价格的 5%，如承包人在发包人签发竣工付款证书后 28 天内提交质量保证金保函，发包人应同时退还扣留的作为质量保证金的工程价款。

3. 质量保证金的退还

发包人应按合同（最终结清）条款的约定退还质量保证金。

5.2.8　监理合同的终止

以下条件全部满足时，本合同即告终止：

（1）监理人完成本合同约定的全部工作。

（2）委托人与监理人结清并支付全部酬金。

5.2.9　勘察设计合同终止

发包人、勘察人履行合同全部义务，合同价款支付完毕，本合同即告终止。

合同的权利义务终止后，合同当事人应遵循诚实信用原则，履行通知、协助和保密等义务。

5.3　建设工程合同解除

根据合同自愿原则，当事人在法律规定范围内享有自愿解除合同的权利。当事人约定解除合同包括两种情况，即通过协商一致解除合同和依照法律规定单方解除合同。

5.3.1 协商解除

协商解除，指合同生效后，未履行或未完全履行之前，当事人以解除合同为目的，经协商一致，订立一个解除原来合同的协议。

协商解除是双方的法律行为，应当遵循合同订立的程序，即双方当事人应当对解除合同意思表示一致，协议未达成之前，原合同仍然有效。如果协商解除违反了法律规定的合同有效成立的条件，比如，损害了国家利益和社会公共利益，解除合同的协议不能发生法律效力，原有的合同仍要履行。

5.3.2 约定解除权

约定解除权，指当事人在合同中约定，合同履行过程中出现某种情况，当事人一方或者双方有解除合同的权利。比如甲乙双方签订了房屋租赁合同，出租人甲与承租人乙约定，未经出租人同意，承租人允许第三人在该出租房屋居住的，出租人有权解除合同。也可以约定，出租房屋的设施出现问题，出租人不予以维修的，承租人有权解除合同。解除权可以在订立合同约定，也可以在履行合同的过程中约定，可以约定一方享有解除合同的权利，也可以约定双方享有解除合同的权利，当解除合同的条件出现时，享有解除权的当事人可以行使解除权解除合同，而不必再与对方当事人协商。解除权的约定也是一种合同，行使约定的解除权应当以该合同为基础。

协商解除和约定解除权，虽然都是基于当事人双方的合意，但二者有区别，表现在：

（1）协商解除是当事人双方根据已经发生的情况，达成解除原合同的协议；而约定解除权是约定将来发生某种情况时，一方或双方享有解除权。

（2）协商解除不是约定解除权，而是解除现存的合同关系，并对解除合同后的责任分担、损失分配达成共识；而约定解除权本身不导致合同的解除，只有在约定的解除条件成就时，通过行使解除权方可使合同归于消灭。

（3）协商解除主要是对双方当事人的权利义务关系重新安排、调整和分配；而约定解除权主要是对当事人提供补救，使其有可能通过行使解除权来维护自己的权益。

由于约定解除也是当事人之间订立的合同，因此，该约定应当符合合同生效的条件，不得违反法律，损害国家利益和社会公共利益，根据法律规定必须经过有关部门批准才能解除的合同，当事人不得按照约定擅自解除。

5.3.3 合同法定解除

法定解除，指合同生效后，没有履行或者未履行完毕前，当事人在法律规定的解除条件出现时，行使解除权而使合同关系消灭。

法定解除与约定解除既有区别又有联系。其区别表现在，法定解除是法律直接规定解除合同的条件，当条件具备时，解除权人可直接行使解除权，将合同解除；而约定解除是双方的法律行为，一方的行为不能导致合同解除。其联系表现在：约定解除可以对法定解除作补充。比如约定违反合同中的任何一项规定，不论程度如何，均可解除合同。

解除合同的条件有：

1.因不可抗力致使不能实现合同的目的的

不可抗力是指不能预见、不能避免并不能克服的客观情况。

不能预见，指行为人主观上对于某一客观情况的发生无法预测。对于某一客观情况的发生可否预见，因人的认知能力不同，科学技术的发展水平各异，预见能力必然有差别。因此，不可预见，应以一般人的预见能力作为判断标准。不能避免并不能克服，表明某一事件的发生具有客观必然性。不能避免，指当事人尽了最大的努力，仍然不能避免事件的发生。不能克服，指当事人在事件发生后，尽了最大的努力，仍然不能克服事件造成的损害后果。客观情况，指独立于当事人行为之外的客观情况。

不能预见、不能避免并不能克服是对不可抗力范围的原则规定，至于哪些可以作为影响合同履行的不可抗力事件，我国法律没有具体规定，各国的法律规定也不尽相同，一般说来，以下情况被认为属于不可抗力：

（1）自然灾害

自然灾害包括地震、水灾等因自然界的力量引发的灾害。自然灾害的发生，常常使合同的履行成为不必要或者不可能，需要解除合同。比如，地震摧毁了购货一方的工厂，使其不再需要订购的货物，要求解除合同。需要注意的是，一般各国都承认自然灾害为不可抗力，但有的国家认为自然灾害不是不可抗力。因此，在处理涉外合同时，要特别注意各国法律的不同规定。

（2）战争

战争的爆发可能影响到一国以至于更多国家的经济秩序，使合同履行成为不必要。

（3）社会异常事件

主要指一些偶发的阻碍合同履行的事件。比如罢工、骚乱，一些国家认为属于不可抗力。

（4）政府行为

主要指合同订立后，政府颁布新的政策、法律，采取行政措施导致合同不能履行，如发布禁令等，有些国家认为属于不可抗力。

不可抗力事件的发生，对履行合同的影响可能有大有小，有时只是暂时影响到合同的履行，可以通过延期履行实现合同的目的，对此不能行使法定解除权。只有不可抗力致使合同目的不能实现时，当事人才可以解除合同。

2.因预期违约

因预期违约解除合同，指在合同履行期限届满之前，当事人一方明确表示或者以自己的行为表明不履行主要债务的，对方当事人可以解除合同。预期违约分为明示违约和默示违约。所谓明示违约，指合同履行期到来之前，一方当事人明确肯定地向另一方当事人表示他将不履行合同。所谓默示违约，指合同履行期限到来前，一方当事人有确凿的证据证明另一方当事人在履行期限到来时，将不履行或者不能履行合同，而其又不愿提供必要的履行担保。预期违约，降低了另一方享有的合同权利的价值，如果在一方当事人预期违约的情况下，仍然要求另一方当事人在履行期间届满才能主张补救，将给另一方造成损失。允许受害人解除合同，受害人对于自己尚未履行的合同可以不必履行，有利于保护受害人的合法权益。

3．因迟延履行

当事人一方迟延履行主要债务，经催告后在合理期限内仍未履行的，对方当事人可以解除合同。迟延履行，指债务人无正当理由，在合同约定的履行期间届满，仍未履行合同债务；或者对于未约定履行期限的合同，债务人在债权人提出履行的催告后仍未履行。债务人迟延履行债务是违反合同约定的行为，但并非就可以因此解除合同。只有符合以下条件，才可以解除合同：

（1）迟延履行主要债务

所谓主要债务，应当依照合同的个案进行判断，一般说来，影响合同目的实现的债务，应为主要债务。比如买卖合同，在履行期限内交付的标的物只占合同约定的很少一部分，不能满足债权人的要求，应认为是迟延履行主要债务。有时，迟延履行的部分在合同中所占物质比例不大，但却至关重要，比如，购买机械设备，债务人交付了所有的设备，但迟迟不交付合同约定的有关设备的安装使用技术资料，使债权人不能利用该设备，也应认为是迟延履行主要债务。

（2）经催告后债务人仍然不履行债务

债务人迟延履行主要债务的，债权人应当确定一合理期间，催告债务人履行。该合理期间根据债务履行的难易程度和所需要时间的长短确定，超过该合理期间债务人仍不履行的，表明债务人没有履行合同的诚意，或者根本不可能再履行合同，在此情况下，如果仍要债权人等待履行，不仅对债权人不公平，也会给其造成更大的损失，因此，债权人可以依法解除合同。

4．因迟延履行或者有其他违约行为不能实现合同目的

迟延履行不能实现合同目的，指迟延的时间对于债权的实现至关重要，超过了合同约定的期限履行合同，合同目的就将落空。通常以下情况可以认为构成根本违约的迟延履行：

（1）当事人在合同中明确约定超过期限履行合同，债权人将不接受履行，而债务人履行迟延。

（2）履行期限构成合同的必要因素，超过期限履行将严重影响订立合同所期望的经济利益。比如季节性、时效性较强的标的物，像中秋月饼，过了中秋节交付，就没有了销路。

（3）继续履行不能得到合同利益。

致使不能实现合同目的的其他违约行为，主要指违反的义务对合同目的的实现十分重要，如一方不履行这种义务，将剥夺另一方当事人根据合同有权期待的利益。该种违约行为主要包括：

（1）完全不履行，即债务人拒绝履行合同的全部义务。

（2）履行质量与约定严重不符，无法通过修理、替换、降价的方法予以补救。比如，约定交付的标的物是一级棉花，但交付的却是买方根本无法使用的等外品。

（3）部分履行合同，但该部分的价值和金额与整个合同的价值和金额相比占极小部分，对于另一方当事人无意义；或者未履行的部分对于整个合同目的的实现至关重大。

5．法律规定的其他解除情形

除了上述四种法定解除情形，合同法还规定了其他解除合同的情形。比如，因行使不安抚辩权而中止履行合同，对方在合理期限内未恢复履行能力，也未提供适当担保的，中止履行的一方可以请求解除合同。

法律规定解除的条件，并不是说具备这些条件，当事人必须解除合同，是否行使解除的权利，应由当事人决定；同时，法定解除条件，也是对任意解除合同的限制，为了鼓励交易，避免资源浪费，合理保护双方当事人的合法权益，非当事人要求，又必须解除的合同，不应解除而应继续履行。

5.3.4　解除权的限制性

解除权的行使，是法律赋予当事人保护自己合法权益的手段，但该权利的行使不能毫无限制。行使解除权会引起合同关系的重大变化，如果享有解除权的当事人长期不行使解除的权利，就会使合同关系处于不确定状态，影响当事人权利的享有和义务的履行。因此，解除权应当在一定期间行使。

（1）按照法律规定或者当事人约定的解除权的行使期限行使

法律规定或者当事人约定解除权行使期限的，期限届满当事人不行使的，该权利消灭。比如，如果当事人约定出现某种事由可以在一个月内行使解除权。那么在合同约定的事由发生一个月后，解除权消灭，当事人不能要求解除合同，而必须继续履行。

（2）在对方当事人催告后的合理期限内行使

法律没有规定或者当事人没有约定解除权行使期限的，非受不可抗力影响的当事人或者违约一方当事人为明确自己义务是否还需要履行，可以催告享有解除权的当事人行使解除权，享有解除权的当事人超过合理期限不行使解除权的，解除权消灭，合同关系仍然存在，当事人仍要按照合同约定履行义务。所谓催告后的合理期限，根据个案的不同情况确定，作为享有解除权的当事人应本着诚实信用原则，在收到催告后尽早通知对方是否解除合同。当事人对催告的合理期间有异议的，由人民法院或者仲裁机构确定。

5.3.5　合同解除的程序

（1）行使解除权应当通知对方当事人

当事人一方行使解除合同的权利，必然引起合同的权利义务的终止，为了防止一方当事人因不知道对方已行使合同解除权而仍为履行的行为，从而遭受损害，本条规定，当事人根据约定解除权和法定解除权主张解除合同的，应当通知对方。合同自通知到达对方时解除。对方当事人接到解除合同的通知后，认为不符合约定的或者法律规定的解除合同的条件，不同意解除合同的，可以请求人民法院或者仲裁机构确认能否解除合同。

（2）法律、行政法规规定解除合同应当办理批准、登记手续的，未办理有关手续，合同不能终止。比如，中外合资经营企业法规定：合营企业如发生严重亏损、一方不履行合同和章程规定的义务、不可抗力等，经合营各方协商同意，报审查批准机关批准，并向国家工商行政管理部门登记，可终止合同。如果没有履行法律规定的批准登记手续，中外合资经营合同没有终止。

5.3.6　合同解除的效力

合同解除后债权债务如何处理？我国合同法从实际出发，借鉴国外经验，遵循经济活动高效的原则，对合同解除的效力做了比较灵活的规定，即合同解除后，尚未履行的，终止履行；已经履行的，根据履行情况和合同性质，当事人可以要求恢复原状、采取其他补救措施，并有权要求赔偿损失。

所谓根据履行情况，指根据履行部分对债权的影响。如果债权人的利益不是必须通过恢复原状才能得到保护，不一定采用恢复原状。当然如果债务人已经履行的部分，对债权人根本无意义，可以请求恢复原状。

所谓根据合同性质，指根据合同标的的属性。根据合同的属性不可能或者不容易恢复原状的，不必恢复原状。这类情况主要有：

（1）以使用标的为内容的连续供应合同。比如水、电、气的供应合同，对以往的供应不可能恢复原状；租赁合同，一方在使用标的后，也无法就已使用的部分做出返还。

（2）以行为为标的的合同。比如劳务合同，对于已经支付的劳务，很难用同样的劳动者和同质量的劳务返还。

（3）涉及善意第三人利益的合同。比如，合同标的物的所有权已经转让给他人，如果返还将损害第三人利益；解除委托合同，如果允许将已办理的委托事务恢复原状，就意味着委托人与第三人发生的法律关系失效，将使第三人的利益失去保障。

所谓恢复原状，指恢复到订约前的状态。恢复原状时，原物存在的，应当返还原物，原物不存在的，如果原物是种类物，可以用同一种类物返还。恢复原状还包括：

（1）返还财产所产生的孳息；

（2）支付一方在财产占有期间为维护该财产所花费的必要费用；

（3）因返还财产所支出的必要费用。

其他补救措施，包括请求修理、更换、重做、减价等措施。

合同解除后还能否请求损害赔偿？国外法学界有不同的观点：一种意见认为，合同解除与损害赔偿不能并存。理由是，合同解除使合同关系回复到订约前的状态，与未发生合同关系一样，因违约而承担损害赔偿责任没有存在的基础。另一种意见认为，合同解除与债务不履行的损害赔偿可以并存。理由是，因债务不履行而产生的损害赔偿责任在合同解除前就存在，不因合同解除而丧失。还有的认为，合同解除与信赖利益的损害赔偿并存。理由是，合同因解除而消灭，不再有因债务不履行的损害赔偿责任，但非违约方却会遭受因相信合同存在而实际不存在所致的损害，对该种损害应当赔偿。

我国法律承认合同解除与损害赔偿并存。民法通则规定："合同的变更或者解除，不影响当事人要求赔偿损失的权利。"合同解除后，有权要求赔偿损失。这样规定的理由是：

（1）合同解除不溯及既往的，如果只是使未履行的合同不再履行，不得请求赔偿损害，那么一方当事人因另一方当事人不履行合同或者不适当履行合同受到的损害就无法补救。

（2）合同解除溯及既往的，如果只是恢复原状，那么非违约方订立合同所支出的费用，因相信合同能够履行而做准备所支出的人力、物力，以及为恢复原状而支出的费用就得不到补偿。

（3）在协议解除合同的情况下，一方当事人因解除合同受了损失，如果获利的一方不赔偿对方当事人因解除合同受到的损害，不符合公平原则。水路货物运输合同实施细则规定："货物发运前，承运人或托运人征得对方同意，可以解除合同。承运人提出解除合同的，应退还已收的运输费用，并付给托运人已发生的货物进港短途搬运费用；托运人提出解除合同的，应付给承运人已发生的港口费用和船舶待时费用。"

（4）在因第三人的过错致使合同不能履行而解除的情况下，债权人不能直接向第三人主张权利，如果债务人不承担解除合同的赔偿责任，他要么不向第三人主张权利以弥补债权人的损失，要么自己独享主张权利后而取得的利益，使债权人的利益得不到保障。因此，合同解除后，确因一方的过错造成另一方损害的，有过错的一方应向受害方赔偿损害，不能因合同解除而免除其应负的赔偿责任。

解除合同后是否都承担损害赔偿责任，可以分别不同的情况：

（1）协议解除合同的，当事人在协议中免除了对方损害赔偿责任的，协议生效后，不得再请求赔偿。

（2）因不可抗力解除合同，一般不承担损害赔偿责任。但在不可抗力发生后，应当采取补救措施减少损失扩大而没有采取的，应对扩大的损失承担赔偿责任。

（3）一方当事人因他方根本违约或者经催告仍不履行义务而解除合同的，如果解除只向将来发生效力，违约方应当赔偿另一方因违反合同受到的损失；解除如果溯及既往，违约方应当支付受害方因订立合同、准备履行合同和因恢复原状而支出的费用。

5.3.7　建设工程合同解除

1. 承包人的解除权

（1）暂停施工持续 84 天以上不复工的，且不属于承包人原因引起的暂停施工及不可抗力约定的情形，并影响整个工程以及合同目的实现的，承包人有权提出价格调整要求，或者解除合同。

（2）承包人因发包人违约而暂停施工满 28 天后，发包人仍不纠正其违约行为并致使合同目的不能实现的。

（3）发包人明确表示或者以其行为表明不履行合同主要义务的。

承包人有权解除合同，发包人应承担由此增加的费用，并支付承包人合理的利润。

发包人应在解除合同后 28 天内支付下列款项，并解除履约担保：

1）合同解除前所完成工作的价款；

2）承包人为工程施工订购并已付款的材料、工程设备和其他物品的价款；

3）承包人撤离施工现场以及遣散承包人人员的款项；

4）按照合同约定在合同解除前应支付的违约金；

5）按照合同约定应当支付给承包人的其他款项；

6）按照合同约定应退还的质量保证金；

7）因解除合同给承包人造成的损失。

合同当事人未能就解除合同后的结清达成一致的，按照合同（争议解决）条款的约定处理。

承包人应妥善做好已完工程和与工程有关的已购材料、工程设备的保护和移交工作，并将施工设备和人员撤出施工现场，发包人应为承包人的撤出提供必要的条件。

2. 发包人的解除权

（1）承包人明确表示或者以其行为表明不履行合同主要义务的。

（2）承包人出现合同约定的违约情况时，监理人发出整改通知后，承包人在指定的合理期限内仍不纠正违约行为并致使合同目的不能实现的。

合同解除后，因继续完成工程的需要，发包人有权使用承包人在施工现场的材料、设备、临时工程、承包人文件和由承包人或以其名义编制的其他文件，合同当事人应在专用合同条款约定相应费用的承担方式。发包人继续使用的行为不免除或减轻承包人应承担的违约责任。

因承包人原因导致合同解除的，则合同当事人应在合同解除后 28 天内完成估价、付款和清算，并按以下约定执行：

1）合同解除后，按合同（商定或确定）条款的约定商定或确定承包人实际完成工作对应的合同价款，以及承包人已提供的材料、工程设备、施工设备和临时工程等的价值；

2）合同解除后，承包人应支付的违约金；

3）合同解除后，因解除合同给发包人造成的损失；

4）合同解除后，承包人应按照发包人要求和监理人的指示完成现场的清理和撤离；

5）发包人和承包人应在合同解除后进行清算，出具最终结清付款证书，结清全部款项。

因承包人违约解除合同的，发包人有权暂停对承包人的付款，查清各项付款和已扣款项。发包人和承包人未能就合同解除后的清算和款项支付达成一致的，按照合同（争议解决）条款的约定处理。

因承包人违约解除合同的，发包人有权要求承包人将其为实施合同而签订的材料和设备的采购合同的权益转让给发包人，承包人应在收到解除合同通知后的 14 天内，协助发包人与采购合同的供应商达成相关的转让协议。

3. 因不可抗力解除合同

因不可抗力导致合同无法履行连续超过 84 天或累计超过 140 天的，发包人和承包人均有权解除合同。合同解除后，由双方当事人按照合同（商定或确定）条款的约定商定或确定发包人应支付的款项，该款项包括：

（1）合同解除前承包人已完成工作的价款。

（2）承包人为工程订购的并已交付给承包人，或承包人有责任接受交付的材料、工程设备和其他物品的价款。

（3）发包人要求承包人退货或解除订货合同而产生的费用，或因不能退货或解除合同而产生的损失。

（4）承包人撤离施工现场以及遣散承包人人员的费用。

（5）按照合同约定在合同解除前应支付给承包人的其他款项。

（6）扣减承包人按照合同约定应向发包人支付的款项。

（7）双方商定或确定的其他款项。

除专用合同条款另有约定外，合同解除后，发包人应在商定或确定上述款项后 28 天内完成上述款项的支付。

5.3.8 监理合同的解除

除双方协商一致可以解除本合同外，当一方无正当理由未履行本合同约定的义务时，另一方可以根据本合同约定暂停履行本合同直至解除本合同。

在本合同有效期内，由于双方无法预见和控制的原因导致本合同全部或部分无法继续履行或继续履行已无意义，经双方协商一致，可以解除本合同或监理人的部分义务。在解除之前，监理人应做出合理安排，使开支减至最小。

因解除本合同或解除监理人的部分义务导致监理人遭受的损失，除依法可以免除责任的情况外，应由委托人予以补偿，补偿金额由双方协商确定。

解除本合同的协议必须采取书面形式，协议未达成之前，本合同仍然有效。

在本合同有效期内，因非监理人的原因导致工程施工全部或部分暂停，委托人可通知监理人要求暂停全部或部分工作。监理人应立即安排停止工作，并将开支减至最小。除不可抗力外，由此导致监理人遭受的损失应由委托人予以补偿。

暂停部分监理与相关服务时间超过 182 天，监理人可发出解除本合同约定的该部分义务的通知；暂停全部工作时间超过 182 天，监理人可发出解除本合同的通知，本合同自通知到达委托人时解除。委托人应将监理与相关服务的酬金支付至本合同解除日，且应承担第 4.2 款约定的责任。

当监理人无正当理由未履行本合同约定的义务时，委托人应通知监理人限期改正。若委托人在监理人接到通知后的 7 天内未收到监理人书面形式的合理解释，则可在 7 天内发出解除本合同的通知，自通知到达监理人时本合同解除。委托人应将监理与相关服务的酬金支付至限期改正通知到达监理人之日，但监理人应承担第 4.1 款约定的责任。

监理人在专用条件 5.3 中约定的支付之日起 28 天后仍未收到委托人按本合同约定应付的款项，可向委托人发出催付通知。委托人接到通知 14 天后仍未支付或未提出监理人可以接受的延期支付安排，监理人可向委托人发出暂停工作的通知并可自行暂停全部或部分工作。暂停工作后 14 天内监理人仍未获得委托人应付酬金或委托人的合理答复，监理人可向委托人发出解除本合同的通知，自通知到达委托人时本合同解除。委托人应承担第 4.2.3 款约定的责任。

因不可抗力致使本合同部分或全部不能履行时，一方应立即通知另一方，可暂停或解除本合同。

本合同解除后，本合同约定的有关结算、清理、争议解决方式的条件仍然有效。

5.3.9　勘察设计合同解除

有下列情形之一的，发包人、勘察人可以解除合同：

（1）因不可抗力致使合同无法履行；

（2）发生未按合同（定金或预付款）条款或合同（进度款支付）条款约定按时支付合同价款的情况，停止作业超过 28 天，勘察人有权解除合同，由发包人承担违约责任；

（3）勘察人将其承包的全部工程转包给他人或者肢解以后以分包的名义分别转包给他人，发包人有权解除合同，由勘察人承担违约责任；

（4）发包人和勘察人协商一致可以解除合同的其他情形。

一方依据合同约定要求解除合同的，应以书面形式向对方发出解除合同的通知，并在发出通知前不少于 14 天告知对方，通知到达对方时合同解除。对解除合同有争议的，按合同（争议解决）条款的约定处理。

因不可抗力致使合同无法履行时，发包人应按合同约定向勘察人支付已完工作量相对应比例的合同价款后解除合同。

合同解除后，勘察人应按发包人要求将自有设备和人员撤出作业场地，发包人应为勘察人的撤出提供必要条件。

5.4 合同终止后收尾管理

无论合同是正常终止还是非正常终止，只要合同已经终止，合同管理就进入收尾阶段。收尾阶段的合同管理包括两个方面：一是合同文档资料的整理归档；二是合同管理评价。

5.4.1 合同文档资料管理

在合同签订、合同分析、合同监督、合同跟踪、变更和索赔中将产生大量的与合同相关的资料，为了过程合同管理中查阅、使用的便利，以及合同终止之后归档的规范性，需要对合同文档资料进行管理。

1. 合同文档资料的收集

合同包括各种合同文本、协议，合同分析文件，在合同实施中产生的变更、记工单、领料单、图纸、报告、指令、信件等文件，以及合同索赔、签证、争议解决等文件。

2. 合同文档资料的整理与存储

资料必须经过归类、编号与整理，才能便于存储和查阅，合同类文件可按四级编码进行整理归类。

1）一级编码：为工程项目简称中两个汉字的拼音第一个声母（大写），如梦想家园简称"梦想"，代码为 MX。属于公司全国范围内经营的同一品牌项目，其项目代码要求一致，如四季花园等，统一按如表 5-1 所示的代码执行。新设立项目按照上述方法进行编码，如新编码与先成立项目的编码相同（如家园将与景苑的代码相同），则由公司财务管理部 IT 中心为新设项目指定代码。各项工程代码在确定后报公司财务管理部 IT 中心备案。

代 码 示 意 表 5-1

项目名称	梦想家园	四季花园	御水天城
代码	MX	SJ	YS

2）二级编码：若项目分期开展，则根据开发期数分为"一期""二期""三期"……"跨期"，代码分别为 01Q、02Q、03Q……KQ。

3）三级编码：合同类文件共分六类，相应编号按下列括号中汉字表示。

① 土地合同（土地）：包括房地产项目合作开发与土地使用权出让、转让等合同。

② 前期合同（前期）：包括规划、设计、勘察、监理、造价咨询等合同。

③ 施工合同（施工）：包括建筑、安装、装饰、市政等施工或安装合同。

④ 工程材料设备采购合同（采购）：包括材料采购、甲方付款乙方收货的三方合同、设备购买等合同。

⑤ 园林环境合同（环境）：包括室外环境施工和采购合同。

⑥ 营销包装合同（营销）：包括策划、销售代理、样板间装修、户外广告牌制作安装、媒介广告设计、制作、宣传品设计、印刷等合同。

4）四级编码：根据合同签订先后顺序编流水号，在前四类的最小类范围内进行连续编号，编号代码为四位阿拉伯数字，从 0001 自 9999。

5）补充协议：补充协议是指对合同的补充、变更、解除等而订立的协议，在与合同共用一个编号的前提下，根据补充协议的签订顺序在流水号后用括号以一位阿拉伯数字标识。例如，流水号为 0088 合同的第一份补充协议的编号为 "……0088（1）"。

6）编号举例。

① 梦想家园一期第一份施工类合同。

编号：MX-01Q- 施工 -0001。

② 四季花园二期第七份环境类合同第二份补充协议。

编号："SJ-02Q- 环境 -0007-（2）"。

3. 资料的提供、调用和输出

合同管理人员有责任向项目经理、向相关岗位人员作合同实施情况报告；向各职能人员和各工程小组、分包商提供资料；为工程的各种验收、为索赔和反索赔提供资料和证据。

4. 合同文档资料的归档

合同文档资料的归档，是指合同管理人员，将已经终止的合同全部资料文档，按照所在单位的管理制度，到单位指定科室将合同文档资料归类存放，交由其保管、存储管理的活动。

5.4.2　合同管理评价

合同管理过程中，要提升合同管理的水平，须通过有效的合同管理，合理规避各种风险，寻找索赔机会，保障合同收益的角度理解，自合同签订过程开始，就需要建立或组织相关的合同评价工作，直至合同终止之后的后评价。

1. 合同形成阶段的评价

合同形成阶段的评价，是对合同文书本身合同签订过程的评价，目的是避免合同文书存在缺陷、风险分担不公平、执行阻力大等问题，保证合同在签订后合法有效、便于履行。

从承包商角度，以施工合同为例，在合同形成阶段评价的内容，包括：

（1）业主的资信

工程项目造价通常较高，如果业主资金出现不足，往往就会造成工程款拖欠，许多施工企业就是因为业主拖欠工程款从而导致资金链断裂最终破产。因此，投标报价前对业主的信息评审极其重要，承包商要在充分调查后，根据信息评审的结果决定是否进行投标以及采用何种投标策略。

（2）工程手续办理情况

工程报批、报审、报建，以及环保、节能、安全等各方面的审查、论证与审批，是工程是否合法的唯一表现，是工程能够合法、合理进行外部融资的前提，也是工程能否顺利完工的直接决定因素，更是关系合同能否有效的关键要件。

（3）合同形式与内容的合法性、严谨性

合同是双方当事人意思一致的表示，经双方签订后立即生效。施工企业在工程施工中的一切工作都要严格按照施工合同来进行，因此合同的内容要表述清楚、准确，不能有异议，以免双方各执一词；标的物要明确、规范、标准、具体；标的不清会造成合同无法履行或者发生合同纠纷；合同内容应参照相关合同示范文本结合实际情况制定，合同签字前，要对合同文本进行认真细致的审核；要审查对方执照、公章、法定代表人证书和委托书、单位名称与印章一致；被委托人不能超越委托权限范围和期限签订合同等（表5-2）。

合同评审表   表 5-2

评审项目	评审内容	评审结论	备注
签约主体资格	合同相对方主体是否具备履约能力，主要业务、资质、业绩、资金等证明文件资料真实完备，并已提交我方备案		
	合同相对方由法定代表人或具有明确授权的代理人签字盖章		
合同内容	对合同标的描述准确、对其技术要求条款完备，符合国家、行业、企业标准和项目需要		
	合同条款完备，双方意思表示真实，权利义务设置适当，合同内容切实可行		
	合同价格合理、商务条款设置适当		
	合同价款及支付方式是否合理可行		
	评审合同中条款同原招标文件的要求，以及投标人的技术标、商务标有无矛盾之处		
	合同价款及支付方式是否合理可行		
	合同约定的争议解决方式及管辖是否合法明确且有利于维护业主合法权益		
	工程承包方式、工作范围和内容		
	预付工程款的数额、支付时限及抵扣方式		
	违约责任及争议的解决方法		
	工程质量等级、质量保证金的数额、预扣方式、返回方式及时限		
	工期及工期提前或延后的奖惩办法及限额		
	安全措施和意外伤害保险费用		
	履行合同、支付价款相关的担保事项		
主要风险要素	风险要素1：	主要应对策略：	
	风险要素2：		
	风险要素3：		
	⋯⋯		

　　经过评审的合同，才能放心签订，签订之后要组织合同交底，让与合同或项目相关的人员熟悉合同。

2. 合同履行阶段的评价

　　合同履行阶段的评价，遵循动态控制的基本原理（图5-1），对合同的实际履行情况与合同约定进行对比，查找存在的偏差，并分析和解决偏差，确保合同的顺利履行与目标实现。

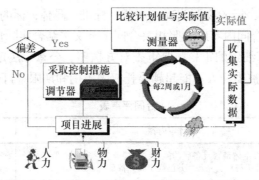

图 5-1　动态控制原理图

　　合同履行过程中需要收集相关的进度、付款以及其他义务的实际履行情况，并与合同的约定进行对比，可借鉴工程项目管理中的赢得值原理、前锋线、控制图等方法实现偏差的查找。合同履行过程中的评价除了能够分析合同履行状态，还能实现合同责任的划分与界定，保障自身的权益（表 5-3）。

合同履行跟踪报告　　　　　　　　　　　　　　　表 5-3

经办岗位：		跟踪人：		日期：	
基本情况：					
经办岗位			合同编号		
项目名称					
合同价款			合同期限		
合同项目单项预算成本			累计单位成本		
双方履行义务项目情况					
甲方主要义务	履行情况			分析	
乙方主要义务					
备　注					

3. 合同管理后评价

　　合同管理后评价并非专业名词，是投资项目后评价管理的演化应用。根据《中央政府投资项目后评价管理办法》规定：项目后评价，是指在项目竣工验收并投入使用或运营一定时间后，运用规范、科学、系统的评价方法与指标，将项目建成后所达到的实际效果与项目的可行性研究报告、初步设计（含概算）文件及其审批文件的主要内容进行对比分析，找出差距及原因，总结经验教训、提出相应对策建议，并反馈到项目参与各方，形成良性项目决策机制。根据需要，可以针对项目建设（或运行）的某一问题进行专题评价，可以对同类的多个项目进行综合性、政策性、规划性评价。合同管理后评价就属于专题评价的一类，但非必需的专题评价（表 5-4）。

评 估 结 论 表 表 5-4

目标	有无偏差	偏差对整个项目的影响	偏差描述	原因分析	对工作的借鉴意义	备注
目标 1						
目标 2						
目标 3						
目标 4						
目标 5						
……						
相关建议						
建议 1						
建议 2						
……						
评估结论						

合同管理后评价是针对合同全生命周期与合同管理的整个过程，面向涵盖采购的合同签订—合同履行—合同终止全过程，以及其过程中的索赔、变更、争议等管理内容，对合同实现的程度、出现的问题、产生的原因等进行分析、总结，凝练出合同本身及合同管理的经验教训，为之后的合同及合同管理提出相关的警示和建议。

材料阅读：

鸟巢运营困局 ❶

项目背景：国家体育场位于奥林匹克公园中心区南部，工程总占地面积 $21hm^2$，建筑面积 25.8 万 m^2，场内观众座席约为 9.1 万个，其中临时座席 1.1 万个，项目 2003 年 12 月 24 日开工建设，2008 年 6 月 28 正式竣工。国家体育场有限责任公司负责国家体育场的融资和建设工作，北京中信联合体体育场运营有限公司负责 30 年特许经营期内的国家体育场赛后运营维护工作，这是中国第一个以 "PPP"（Public 公共—Private 私人—Partnerships 合作）模式建设的体育场馆项目。

2009 年 10 月 6 日，张艺谋将携《图兰朵》再回鸟巢。这位北京奥运会开闭幕式的创意缔造者，雄心勃勃地打算将其未曾施展的奥运创意运用于此剧，以吸引足够的眼球；此前，《图兰朵》被意大利超级杯以 300 万场租挤占了 "奥运周年" 的最佳时间，并被迫推迟至今。不过，在张艺谋重回到鸟巢之时，将《图兰朵》请进鸟巢的原运营主导方——中信联合体却已渐行渐远。2009 年 8 月 20 日，北京市政府与中信联合体签署《关于进一步加强国家体育场运营维护管理协议》。协议约定，国家体育场 "鸟巢" 将进行股份制改造，

---

❶ 来源：凤凰网财经 http://finance.ifeng.com/leadership/glcz/20091012/1319671.shtml.

即北京市政府持有的 58% 股份将改为股权，主导经营场馆，并承担亏损和盈利；原中信联合体成员共持有 42% 的股权。

至此，中国首次在重大体育馆建设上进行的 PPP 模式尝试，以提前终止的方式意外落幕，而中信联合体在这一过程中则无奈地沦为"赞助商"的角色。

"鸟巢"项目的失败暴露出在执行过程中，PPP 模式与现行的财务、法律等制度还存在矛盾❶。

《经济参考报》记者采访发现，一方面，"鸟巢"的招标流程不完全符合 PPP 项目要求。将设计责任交给投标人是体育场馆建设的重要特点，但在"鸟巢"招标过程中，北京市政府先行招标选定了设计方案，造成设计上对体育场赛后商业运营考虑不足，限制了项目公司在赛后对"鸟巢"商业效率的最大化。

另一方面，招标时过于看重融资能力，赛后运营管理能力没有引起足够重视，中信联合体内部缺少利益协调机制。由中信集团、北京城建集团、美国金州控股集团等企业组成的中信联合体，上述三方都具备丰富的建设经验和良好的融资能力，但都未经营过体育场馆，严重缺乏运营管理经验和体育产业资源，注定了赛后运营的盈利模式单一。同时，三方都想从建设承包合同中获利，对建设方案失去良好控制，成本超出概算约 4.56 亿元，恶化了项目的资产负债表。

此外，国家体育场的"定位"加上公众对 PPP 模式认知不清，直接影响了赛后运营效益。运营方在诸如企业冠名、观众座椅冠名等商业运作方面均招致非议，出现了所谓"商业化与公众利益的冲突"，运营商不断提出的举办演唱会等文艺活动申请，也被相关部门以消防安全等原因驳回。

值得注意的是，《经济参考报》记者发现，在 PPP 执行过程中，PPP 模式与现行的一些制度存在矛盾。例如，按照现在会计准则计提折旧，让"鸟巢"的盈利计算成为一个难题。在 30 年的运营期内，运营方事实上是在为北京市政府投入的 20 亿元的折旧额"埋单"，根本无法实现分红。再如，按照公司清算办法，公司必须按照股权来清算，北京市政府 30 年内不要分红的承诺违反清算法。

"鸟巢"经营权由北京市国有资产经营责任有限公司重新主导后，逐步实现了现金流的平衡，值得充分肯定。"但是政府收回'鸟巢'经营权，违背了 PPP 模式初衷，对我国今后大型体育场馆 PPP 模式的推广存在不利影响。"一位业内人士说。

思考题：

（1）阅读材料中 PPP 运营合同的终止属于哪一种合同终止的类型？

（2）总结阅读材料中导致 PPP 运营合同提前终止的原因以及借鉴意义。

---

❶ 节选自 2015 年 01 月 29 日经济参考报。

第6章　建设工程合同索赔管理

索赔，是合同当事人的一种正当合同权利，用以找回损失的时间或者费用。因此，在合同管理过程中，既不能将索赔作为合同盈利的手段，也不能对索赔"谈虎色变"。本章知识要点有：索赔的概念；索赔的分类；建设工程施工合同中索赔的起因；建设工程施工合同索赔的程序；工期索赔的方法；费用索赔的方法。

6.1　索赔的基本理论

6.1.1　索赔的概念

索赔，顾名思义是索取补偿。建设工程合同索赔是指在建设工程合同履行过程中，合同的当事人一方认为另一方没能履行或妨碍了自己履行合同义务，或是发生合同中规定的风险事件而导致损失，受损方根据自己的权力向对方提出的工期、费用等方面的补偿要求。我国施工合同示范文本中将索赔定义为：索赔是指在合同履行过程中，对于并非自己的过错，而是应由对方承担责任的情况造成的实际损失，向对方提出经济补偿和（或）工期顺延的要求。

索赔在国际建筑市场上是承包人保护自身正当权益、弥补工程损失、提高经济效益的重要和有效手段。但在我国，很多人对工程索赔的认识不够全面、正确，在工程施工中，还存在发包人忌讳索赔，承包人索赔意识不强，工程师不懂如何处理索赔的现象。所以，正确理解索赔的概念，对提高实际的索赔管理工作至关重要。可以从以下方面理解索赔的本质：

（1）索赔是一种正当的补偿行为，而非惩罚行为，是承发包双方之间经常发生的管理业务，也是双方合作的重要方式，索赔双方不应有对立情绪。

（2）索赔的损失结果与被索赔人的行为并不一定存在法律上的因果关系。可能是由被索赔人引起，也可能是由不可抗力、第三方原因等引起。

（3）索赔的前提是索赔事件导致了索赔人的实际损失。

（4）索赔既可要求经济补偿，也可以要求工期延长。

（5）索赔是双向的。合同当事人中任何一方均有权向对方提出索赔。可以是承包人向发包人的索赔，也可以是发包人承包人的索赔。

在建设工程合同履行过程中，由于发包人向承包人提出的索赔处理起来较为容易，一般可通过扣拨工程款、没收履约保证金等来实现，而承包人对发包人的索赔范围较广，工作量大，处理起来也很困难，因此，通常将承包人对发包人的索赔作为索赔管理的重点和主要对象。通常所讲的索赔，如未特别指明，是指承包人对发包人的索赔，也称施工索赔。对承包人而言，施工索赔是一种正当的权利要求，是应该争取得到的合理偿付。由于工程项目投资大，周期长，风险大，在工程施工的过程中，非自身责任的工程损失和索赔是经常发生的事情，比如因不可抗力导致的工期拖延或发包人资金没有及时到位导致的工期拖延等现象在施工中经常发生。因此，承包人应该加强索赔管理，注意积累索赔证据和资料，以便在发生损失时，能及时有力地提出索赔申请，获得赔偿。

相对于承包人的施工索赔，发包人也可以进行索赔，通常称为反索赔。反索赔是发包人为维护自身利益，根据合同的有关条款向承包人提出的损害补偿要求。反索赔主要有两方面的主要内容：

一是发包人或工程师对承包人的索赔要求进行评议，提出其不符合合同条款的地方，或指出计算错误，使其索赔要求被否定，或去掉索赔计算中不合理的地方，降低索赔金额，这是对承包人索赔的一种防卫行为；

二是可找出合同条款赋予的权利，对承包人违约的地方提出反索赔要求，维护自身的合法权益，这是一种主动的反索赔行为。本章主要介绍承包人对发包人的索赔。

6.1.2 索赔的分类

索赔可以从不同角度，按不同的标准进行分类。

1. 按索赔发生的原因分类

（1）工程延期索赔。因发包人未按合同要求提供施工条件，或因发包人指令暂停或不可抗力事件等原因提出的索赔。

（2）工程范围变更索赔。由于发包人或工程师指令增加或减少工程量或增加附加工程、修改设计、变更施工顺序等提出的索赔。

（3）施工加速索赔。由于发包人或工程师指令承包人加快施工速度，缩短工期，引起承包方人、财、物的额外开支而提出的索赔。

（4）不利现场条件索赔。是指在施工中由于地质条件变化或人为障碍使得施工现场条件异常困难和恶劣引起的索赔。

（5）其他索赔。

这种分类能明确指出每一项索赔的根源所在，使发包人和工程师便于审核分析。

2. 按索赔的内容分类

（1）工期索赔。就是要求发包人延长施工时间，使原规定的工程竣工日期顺延，从而避免了违约罚金的发生。

（2）费用索赔。就是要求发包人补偿费用损失，进而调整合同价款。

3. 按索赔的处理方式分类

（1）单项索赔。是指采取一事一索赔的方式，即在每一件索赔事项发生后，报送索赔通知书，编报索赔报告，要求单项解决支付，不与其他的索赔事项混在一起。

（2）综合索赔（或一揽子索赔）。即对整个工程（或某项工程）中所发生的数起索赔事项，综合在一起进行索赔。

4. 按索赔的依据分类

（1）合同规定的索赔，是指索赔涉及的内容在合同文件中能够找到依据，发包人或承包人可以据此提出索赔要求。

（2）非合同规定的索赔，是指索赔涉及的内容在合同文件中没有专门的文字叙述，但可以根据该合同条件某些条款的含义，推定出有一定索赔权。

（3）道义索赔，是指通情达理的发包人看到承包人为完成某项困难的施工，承受了额外费用损失，甚至承受重大亏损，出于善良意愿给承包人以适当的经济补偿，因在合同条款中没有此项索赔的规定，所以也称为"额外支付"。

5. 按合同类型分类

（1）总承包合同索赔，即承包人同发包人之间的索赔。

（2）分包合同索赔，即总承包人同分包人之间的索赔。

（3）买卖合同索赔，即承包人同供货商之间的索赔。

（4）联营合同索赔，即联合体成员之间的索赔。

（5）其他合同索赔，如承包人向保险公司、运输公司索赔等。

6. 按索赔的对象分类

（1）索赔。主要指承包人向发包人提出的索赔。

（2）反索赔。主要是指发包人向承包人提出的索赔。

6.1.3 索赔的起因

与其他行业相比，建筑业是一个索赔多发的行业。这是由建筑产品、建筑生产过程、建筑产品市场经营方式决定的。在现代建设工程承包中，特别是在国际承包工程中，索赔经常发生，而且索赔额很大。这主要是多方面原因造成的：

（1）现代建设工程项目的特点是工程量大、投资多、结构复杂、技术和质量要求高、工期长。工程本身和工程的环境有许多不确定性，它们在工程实施中会有很大变化。最常见的有：地质条件的变化、建筑市场和建材市场的变化、货币的贬值、城建和环保部门对工程新的建议和要求或干涉、自然条件的变化等。它们形成对工程实施的内外部干扰，直接影响工程设计和计划，进而影响工期和成本。

（2）建设工程施工合同在工程开始前签订，是基于对未来情况的预测。对如此复杂的工程和环境，合同不可能对所有的问题做出预见和规定，不可能对所有的工程做出准确的说明。建设工程施工合同条件越来越复杂，合同中难免有考虑不周的条款、缺陷和不足之处，如措辞不当、说明不清楚、有二义性，技术设计也可能有许多错误。这会导致在合同实施中双方对责任、义务和权力的争执。而这一切往往都与工期、成本、价格相联系。

（3）发包人要求的变化导致大量的工程变更。例如，建筑的功能、形式、质量标准、实施方式和过程、工程量、工程质量的变化；发包人管理的疏忽、未履行或未正确履行他的合同责任。而合同工期和价格是以发包人招标文件确定的要求为依据，同时以发包人不干扰承包人实施过程、发包人圆满履行他的合同责任为前提的。

（4）工程参加单位多，各方面技术和经济关系错综复杂，互相联系又互相影响。各方面技术和经济责任的界面常常很难明确划分。在实际工作中，管理上的失误是不可避免的。但一方失误不仅会造成自己的损失，还会殃及其他合作者，影响整个工程的实施。

（5）合同双方对合同理解的差异造成工程实施中行为的失调，造成工程管理失误。由于合同文件十分复杂，数量多，分析困难，再加上双方的立场、角度不同，会造成对合同权利和义务的范围、界限的划定理解不一致，造成合同争执。由于上述这些内部和外部的干扰因素引起合同中某些因素的变化，打破了原有的合同状态，造成工期延长和额外费用的增加。由于这些增量没有包括在原合同工期和价格中，或承包人不能通过原合同价格获得补偿，从而产生索赔要求。

6.1.4　建设工程施工索赔

就目前国内工程普遍采用的《建设工程施工合同（示范文本）》而言，引起索赔的具体事项也非常繁杂，比较典型的情况有：发包人违约、工程师行为不当、合同文件的缺陷与变更、物价波动、国家法律法规政策的变化、合同的意外中止与解除、不可预见因素及第三方的影响等。

1. 发包人违约引起的索赔

（1）发包人未按合同规定提供施工条件造成违约

《建设工程施工合同（示范文本）》中规定发包人专用条款约定的时间和要求所要完成的土地征用；房屋拆迁；清除地上、地下障碍；保证施工用水、用电；材料运输；机械进场；办理施工所需各种证件、批件及有关申报批准手续，提供地下管网线路资料等工作。开工日期经施工合同协议书确定后，承包人要按照既定的开工时间做好各种准备，并需提前进场做好办公、库房及其他临时设施的搭建等工作。如果发包人不能在合同规定的时间内给承包人的施工队伍进场创造条件，使准备进场的人员不能进场，准备进场的机械不能到位，应提前进场的材料运不进场，其他的开工准备工作不能按期进行，导致工期延误或给承包人造成损失的，承包人可提出索赔。

（2）发包人未按合同规定提供供应的材料、设备造成违约

《建设工程施工合同（示范文本）》通用条款第 27 条规定了发包人所应承担的材料、设备供应责任。如果发包人所供应的材料、设备到货时间、地点、单价、种类、规格、数量、质量等级与合同附件的规定不符，导致工期延误或给承包人造成损失的，承包人可提出索赔。

（3）发包人未按约定内支付工程款造成违约

按照《建设工程施工合同（示范文本）》通用条款第 24 条和第 26 条的规定，发包人应按照专用条款规定的时间和数额，向承包人支付预付款和工程款。当发包人没有支付能力或拖期支付以及由此引发停工，导致工期延误或给承包人造成损失的，承包人可提出索赔。

2. 工程师不当行为引起的索赔

（1）工程师未及时履行职责

《建设工程施工合同（示范文本）》通用条款第 5 条规定，工程师应按照合同文件的要求行使自己的权力，履行合同约定的职责，及时向承包人提供所需指令、批准、图纸等。在施工过程中，承包人为了提高生产效率，增加经济效益，较早发现工程进展中的问题，并向工程师寻求解决的办法，或提出解决方案报工程师批准，如果工程师不及时给解决或批准，将会直接影响工程的进度，形成违约事件，造成承包人索赔。

（2）工程师工作失误

《建设工程施工合同（示范文本）》中对工程质量的检查、验收等工作程序及争议解决都做了明确规定。但是，实际工作中，由于具体工作人员的工作经历、业务水平、思想素质及工作方式、方法等原因，往往会造成承发包双方工作的不协调，可能会引起索赔。

1）工程师的不正确纠正

施工过程中，可能发生工程师认为承包人某施工部位或项目所采用的材料不符合技术规范或产品质量的要求，从而要求承包人改变施工方法或停止使用某种材料，但事后又证明并非承包人的过错，因此，工程师的纠正是不正确的。在此情况下，承包人对不正确纠正所发生的经济损失及时间（工期）损失提出相应补偿是维护自身利益的表现。

2）工程师对正常施工工序造成干扰

一般情况下，工程师应根据施工合同发出施工指令，并可以随时对任何部位进行质量检查。但是，工程师对承包人在施工中所采用的方法及施工工序不必过多干涉，只要不违反施工合同要求和不影响工程质量就可以进行。如果工程师强制承包人按照某种施工工序或方法进行施工，这就可能打乱承包人的正常工作顺序，造成工程不能按期完成或增加成本开支。不论工程师意图如何，只要造成事实上对正常施工工序的干扰，其结果都可能导致不应有的工程停工、开工、人员闲置、设备闲置、材料供应混乱等局面，由此而产生的实际损失，承包人必然会对此提出索赔。

3）工程师对工程进行苛刻检查

《建设工程施工合同（示范文本）》规定了工程师及其委派人员有权在施工过程中的任何时候对任何工程进行现场检查。承包人应为其提供便利条件，并按照工程师及其委派人员的要求返工、修改，承担由自身原因导致返工、修改的费用。毫无疑问，工程师的各种检查都会给被检查现场带来某种干扰，但这种干扰应理解为是合理的。工程师所提出的修改或返工的要求应该是依据施工合同所指定的技术规范，一旦工程师的检查超出了施工合同范围的要求，超出了一般正常的技术规范要求即认为是苛刻检查。

3. 合同文件引起的索赔

（1）合同缺陷

发包人是合同的提供者，应该对合同中的缺陷负责。由于合同文件本身用词不严谨、前后矛盾或存在漏洞、缺陷而引起的索赔经常会出现。这些矛盾常反映为设计与施工规定相矛盾，技术规范和设计图纸不符合或相矛盾，以及一些商务和法律条款规定有缺陷，甚至引起支付工程款时的纠纷。大量的工程合同管理经验证明，施工合同在实施过程中，常有如下情况发生：

1）合同条款用语含糊、不够准确，难以分清双方的责任和权益；

2）合同条款中存在漏洞，对实际可能发生的情况未做预料和规定，缺少某些必不可少的条款；

3）合同条款之间存在矛盾，即在不同的条款中，对同一问题的规定或要求不一致；

4）由于合同签订前没有把各方对合同条款的理解进行沟通，导致双方对某些条款理解不一致；

5）对合同一方要求过于苛刻、约束不平衡，甚至发现某些条款是一种圈套，某些条款中隐含着较大风险。

按照我国签订施工合同所应遵守的合法公正、诚实信用、平等互利、等价有偿的原则，合同的签订过程是双方当事人意思自治的体现，不存在一方对另一方的强制、欺骗等不公平行为。因此，签订合同后所发现的合同本身存在的问题，应按照合同缺陷进行处理。无论合同缺陷表现为哪一种情况，其最终结果可能是以下两种情况：其一，当事人对有缺陷的合同条款重新解释定义，协商划分双方的责任和权益；其二，各自按照本方的理解，把不利责任推给对方，发生激烈的合同争议。

（2）合同变更

除此合同缺陷外，在工程项目的实施过程中，合同的变更引起的索赔也是常有的。合同变更，是指施工合同履行过程中，对合同范围内的内容进行的修改或补充，合同变更的实质是对必须变更的内容进行新的要约和承诺。现代工程中，对于一个较复杂的建设工程，合同变更就会有几十项甚至更多。大量的合同变更正是承包人的索赔机会，每一个变更事项都有可能成为索赔依据。合同变更一般体现在由合同双方经过会谈、协商对需要变更的内容达成一致意见后，签署的会议纪要、会谈备忘录、变更记录、补充协议等合同文件中。

4.物价波动及政策、法规变化引起的索赔

物价的波动及国家政策、法规的变化，如工程造价管理部门发布的价格调整，国家关于利率、税率等的调整等通常会直接影响工程造价。如采用的合同类型允许，承包人向发包人提出补偿要求。

5.合同中止与解除引起的索赔

施工合同签订后，对合同双方都有约束力，任何一方如违反合同规定都应承担责任，以此促进双方较好地履行合同。但是实际工作中，由于国家政策的变化，不可抗力以及承发包双方之外的原因导致工程停建或缓建的情况时有发生，必然造成合同中止。另外，由于在合同履行中，承发包双方在工作合作中不协调、不配合甚至矛盾激化，使合同履行不能再维持下去，或发包人严重违约，承包人行使合同解除权，或承包人严重违约，发包人行使合同解除权等，都会产生合同的解除。

由于合同的中止或解除是在施工合同还没有履行完毕时发生的，必然会导致承发包双方的经济损失，因此，发生索赔是难免的。

6.不可预见因素及第三方原因引起的索赔

（1）不可预见因素

不可预见因素，是指承包人在开工前，根据发包人所提供的工程地质勘察报告及现场资料，并经过现场调查，都无法发现的地下自然或人工障碍。如古井、墓坑、断层、溶洞及其他人工构筑物类障碍等。不可预见因素在实际工程中，表现为不确定性障碍的情况更常见。所谓不确定性障碍，是指承包人根据发包人所提供的工程地质勘察报告及现场资料，或经现场调查可以发现地下存在自然的或人工的障碍，但因资料描述与实际情况存在较大差异，而这些差异导致承包人不能预先准确地制定处理方案，估计处理费用。

（2）第三方原因引起的索赔

其他第三方原因是指，与工程有关的其他第三方所发生的问题对工程施工的影响。其表现的情况是复杂多样的，往往难于划分类型。如正在按合同供应材料的单位因故被停止营业，使正需要的材料供应中断，因铁路部门的原因，正常物资运输造成压站，使工程设备迟于安装日期到场，或不能配套到场，进场设备运输必经桥梁因故断塌，使绕道运费大增等。诸如此类问题的发生，客观上给承包人造成施工停顿、等候、多支出费用等情况。如果上述情况中的材料供应合同、设备订货合同及设备运输路线是发包人与第三方签订或约定的，承包人可以向发包人提出索赔。

6.2 建设工程合同索赔的程序

6.2.1 索赔的基本程序

索赔一般要经过发索赔意向通知、收集和提供索赔证据、编制和提交索赔报告、评审索赔报告、举行索赔谈判、解决索赔争端等阶段。

1. 发出索赔意向通知

索赔意向通知是一种维护自身索赔权利的文件。承包人发现索赔或意识到存在潜在的索赔机会后，要做的第一件事就是将自己的索赔意向用书面的形式通知工程师。这种意向通知是非常重要的，它一方面对承包人的合法权益起到保护作用；另一方面对发包人或工程师起提醒、监督作用。发出索赔意向通知，标志着一项索赔的开始。

索赔意向通知，只是向工程师表明索赔意向，所以应当简明扼要。通常只要说明以下几点内容即可：

（1）引起索赔事件发生的时间及情况的简单描述；

（2）依据合同的条款和理由；

（3）说明将提供有关后续资料，包括有关记录和提供事件发展的动态；

（4）说明对工程成本和工期产生不利影响的严重程度，以期引起工程师和发包人的重视。

2. 索赔资料的准备

索赔的成功很大程度上取决于承包人对索赔做出的解释和真实可信的证明材料。即使抓住合同履行中的索赔机会，如果拿不出索赔证据或证据不充分，其索赔要求往往难以成功或被大打折扣。因此，承包人在正式提出索赔报告前的资料准备工作极为重要。这就要求承包人注意记录和积累保存工程施工过程中的各种资料，并可随时从中索取与索赔事件有关的证明资料。

3. 索赔报告的编写与提交

索赔报告是承包人向发包人或工程师提交的一份要求发包人给予一定经济补偿和（或）延长工期的正式报告。编制索赔报告是承包人进行索赔的重要工作，也是索赔能否成功的重要保证。承包人应该在索赔事件对工程产生的影响结束后，尽快向发包人或工程师提交正式的索赔报告。在实际工作中，如果索赔事件影响持续延长，承包人应当阶段性地向发包人或工程师报告，并在索赔事件终了后提交有关资料和最终索赔报告（图6-1）。

4. 索赔报告的评审

发包人或工程师在接到承包人的索赔报告后，应当站在公正的立场，以科学的态度及时认真地审阅报告，重点审查承包人索赔要求的合理性和合法性，审查索赔值的计算是否正确、合理。对不合理的索赔要求或不明确的地方提出反驳和质疑，或要求做出解释和补充。工程师可在发包人的授权范围内做出自己独立的判断。工程师反驳索赔的理由通常有：

（1）索赔事件不属于发包人和工程师的责任，而是第三方的责任；

×××项目索赔报告（示例）

题目：针对什么的索赔。

事件：事件的起因、经过、双方活动，时间、地点、结果。

理由：引用合同文件证明对方应当赔偿。

影响：说明事件与费用增加或工期延长之间的对应关系。

结论：提出具体的索赔值。

附件：报告中所列事实、理由、影响的证据和各种计算基础、计算依据的证明。

图 6-1　项目索赔报告（示例）

（2）承包人未能遵守索赔意向通知的要求；

（3）合同中的开脱责任条款已经免除了发包人补偿的责任；

（4）索赔是由不可抗力引起的，承包人没有划分和证明双方责任的大小；

（5）承包人没有采取适当措施避免或减少损失；

（6）承包人必须提供进一步的证据；

（7）损失计算夸大；

（8）承包人以前已明示或暗示放弃了此次索赔的要求。

但工程师提出这些意见和主张时，也应当有充分的根据和理由。评审过程中，承包人应对工程师提出的各种质疑做出圆满的答复。

5. 索赔谈判

发包人或工程师对索赔报告进行评审，因承包人需要做出进一步的解释和补充证据，且发包人或工程师也需要对索赔报告提出的初步处理意见做出解释和说明，故而发包人、工程师和承包人三方就解决索赔需要进行进一步讨论、磋商，即谈判。这里可能有复杂的谈判过程。最后，对经过谈判达成一致意见，则做出索赔决定。若意见无法达成一致，则产生争执。

6. 索赔的解决

如果发包人和承包人通过谈判不能协商解决索赔，可以将争端提交给工程师解决，工程师在收到有关解决争端的申请后，在一定时间内要做出索赔决定。发包人或承包人如果对工程师的决定不满意，可以申请仲裁或起诉。争议发生后，在一般情况下，双方都应继续履行合同，保持施工连续，保护好已完成的工程。只有当出现单方违约导致合同确已无法履行，双方可协议停止施工，仲裁机构或法院要求停止施工等情况时，当事人方可停止履行施工合同。

我国《建设工程施工合同（示范文本）》对索赔的程序和时间要求做了明确而严格的限定，主要包括：发包人未能按合同约定履行自己的各项义务或发生错误以及应由发包人承担责任的其他情况，造成工期延误和（或）承包人不能及时得到合同价款及承包人的其他经济损失，承包人可按下列程序以书面形式向发包人索赔。

（1）索赔事件发生后 28 天内，向工程师发出索赔意向通知。

（2）发出索赔意向通知后 28 天内，向工程师提出补偿经济损失和（或）延长工期的索赔报告及有关资料。

（3）工程师在收到承包人送交的索赔报告和有关资料后14天内完成审查并报送发包人，监理人对索赔报告存在异议的，有权要求承包人提交全部原始记录副本。

（4）发包人应在监理人收到索赔报告或有关索赔的进一步证明材料后的28天内，由监理人向承包人出具经发包人签认的索赔处理结果。

（5）当该索赔事件持续进行时，承包人应当阶段性地向工程师发出索赔意向，在索赔事件终了后的28天内，向工程师送交索赔的有关资料和最终索赔报告。索赔答复程序与（3）、（4）规定相同。

发包人逾期答复的，则视为认可承包人的索赔要求；承包人接受索赔处理结果的，索赔款项在当期进度款中进行支付；承包人不接受索赔处理结果的，按照合同（争议解决）条款的约定处理。

承包人未能按合同约定履行自己的各项义务或发生错误给发包人造成损失，发包人也按以上各条款的确定时限向承包人提出索赔（图6-2）。

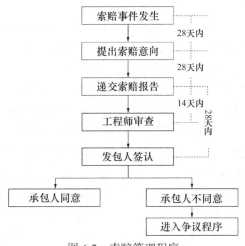

图 6-2　索赔管理程序

6.2.2 索赔的依据

为了达到索赔成功的目的，承包人必须进行大量的索赔论证工作，以大量的证据来证明自己拥有索赔的权利和应得的索赔款额和索赔工期。在进行施工索赔时，承包人应善于从合同文件和施工记录等资料中寻找索赔的依据，在提出索赔要求的同时，提出必需的证据资料。可以作为索赔依据的主要资料是：

（1）政策法规文件。政策法规文件是指政府或立法机关公布的有关国家法律、法令或政府文件，如货币汇兑限制指令、外汇兑换率的决定、调整工资的决定、税收变更指令、工程仲裁规则等。这些文件直接影响承包人的收益，因此，这些文件对工程结算和索赔具有重要的影响，承包人必须高度重视。

（2）招标文件、合同文本及招标文件附件中所包括的合同文本。如我国《建设工程施工合同（示范文本）》中的通用条款和专用条款、施工技术规范、工程范围说明、现场水文地质资料和工程量表等资料、标前会议和澄清会议资料等，不仅是承包人投标报价的依据和构成工程合同文件的基础，而且是施工索赔时计算索赔费用的依据。

（3）施工合同协议书及附属文件。施工合同协议书，各种合同双方在签约前就中标价格、施工计划、合同条件等问题进行的讨论纪要文件，以及其他各种签约的备忘录和修正案等资料，都可以作为承包人索赔计价的依据。

（4）往来的书面文件。在合同实施过程中，会有大量的发包人、承包人、工程师之间的来往书面文件，如发包人的各种认可信与通知，工程师或发包人发出的各种指令，如工程变更令、加速施工令等，以及对承包人提出问题的书面回答和口头指令的确认信等，这些信函（包括电传、传真资料等）都将成为索赔的证据。因此，来往的信件一定要留存，自己的回复则要留底。同时，要注意对工程师的口头指令及时进行书面确认。

（5）会议记录。主要有标前会议和决标前的澄清会议纪要。在合同实施过程中，发包人、工程师和承包人定期和不定期地进行工地会议，如施工协调会议、施工进度变更会议、施工技术讨论会议等，以及在这些会议上研究实际情况做出的决议或决定等。这些会议记录均构成索赔的依据，但应注意这些记录若想成为证据，必须经各方签署才有法律效力。因此，对于会议纪要应建立审阅制度，即由做纪要的一方写好纪要稿后，送交参会各方传阅核签，如果有不同意见须在规定期限内提出或直接修改，若不提出意见则视为同意。

（6）批准的施工进度计划和实际进度记录。经过发包人或工程师批准的施工进度计划和修改计划、实际进度记录和月进度报表是进行索赔的重要证据。进度计划中不仅指明工作间的施工顺序和工作计划持续时间，而且还直接影响劳动力、材料、施工机械和设备的计划安排，如果由于非承包人原因或风险使承包人的实际进度落后于计划进度或发生工程变更，则这类资料对承包人索赔能否成功起到极其重要的作用。

（7）施工现场工程文件。施工现场工程文件包括现场施工记录、施工备忘录、各种施工台账、工时记录、质量检查记录、施工设备使用记录、建筑材料进场和使用记录、工长或检查员以及技术人员的工作日记、工程师填写的用工记录和各种签证，各种工程统计资料如周报、月报，工地的各种交接记录如施工图交接记录、施工场地交接记录、工程中停电停水记录等资料，这些资料构成工程实际状态的证据，是工程索赔时必不可少的依据。

（8）工程照片、录像资料。工程照片和录像资料作为索赔证据最为直观，并且在照片上最好注明日期。其内容可以包括：工程进度照片和录像、隐蔽工程覆盖前的照片和录像、发包人责任或风险造成的返工或工程损坏的照片和录像等。

（9）检查验收报告和技术鉴定报告。在工程中的各种检查验收报告如隐蔽工程验收报告、材料试验报告、试桩报告、材料设备开箱验收报告、工程验收报告以及事故鉴定报告等，这些报告构成对承包人工程质量的证明文件，因此成为工程索赔的重要依据。

（10）工程财务记录文件。包括工人劳动计时卡和工资单、工资报表、工程款账单、各种收付款原始凭证、总分类账、管理费用报表、工程成本报表、材料和零配件采购单等财务记录文件，它们是对工程成本的开支和工程款的历次收入所做的详细记录，是工程索赔中必不可少的索赔款额计算的依据。

（11）现场气象记录。工程水文、气象条件变化，经常引起工程施工的中断或工效降低，甚至造成在建工程的破损，从而引起工期索赔或费用索赔。尤其是遇到恶劣的天气，一定要做好记录，并且请工程师签字。这方面的记录内容通常包括：每月降水量、风力、气温、水位、施工基坑地下水状况等，对于地震、海啸和台风等特殊自然灾害更要随时做好记录。

（12）市场行情资料。包括市场价格、官方公布的物价（工资指数、中央银行的外汇比率等）资料，是索赔费用计算的重要依据。

6.2.3 索赔文件的编写

FIDIC《施工合同条件》及我国的《建设工程施工合同（示范文本）》都规定承包人应在规定的期限内写出索赔事项的报告书，正式报送给工程师，提出详细的索赔要求。索赔报告书的具体内容，随该项索赔事项的性质和特点有所不同。但在每个索赔报告书的必要内容和文字结构方面，必须包括以下几个组成部分：

（1）索赔综述

在索赔报告书的开始，应该对该索赔事项进行一个综述，对索赔事项发生的时间、地点或者施工过程进行概要地描述；说明承包人按照合同规定的义务，为了减轻该索赔事项造成的损失，进行了如何的努力；由于索赔事项的发生及承包人为减轻该损失，对承包人施工增加的额外费用以及其索赔要求。一般索赔综述部分包括：前言、索赔事项描述、具体的索赔要求等内容。

（2）合同论证

承包人对索赔事件的发生造成的影响具有索赔权，这是索赔成立的基础。在合同论证部分，承包人主要根据工程项目的合同条件以及工程所在国有关此项索赔的法律规定，申明自己理应得到的工期延长和经济补偿，充分论证自己的索赔权。对于重要的合同条款，如不可预见的物质条件、合同范围以外的额外工程、发包人风险、不可抗力、因为物件变化的调整、因为法律变化的调整等，都应在索赔报告书中做详细的论证论述，对于同一合同条款，合同双方从自身利益出发，经常会有不同的解释，这经常成为索赔争议的焦点，要引用有说服力的证据资料，证明自己的索赔权。

合同论证部分一般包括：索赔事项处理过程的简要描述；发出索赔通知书的时间；论证索赔要求依据的合同条款；指明所附的证据资料。

（3）索赔款计算

涉及经济索赔的报告，论证了索赔权以后，就应该接着计算索赔款的具体数额，也就是以具体的计价方法和计算过程说明承包人应得到的经济补偿款的数量。索赔款的计算要写出索赔款的总额，分项组成部分的计算过程，论述各项计算的合理性，详细写出计算方法并引证相应的证据资料，并在此基础上累计出索赔款总额。通过详细的论证和计算，使发包人和工程师对索赔款的合理性有充分的了解，以利于索赔要求的迅速解决。

（4）工期延长计算

涉及工期索赔的报告，论证了索赔权后，要计算索赔工期的具体数量。获得了工期的延长，可以使承包人免于承担误期损害的罚金，还可能在此基础上获得一定的经济补偿。承包人在索赔报告中，应该对工期延长、实际工期和理论工期等工期的长短进行详细的计算论证，说明工期要求的具体依据。

（5）附件部分

附件中应包括该索赔事项涉及的一切证据资料及对这些资料的说明。这些资料承包人在整个施工过程中应持续不断地搜集。

6.3　工　期　索　赔

在工程施工中，常常会发生一些不可预见的干扰事件，使得施工不能顺利进行。工期延长意味着工程成本的增加，对合同双方均会造成损失。对承包人而言，除了会有费用的损失外，还可能因为超出合同工期而支付拖期违约金等损失。因此，承包人进行工期索赔的目的，一个是要弥补工期拖延造成的费用损失，另一个是免去或推卸自己已经形成的工期延长的合同责任，使自己不必支付或尽可能少地支付违约金。

6.3.1　进度延误的种类与内容

进度延误是指工程施工进展程度、速度上的延误，是由各种原因而造成的工程施工不能按原定时间要求进行。通常可以把延误分为可原谅延误与不可原谅延误；可补偿延误与不可补偿延误；共同延误与非共同延误；关键延误与非关键延误等。

1. 可原谅延误与不可原谅延误

（1）可原谅延误：是指允许延长工期的延误。非承包人过错所引起的工程施工延误，虽然不一定能得经济补偿，但应该是可以原谅的，承包人有权获准延长合同工期。对什么是可原谅延误，各类合同的规定不尽相同。在遇到具体情况时，必须按合同规定办理。合同中对可原谅会有判断标准。

可原谅延误的种类主要有：

① 不可抗力引起的延误，不可抗力是当事人所无法控制的；

② 不利自然条件或客观障碍引起的延误；

③ 特别恶劣的气候条件引起的延误；

④ 特殊风险引起的延误；

⑤ 罢工及其他经济风险引起的延误，如政府抵制或禁运而造成的工程延误；

⑥ 发包人或发包人代表原因引起的延误；

⑦ 其他可原谅延误。

（2）不可原谅延误：是指因可预见的条件或在承包人控制之内的情况，或由于承包人自己的问题与过错而引起的延误。

如果没有发包人或其代理人的不合适行为，没有上面所讨论的其他可原谅情况，则承包商必须无条件地按合同规定的时间实施和完成施工任务，而没有资格获准延长工期。不可原谅延误构成承包人的违约。

2. 可补偿延误与不可补偿延误

可原谅延误又能进一步划分为可补偿延误与不可补偿延误。

（1）可补偿延误：是承包人有权同时要求延长工期和经济补偿的延误。一般因发包人或其代理人的错误或疏忽而引起的施工延误都是可补偿的。对这种延误，如果发包人一方适当加以注意，本来是可以避免的。判断延误是否可补偿的决定性因素是：发包人或其代理人是否应对造成该延误的情况进行负责。

（2）不可补偿延误：是指可给予延长工期，但不能对相应的经济损失给予补偿的可原谅延误。这种延误一般不是因双方当事人有错误或疏忽，而是由双方都无法控制的原因造成的，如不可抗力、特别恶劣的气候条件、特殊风险、其他第三方原因等（表6-1）。

延误与可索赔种类的关系 表 6-1

延误种类			工期索赔	费用索赔
可原谅可补偿延误	作用于关键线路		可以	可以
	作用于非关键线路	影响总工期	可以	可以
		不影响总工期	不可以	可以
可原谅不可补偿延误		影响总工期	可以	不可以
		不影响总工期	不可以	不可以
不可原谅延误			不可以	不可以

3. 共同延误与非共同延误

（1）共同延误：是指两项或两项以上的单独延误同时发生。主要有两种情况：在同一项工作上同时发生两项或两项以上的延误；在不同的工作上同时发生两项或两项以上延误。是对整个工程的综合影响方面讲的"共同延误"。

（2）非共同延误：是单一的只发生一项延误，而没有其他延误同时发生。

4. 关键延误与非关键延误

关键延误是指在网络计划关键线路上的活动的延误。非关键延误是指非关键线路上的活动的延误。关键延误肯定会导致整个工程的延误，如果是可原谅的，则承包人可以获得工期延长。非关键延误，由于非关键线路上的活动都有一定的机动时间可以利用，具有一定的灵活性，所以在该机动时间范围内的非关键延误不会导致整个工程的延误，承包人不能获得工期延长。当然，一旦机动时间用完，则原来的非关键延误也就变成了关键延误。

6.3.2 工程延期的申请与审批

1. 承包人申请延期

承包人在非自己原因引起工期延误时，应在该事件发生之后，立即写一份申请延长合同工期的意向书，定性地先报予工程师，并报发包人备案，随后详细列出自己认为有权要求延期的具体情况、证据、记录和网络计划图等，以供工程师审批。

2. 工程师审批延期

工程师在收到承包人的延期申请和详细补充资料及证据后，应在合理时间内进行审查、核实与详细计算。不应无故拖延时间，以免出现承包人声称被迫加速施工，而要求支付赶工费用。

工程师审批延期的程序通常包括以下几项程序：

（1）临时批准。工程师做出延期决定的时间有些合同并没有明确规定。但在实际工作中，工程师必须在合理的时间内做出决定，否则承包人可以由于延期迟迟未被获准从而被迫加快工程进度为由，提出费用索赔。为了避免这种情况发生，又使工程师有比较充裕的时间评审延期，对于某些较为复杂或持续时间较长的延期申请，工程师可以根据初步评审，给予一个临时的延期时间，然后再进行详细的研究评审，书面批准有效延期的时间。合同条件规定，临时批准的延期时间不能长于最后的书面批准的延期时间。

（2）最终批准。严格地讲，在承包人未提出最后一个延期申请时，工程师批准的延期时间都是暂定的延期时间。最终延期时间应是承包人的最后一个延期申请批准后的累计时间，但并不是每一项延期时间都累加，如果后面批准的延期内包含有前一个批准延期的内容，则前一项延期的时间不能予以累计，这称为时间的搭接。

6.3.3　工期索赔的计算方法

由于建设工程技术复杂、规模大、工期长，多种原因引起的延误常常交织在一起，在计算一个或多个延误引起的工期索赔时，通常可采用如下三种分析方法：

1. 网络分析方法

网络分析方法通过分析延误发生前后网络计划，对比两种工期计算结果，计算索赔值。分析的基本思路为：假设工程施工一直按原网络计划确定的施工顺序和工期进行。现在发生了一个或多个延误，使得网络中的某个或某些活动受到影响，如延长持续时间，或活动之间逻辑关系变化，或增加新的活动。将这些活动受影响后的持续时间代入网络中，重新进行网络分析，得到新工期。则新工期与原工期之差即为延误对总工期的影响，即为工期索赔值。通常，如果延误在关键线路上，则该延误引起的持续时间的延长即为总工期的延长值。如果该延误在非关键线路上，受影响后仍在非关键线路上，则该延误对工期无影响，故不能提出工期索赔。

这种考虑延误影响后的网络计划又作为新的实施计划，如果有新的延误发生，则在此基础上可进行新一轮分析，提出新的工期索赔。这样在工程实施过程中进度计划是动态的、不断地被调整的。而延误引起的工期索赔也可以随之同步进行。

下面举例说明网络分析法的计算过程。

背景：某工程的分部工程网络进度计划工期为 $T1 = 29$ 天（即为合同工期），网络计划如图 6-3 所示。施工中各工作的持续时间发生改变，具体变化及原因如表 6-2 所示。承包人为此应提出多少天的工程延期索赔要求。

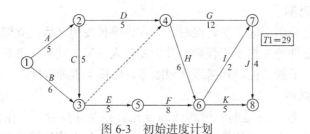

图 6-3　初始进度计划

工作持续时间变化及原因　　　　　　　　　　　　　　　表 6-2

工作代号	持续时间延长原因及天数			持续时间总延长值
	发包人原因	不可抗力原因	承包人原因	
A	1	1	1	3
B	2	1	0	3
C	0	1	0	1
D	1	0	0	1

续表

工作代号	持续时间延长原因及天数			持续时间总延长值
	发包人原因	不可抗力原因	承包人原因	
E	1	0	2	3
F	0	1	0	1
G	2	4	0	6
H	0	0	2	2
I	0	0	1	1
J	1	0	0	1
K	2	1	1	4

在用网络分析法进行工期索赔计算时，首先要区分各工作持续时间延长的原因，可以索赔的延误一定是非承包人原因引起的。本例中刨除承包人原因引起的延误，各工作的可补偿延误时间分别为 $A = 2$；$B = 3$；$C = 1$；$D = 1$；$E = 1$；$F = 1$；$G = 6$；$H = 0$；$I = 0$；$J = 1$；$K = 3$。将初始网络计划中各工作的持续时间加上可补偿的延误时间，参数变化如图 6-4 所示。重新计算网络计划工期需 $T2 = 36$ 天。则本例中，承包人可向发包人索赔的工期为 $T2 - T1 = 36 - 29 = 7$ 天。

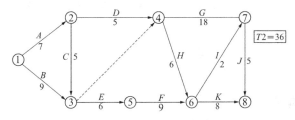

图 6-4　批准延期的进度计划

2. 比例分析法

在实际工程中，延误事件常常仅影响某些单项工程、单位工程或分部分项工程的工期，要分析它们对总工期的影响，可以采用更为简单的比例分析方法。如对于新增工作，可以按新增工作占原合同价的比例进行计算。

（1）以合同价所占比例计算

$$总工期索赔值 = （新增工程合同价 / 原合同价） \times 原合同总工期 \qquad （6-1）$$

例如，某工程合同总价 480 万元，总工期 18 个月。现发包人指令增加附加工程的价格为 80 万元，则承包人提出的工期索赔值为：

$$工期索赔值 = 80/480 \times 18 = 3（个月）$$

（2）折合法计算

$$总工期索赔 = 受干扰部分的工程合同价 \times 该部分工程受干扰$$
$$工期拖延量 / 整个工程合同总价 \qquad （6-2）$$

例如，在某工程施工中，业主推迟办公楼工程基础设计图纸的批准，使该单项工程延期 10 周。该单项工程合同价为 80 万元，而整个工程合同总价为 400 万元。则承包商提出工期索赔为：

$$总工期索赔＝80万×10周/400万＝2周$$

（3）工时分析法

例如，某工程，原合同规定两个阶段施工，工期为：土建工程21个月，安装工程12个月。现以一定量的劳动力需要量作为相对单位，则合同所规定的土建工程量可折算为310个相对单位，安装工程量折算为70个相对单位。合同规定，在工程量增减10%的范围内，作为承包商的工期风险，不能要求工期补偿。在工程施工过程中，土建和安装工程的工程量都有较大幅度的增加，同时又有许多附加工程，使土建工程量增加到430个相对单位，安装工程量增加到117个相对单位。

对此，承包商提出工期索赔。考虑到工程量增加10%作为承包商的风险，则土建工程量应为：$310×1.1＝341$相对单位；安装工程量应为：$70×1.1＝77$相对单位。

由于工程量增加造成工期延长为：土建工程工期延长$21×（430/341－1）＝5.5$（月）；安装工程工期延长$12×（117/77－1）＝6.2$（月）。

则，总工期索赔：$5.5月＋6.2月＝11.7$（月）。

这里将原计划工作量增加10%作为计算基数，一方面考虑合同规定的风险，另一方面由于工作量的增加，工作效率会有提高。

3. 其他方法

在实际工程中，工期的补偿天数确定方法是多样的，例如在延误发生前由双方商讨，在变更协议或其他附加协议中直接确定补偿天数；或按实际工期延长记录确定补偿天数等。

6.4　费用索赔

6.4.1　索赔费用的构成

索赔费用的构成，与施工承包合同价格的组成一致。按照我国现行规定，建筑安装工程合同价一般包括直接费、间接费、利润和税金。原则上说，凡是承包人有索赔权的工程成本的增加，都可以列入索赔的费用。但是，对于不同原因引起的索赔，可索赔费用的具体内容则有所不同。哪些内容可以索赔，哪些内容不可以索赔，则需要具体地分析与判断。

通常情况下，索赔费用中主要包括的项目如下：

1. 人工费

人工费是工程成本直接费中主要项目之一，它包括生产工人基本工资、工资性质的津贴、辅助工资、劳保福利费、加班费、奖金等。对于索赔费用中的人工费部分来说，主要考虑以下几个方面：

（1）完成合同之外的额外工作所花费的人工费用；

（2）由于非承包人责任的工效降低所增加的人工费用；

（3）超过法定工作时间的加班费用；

（4）法定的人工费增长；

（5）由于非承包人责任造成的工程延误，进而导致人员窝工增加的人工费等。

2. 材料费

材料费在直接费中占有很大的比重。由于索赔事项的影响，会使材料费的支出大大超过原计划材料费用支出，材料费的索赔主要包括：

（1）由于索赔事项材料实际用量超过计划用量而增加的材料费；

（2）由于客观原因材料价格大幅度上涨；

（3）由于非承包人责任工程延误导致的材料价格上涨；

（4）由于非承包人原因致使材料运杂费、材料采购与储存费用的上涨等。

3．施工机械使用费

施工机械使用费的索赔主要包括：

（1）由于完成工程师指示的，超出合同范围的额外工作所增加的机械使用费；

（2）由于非承包人责任致使的工效降低而增加的机械使用费；

（3）由于发包人或工程师原因造成的机械停工的窝工费等。

4．管理费

（1）现场管理费。工地管理费是指承包人完成额外工程、索赔事项工作以及工期延长、延误期间的工地管理费，包括管理人员工资、办公费、通信费、交通费等。在确定分析索赔款时，有时工地管理费具体又分为可变部分和固定部分。所谓可变部分是指在延期过程中可以调到其他工程部位（或其他工程项目）上去的那部分人员和设施；所谓固定部分是指施工期间不易调动的那部分人员或设施。

（2）总部管理费。索赔款中的总部管理费主要指的是工程延误期间所增加的管理费，一般包括总部管理人员工资、办公费用、财务管理费用、通信费用等。这项索赔款的计算，目前没有统一的方法。常用的总部管理费的计算方法有：按照投标书中总部管理费的比例（3%～8%）计算；按照公司总部统一规定的管理费比率计算；以工程延期的总天数为基础，计算总部管理费的索赔额。

（3）其他直接费和间接费。可按合同约定的费率计取。

5．利润

对于不同性质的索赔，取得利润索赔的成功率是不同的。一般来说，由于工程范围的变更和施工条件的变化所引起的索赔，承包人是可以列入利润的；由于发包人的原因终止或放弃合同，承包人也有权获得除已完成的工程款之外，还应得到原定比例的利润。而对于工程延误的索赔，由于利润通常是包括在每项实施的工程内容的价格之内的，延误工期并未影响削减某些项目的实施而导致利润减少。所以，一般工程师很难同意在延误的费用索赔中加进利润损失。

索赔利润的计算通常是与原报价单中的利润百分率保持一致的。即在索赔款直接费的基础上，乘以原报价单中的利润率，即作为该项索赔款中的利润额。

另外还需注意的是，施工索赔中以下费用是不允许索赔的：承包人对索赔事项的发生原因负有责任的有关费用；承包人对索赔事项未采取减轻措施，因而扩大的损失费用；承包人进行索赔工作的准备费用；索赔款在索赔处理期间的利息；工程有关的保险费用。

6．利息

在索赔款额的计算中，经常包括利息。利息的索赔通常发生于下列情况：

（1）发包人拖延支付工程进度款或索赔款，给承包人造成较为严重的经济损失，承包人因而提出拖付款的利息索赔；

（2）由于工程变更和工期延误增加投资的利息；

（3）施工过程中发包人错误扣款的利息。

至于这些利息的具体利率应是多少，可采用不同标准，主要有三种情况：按当时银行贷款利率、按当时的银行透支利率或按合同双方协议的利率。

7. 分包费用

索赔款中的分包费用是指分包人的索赔款项，一般也包括人工费、材料费、施工机械使用费等。分包人的索赔款额应如数列入总承包人的索赔款总额以内。

8. 其他费用。 如保险费、保函手续费等。

6.4.2　索赔费用的计算方法

1. 分项计算法

分项计算法是以每个干扰事件为对象，以承包人为某项索赔工作所支付的实际开支为依据，向发包人要求经济补偿。而每一项索赔费用，是计算由于该事项的影响，导致承包人发生的超过原计划的费用，也就是该项工程施工中所发生的额外的人工费、材料费、机械费，以及相应的管理费，有些索赔事项还可以列入赢得的利润。在实际中，绝大多数工程的索赔都采用分项法计算。分项计算法可以分为三个步骤：

（1）分析每个或每类索赔事件所影响的费用项目，不得有遗漏。这些费用项目通常应与合同报价中的费用项目一致，如直接费、管理费、利润等。

（2）计算每个费用项目受索赔事件影响后的数值，通过与合同价中的费用值进行比较即可得到该项费用的索赔值，即与原计划相比的增加值。

（3）将各费用项目的索赔值汇总，得到总费用索赔值。

分项法中索赔费用主要包括该项工程施工过程中所发生的额外人工费、材料费、施工机械使用费、相应的管理费，以及应得的间接费和利润等。由于分项法所依据的是实际发生的成本记录或单据，所以在施工过程中，对第一手资料的收集整理就显得非常重要。为了准确计算实际的成本支出，承包人在现场的成本记录或者单据等资料都是必不可少的，一定要在项目施工过程中注意收集和保留。

例如，某工程，按原合同规定的施工计划，工程全部完工需要劳动力为 255918 工日。由于开工后，业主没有及时提供相关资料而造成土方与降水低效工作，工期显著拖延。在土方与降水阶段，工程量为全部工程量的 9.4%。工地上实际使用劳动力 85604 工日，其中临时工程用工 9695 工日，非直接生产用工 31887 工日。这些有记工单和工资表为证据。

承包商对由此造成的低效工作提出费用索赔，其分析如下：

9.4% 工程量所需劳动力 = 255 918 工日 ×9.4% = 24 056 工日

则在这一阶段的劳动生产效率损失应为工地实际使用劳动力数量扣除 9.4%，工程量所需劳动力数、临时工程用工和非直接生产用工。即

劳动生产效率损失 = 85604−24056−9695−31887 = 19966 工日

合同中生产工人人工费报价为 68 元 / 工日，工地交通费 6 元 / 工日：

人工费损失 = 19 966 工日 ×68 元 / 工日 = 1357688 元

工地交通费 = 19 966 工日 ×6 元 / 工日 = 119796 元

其他费用，如膳食补贴、工器具费用、各种管理费等项目索赔值计算从略。

2. 总费用法

总费用法又称总成本法，通常是在采用总索赔的情况下才采用的索赔计算方法。当发生多次索赔事件以后，这些索赔事项的影响相互交叉，难以区分，则重新计算出该工程的实际总费用，再从这个实际总费用中减去中标合同价中的估算总费用，计算出差额作为索赔总款额，具体公式是：

$$索赔金额＝实际总费用－合同价中估算总费用 \tag{6-3}$$

采用总费用法进行索赔时应注意如下几点：

（1）采用这个方法，往往是由于施工过程上受到严重干扰，造成多个索赔事件混杂在一起，导致难以准确地进行分项记录和收集资料、证据，也不容易分项计算出具体的损失费用，只得采用总费用法进行索赔。

（2）承包人报价必须合理，不能是采取低价中标策略后过低的标价。

（3）该方法要求必须出具足够的证据，证明其全部费用的合理性，否则其索赔款额将不容易被接受。

（4）因为实际发生的总费用中可能包括了承包人的原因（如施工组织不善、浪费材料等），从而增加了的费用，同时投标报价估算的总费用由于想中标而过低。所以这种方法只有在难以按分项法计算索赔费用时，才使用此法。

例如，某工程原合同报价如下：

工地总成本：（直接费＋工地管理费）	3 800 000 元
公司管理费：（总成本 ×10%）	380 000 元
利润：（总成本＋公司管理费）×7%	292 600 元
合同价	4 472 600 元

在工程实施过程中，由于完全非承包商的原因，造成实际工地总成本增加至 4 20000 元。现用总费用索赔值如下：

总成本增加量：（4 200 000 － 3 800 000）	400 000 元
总部管理费：（总成本增量 ×10%）	40 000 元
利润：（仍为 7%）	30 800 元
利息支付：（按实际时间和利率计算）	4000 元
索赔值	474 800 元

3. 修正的总费用法

修正的总费用法是对总费用法的改进，即在总费用计算的原则上，对总费用法进行相应的修改和调整，去掉一些不合理的因素，使索赔额的计算更加合理。修正和调整的内容主要有：

（1）将计算索赔款的时段局限于受到外界影响的时间，而不是整个施工期；

（2）只计算受影响时段内的某项工作所受影响的损失，而不是计算该时段内所有施工工作所受的损失；

（3）与该项工作无关的费用不列入总费用中；

（4）对投标报价费用重新进行核算，按受影响时段内该项工作的实际单价进行核算，乘以实际完成的该项工作的工作量，得出调整后的报价费用。

按修正后的总费用计算索赔金额的公式如下：

索赔金额＝某项工作调整后的实际总费用－该项工作的合同价费用

修正的总费用法与总费用法相比，有了实质性的改进，已相当准确地反映出实际增加的费用。

材料阅读：

小浪底工程如何省下 38 亿投资 ^❶

被国内外专家称为"世界上最富挑战性"的小浪底水利枢纽，是治理黄河的关键性控制工程，也是世界银行在中国最大的贷款项目。在长达 11 年的建设中，工程建设经受了各方面的严峻考验，克服了许多意外的风险因素，难得的节余投资 38 亿元，占到总投资的近 11%。12 月 5 日，黄河小浪底水利枢纽通过了由水利部组织的工程部分初步验收。专家建议该工程施工质量等级定为优良。

小浪底建管局总经济师曹应超介绍说，预计到工程全部结束，可完成概算投资 309.24 亿元，比总投资 347.24 亿元节余 38 亿元，其中内资 24.59 亿元，外资 1.56 亿美元。这些部分归功于宏观经济环境变好，但主要来自业主管理环节的节余。其中物价指数下降、汇率变化和机电设备节余等因素，共计结余资金 13.98 亿元；工程管理环节节余 27.3 亿元，共计 41 亿元。减去国内土建工项目因工程设计变更及新增环保项目等因素的 3.3 亿元超支，共节余 38 亿元。

在通货紧缩期间施工的大型工程，因为物价因素出现节余并不为奇。但小浪底 38 亿元的节余中，27.3 亿元来自管理环节。专家分析，这主要得益于小浪底坚持了先进的建设机制。小浪底是目前国内全面按照"三制"（业主负责制、招标投标负责制、建设监理制）管理模式实施建设的规模最大的工程，以合同管理为核心，从各个环节与国际管理模式接轨，在国内大型水电工程中先走一步。

1. 出色的工程监理队伍

小浪底拥有一支 300 多人，最多曾达 500 多人的监理工程师队伍，他们的工作使合同的顺利履行有了严格的保证，也对投资节约起到了巨大的作用。监理工程师受业主委托或授权，依据业主和承包商签订的合同，行使控制工程进度、质量、投资和协调各方关系等职能，是业主在现场的唯一项目管理者和执行者。

谁来监理小浪底这个世界性工程呢？1991 年前期工程开工后，小浪底人在埋头苦学中产生了中国第一代监理队伍，他们如饥似渴地学习国际通用的 FIDIC（国际工程师联合会）合同条款，认真履行事前预控和全过程跟踪、监理、管理职责，两年间高质量地实现了水利部提出的"三年任务两年完成"的目标。1994 年 5 月 4 日，小浪底工程经世行专家团 15 次严格检查后正式通过评估，这次评估证实了小浪底土生土长的监理工程师队伍，具有驾驭大型国际工程的资格。

1994 年 9 月 12 日小浪底正式开工后，50 多个国家和地区的 700 多名外国承包商、专家、工程技术人员和数千人的中国水电施工队伍云集小浪底。中国工程师也首次登上了国际工

---

❶ 梁鹏，古文洪. 瞭望 .2002，50：11-13.

程监理的大舞台。在小浪底这个中外企业同场竞技的国际市场，FIDIC 是竞赛规则，监理工程师就是赛场的裁判。

在开工初期，XJV 三标，小浪底联营体不直接给参加联营体的中国水电工程局的工人发放工资，而是由中国水电工程局代发，由于环节多，工资不能按时到位，工人很有意见。1994 年 12 月 19 日，三标联营体的中方职工全面罢工 3 天，造成三标工程建设处于半瘫痪状态。监理工程师们迅速召集工人代表座谈，充分听取意见，然后向 XJV 提出调解建议："只有直接对所雇的劳务发工资，才便于劳务管理，从而提高工人的劳动积极性。"在工程师的敦促下，XJV 很快接受了这一诚恳的建议，实行了联营体内劳务统一管理。

数起类似事件的迅速平息给外商留下了深刻的印象，他们评价中国监理工程师"有威信，有能力"！

小浪底地下厂房是当时国内第一大地下厂房。厂房顶拱的稳固是设计和工程师共同关注的焦点。原设计施工方案难度大，工期也长。1994 年 11 月，设计院提出设计变更。按常规，设计更改本不该是监理工程师的职责，但为了排除施工干扰，便利施工，工程师代表李纯太和黄委设计院代表人员共同提出了调整方案：改用 330 根 25m 长、150t 预应力锚索代替原来的支护方案。这一修改设计比原设计缩短工期 4 个月，节省投资 540 多万元。地下厂房顶拱经历了发电设施等几十个洞室的爆破、开挖等多重扰动，固若金汤、安然无恙。

在顶拱坚实的"保护伞"下，厂房下挖进展顺利。当挖至 124m 高程时，根据进度安排，厂房开挖需停工 7 个半月，给 6 条发电洞下平段斜坡段开挖让路。XJV 为加快厂房的开挖进度，提出开凿 17C 号洞通过 6 条发电洞下平段的开挖方案。方案提交到三标工程师代表部，经过工程师认真的审查和研究，把 17C 号洞通过发电洞的下平段，改为从下平段以外通过，使施工变得更快捷、更方便。厂房工程师代表立即将此优化方案报请总监理工程师批准，从而实现了厂房与 6 条发电洞同步开挖，把厂房进度的控制权牢牢掌握在自己的手上。事后，因厂房顶拱支护的变更，增加了厂房开挖 4 个半月的工期，XJV 提出 1500 万美元的索赔。监理工程师不予理睬："顶拱施工虽说耽误 4 个半月工期，但厂房的下部开挖又补给了你们 7 个半月的工期，哪还有索赔的道理？" 1996 年 4 月 2 日，李纯太在世行代表团会议上，将此事做了汇报。世行小浪底负责官员古纳先生非常赞同李纯太的见解，同时称赞："李纯太先生是最优秀的工程师！"

一个方案替业主节约 540 万美元，一次方案修改挽回 1500 万美元的索赔，小浪底的中国监理工程师不仅出色地应对了难题，也逐步具备了管理国际工程和监理大型工程的强劲实力。这批队伍中有教授级高工 23 人、高级工程师 77 人、工程师 150 人。拥有的 100 余台办公自动化微机，大多与业主计算中心联网，对项目实施及时有效的全过程目标控制，实现了合同、商务、质量、进度等管理的计算机化和网络化，走在了国内其他项目的前列。小浪底工程咨询有限公司目前已成为 FIDIC 协会和中国咨询协会的理事、国家甲级监理和甲级咨询单位，并获得 UKAS ISO9002 国际质量体系认证证书，拥有了通行国际工程的"绿卡"。由此成长起来的一大批 40 岁以下、精通外语、熟悉国际工程管理、掌握现代化办公手段的优秀中青年工程师，也将是国内工程建设监理领域的一笔宝贵财富。

2. 成功应对国际索赔

成功应对国际索赔，不但让小浪底节余大量资金，也为国内其他大型工程建设提供了许多成功的借鉴。建设中，国内的增值税政策出现了变化，一家德国承包商随即提出 1 个多亿的索赔。中国的监理工程师专门跑到税务部门去咨询，研究以前的税法和现行税法的区别及对承包商的影响。在大量咨询后，终于搞清楚了税收变化对承包商的影响：基本持平的税负额，根本不应提出索赔。对于这一结果，德国承包商从本国请来2个专门研究中国税法的专家，来和业主谈，并拿出了详细计算依据；中方相应做出一项项计算，仅计算材料便多达200多页，结果显示税率变化对他们的影响是负70多万人民币。外商从此再也不谈索赔了。

国际长途电话费上涨，外商提出了2000多万元的索赔。由于外商经常打国际长途与总部沟通，期间国内国际长途电话费大幅上调，导致外商电话费增加。一个标段的外商称其一年电话费增加2000多万元人民币，要求业主补偿其中一部分。而其他两个标段的外商都在盯着这次的索赔结果。中方得知情况后，立即到邮电部门了解情况，并进行了深入研究。最终搞清国际长途话费上调是因为汇率的变化，上调的是人民币国际长途价格，但此时外方在国内仍然使用外汇券，现在美元价格并没有变化，所以外商根本没有损失。仅为此事，双方先后花费了3个月的时间，来往信函数十封，最后承包商也不提了。

虽然中方成功化解了这些索赔，但外国承包人极强的索赔和合同意识，给中国监理工程师留下了深刻的印象。小浪底建管局总经济师曹应超说，建设中除承包商能控制的，其他发生的意外费用都归业主负责。比如，有一次老外上百吨的设备分解运输到达，当地老乡不让吊车卸，要自己卸；自动车卸沙机来了，还要自己卸；但在协调的过程中，外商根本不着急，只写信给中方反映情况，每天写明：时间、地点、工程，什么阻扰，产生的费用、停班费、索赔费用及延工时间。每天上午发生，下午来信，不打照面，全是英文，监理工程师只能记录事实，请业主协调。这些问题最后虽然得到了解决，但确实给大家上了一课：索赔实际是中性的意思，提取的意思，是正当的权利要求得到赔偿。这些因素不一定全是业主因素引起的，其他因素导致承包商发生额外费用的，承包商只能找业主要求正当的补偿。外商在索赔中，往往有充分依据，准备精心，这是对业主处理水平的一个大考验。

相比起来，应付工程方面的索赔更为复杂。由于前期勘探能力有限，小浪底施工曾遇到了较大困难，其中导流洞工期拖延达11个月之久，对于总工期才3年的这个工程，外商一度绝望，但在业主的多方努力下，仍然做到了按期保质完工。但随后外商以"赶工"及设计变更等因素为由提出高额索赔，在争议最多的土建标二标，外商最高申请额达82亿元。

当时业主的观点是赶工费要分摊，而外商要求全部由业主承担。发生矛盾后，由业主和承包商双方请三位英国、瑞士、美国知名合同仲裁专家组成争议团即DRB，参与了调解。最后否定了承包商的"总费用法"，并提出了"BUT FOR"的解决办法，将承包商的管理因素、低报价要索赔的因素、计划乐观因素等扣除，剩余由业主承担，大大降低了索赔费用。

3. 谈出来的节余

在二标谈判中，外方和中方提出的要价差距一度达20多个亿，双方为此展开了艰巨的谈判。其中光技术谈判便达1年多，共150余次；召开了9次争议听证会，一次会便花费一两周的时间。

在谈判中，外商拿出了他们的"重磅炸弹"——经会计事务所审计的成本账，向中方还价。中方谈判人员经过认真分析发现，这本账虽然基本数据正确，但在组合关系上动了手脚，该高的低了而该低的高了，于是中方据此列出了10个问题要求外商回答，但外商各个部门说法不一，项目经理也解释不清，对方谈判主角外商监事会主席因为不熟悉具体情况也无法回答，"重磅炸弹"失灵让外商异常尴尬。

外商还以提交国际仲裁对中方施加压力。仲裁意味着什么呢？一个争议至少要有5年时间才会有初步结果，而准备费用至少2000多万元，等于是一场旷日持久的"金钱战"，这个结果是中方不愿看到的，但同样也是外商不愿看到的。不过中方并没有因为这个而妥协，2000年7月，中方便开始了准备仲裁班子，并于2001年5月正式成立，有效地向外商传达了中方有理有据、不怕仲裁的信号。曹应超说，"我们成立仲裁班子，目的就是为了避免仲裁。"中方的仲裁班子是由来自英国、瑞典、中国北京、中国香港等地的国际一流大律师组成，在律师的开价中，国内律师开价最低：一小时250美元，并且从离开办公室开始计价。由于准备充分，明确地向外商传达了不怕仲裁的信号并显示了实际行动，后来，外商在谈判中不再提起仲裁。

经过艰苦的谈判，最后二标协议支付总计人民币54.3亿元，不但将协议支付总额控制到了概算范围内，并有部分节余。同时，通过这一协议也保护了中方联营伙伴及其分包商和供应商的经济利益，这一结果也得到了世界银行的肯定。在上百轮的谈判后，小浪底三个土建国际标的最终支付都控制在国家批复的概算范围内，19.4亿元的节余中有7亿元专项预备费（专门用于应付可能会发生的索赔）一分未动，其中大坝工程节省9.87亿元，泄洪和发电工程分别节余2.29亿元和0.78亿元。

曹应超总结索赔问题时说："索赔这个东西，其实有助于双方提高管理水平，国内以前没有这个概念，只有调整概算、赔付等。在索赔中，对方实际就是在扣除己方管理不善、低效等因素带来的损失。"

4. 小浪底工程初显社会经济效益

小浪底工程1997年实现了大河截流，1999年10月下闸蓄水，2000年初首台300 MW机组并网发电，防洪、防凌、减淤、供水、发电等功能已全部或部分发挥作用，已经初步发挥出了巨大的社会经济效益。全部工程将于2001年竣工。

三年中，为满足下游供水需要，小浪底每年都运用最低发电水位以下的水量向下游供水，造成机组停运达160多天，但成功保证了黄河下游连续三年未断流，完成了引黄济津水源库的任务。到2003年7月，小浪底共拦蓄泥沙9.13亿 m^3，减少了下游河道的泥沙淤积；7月结束的首次调水调沙试验，为进一步优化小浪底水库调、减少下游河道泥沙淤积奠定了基础。

三年中，小浪底累计发电55.54亿度，在火电站占绝对比重的河南电网中承担调峰任务，大大提高了河南电网的供电质量，减少了环境污染。不但使得河南电网通过计算机遥控小浪底机组，同时小浪底电站实现了经济运行两大目标，也使河南电网的调峰、调频性能和河南、湖北两省联络线的运行条件进一步改善，增加了备用事故能力。这座治黄史上迄今规模最大的工程，使得黄河下游的防洪标准从60年一遇提高到了千年一遇，也将对下游经济和社会发展产生巨大而深远的影响。

思考题：

（1）阅读材料对工程索赔管理有哪些借鉴意义和价值？

（2）在工程合同管理过程中，如何正确看待与应用索赔？

第7章 建设工程合同违约责任

合同法及合同协议中所涉及的合同责任，包括缔约过失责任和违约责任两类。缔约过失责任是在合同尚未成立的条件下承担的责任，而违约责任则是建立在合同成立并且有效的前提之下，且违约责任属于严格责任。本章知识要点有：违约责任的概念；承担违约责任的方式；建设工程施工合同、勘察设计合同、监理合同中相关合同当事人的违约责任。

7.1 违 约 责 任

违约责任四个字中的"约"即指合同、协议、约定，因此违约即违反合同，而违约责任即违反合同所应承担的责任。违约责任的界定是对违反合同之当事人的警示和制裁，同时也是对遵守合同之当事人的保护，所以违约责任在合同法中的界定是"补偿性为主，惩罚性为辅"。

7.1.1 违约行为

根据合同法的规定："当事人一方不履行合同义务或者履行合同义务不符合约定的，应当承担继续履行、采取补救措施或者赔偿损失等违约责任。"其中，"当事人一方不履行合同义务或者履行合同义务不符合约定的"属于对违约行为的界定，违约责任即当事人有违约行为时所需承担的责任。

违约行为从不同角度可做多种分类：

（1）根本违约和非根本违约

按照违约行为是否完全违背缔约目的，可分为根本违约和非根本违约。完全违背缔约目的的，为根本违约。部分违背缔约目的的，为非根本违约。同样一个违约行为，可能导致根本违约，也可能是非根本违约。

（2）合同的不履行和不适当履行

按照合同是否履行与履行状况，违约行为可分为合同的不履行和不适当履行。合同的不履行，指当事人不履行合同义务。合同的不履行包括拒不履行和履行不能。拒不履行，指当事人能够履行合同却无正当理由而故意不履行。履行不能，指因不可归责于债务人的事由致使合同的履行在事实上已经不可能。合同的不适当履行，又称不完全给付，指当事人履行合同义务不符合约定的条件。不适当履行又分为一般瑕疵履行和加害履行，一般瑕疵履行又含迟延履行。

（3）一般瑕疵履行和加害履行

按照违约行为是否造成侵权损害，可分为一般瑕疵履行和加害履行。当事人履行合同有一般瑕疵的，为一般瑕疵履行。一般瑕疵履行有数量不足、质量不符、履行方法不当、履行地点不当、履行迟延等多种表现形式。当事人履行合同除了有一般瑕疵外，还造成对方当事人的其他财产、人身损害的，为加害履行。

（4）债务人履行迟延和债权人受领迟延

按照迟延履行的主体，可分为债务人履行迟延履行和债权人受领迟延。债务人超逾履行期履行的，为债务人履行迟延。债权人超逾履行期受领的，为债权人受领迟延。

（5）预期违约和届期违约

按照违约行为发生的时间，可分为预期违约和届期违约。违约行为发生于合同履行期届至之前的，为预期违约。预期违约又作先期违约，包括明示毁约和默示毁约。当事人在合同履行期到来之前无正当理由明确表示将不履行合同，或者以自己的行为表明将不履行合同，即构成预期违约。依照本条规定，可以在履行期之前请求其承担违约责任。

7.1.2 违约责任

根据合同法的规定："当事人一方不履行合同义务或者履行合同义务不符合约定的，应当承担继续履行、采取补救措施或者赔偿损失等违约责任。"违约责任即当事人不履行合同义务或者履行合同义务不符合约定时所需承担的责任。

违约责任的构成要件有两个：

（1）有违约行为

指合同当事人，在履行合同中不论其主观上是否存在过错，即主观上有无故意或过失，只要造成违约的事实，均应承担违约责任。

（2）无免责事由

不存在法定和约定的免责事由，仅有违约行为这一积极要件还不足以构成违约责任，违约责任的构成还需要具备另一消极要件，即不存在法定和约定的免责事由。《合同法》第117条规定："因不可抗力不能履行合同的，根据不可抗力的影响，部分或全部免除责任，但法律另有规定的除外。当事人迟延履行后发生不可抗力的，不能免除责任。"

这里的"不可抗力"就是法定的免责事由。除法定的免责事由外，当事人如果约定有免责事由，那么免责事由发生时，当事人也可以不承担违约责任，当然，当事人免责的前提条件是当事人约定免责事由的条款本身是有效的。

前者为违约的积极要件，后者为违约的消极要件。

7.1.3 违约责任的承担方式

1. 继续履行

继续履行也称强制实际履行，是指违约方根据对方当事人的请求继续履行合同规定的义务的违约责任形式。继续履行的表现形态为限期履行。在拒绝履行、迟延履行、不完全履行的场合，守约方可以提出一个新的履行期限，称为宽限期或者延展期，要求违约方在该期限内履行合同义务。

继续履行的特征为：

（1）继续履行是一种独立的违约责任形式，不同于一般意义上的合同履行。具体表现在：继续履行以违约为前提；继续履行体现了法律的强制；继续履行不依附于其他责任形式。

（2）继续履行的内容表现为按合同约定的标的履行义务，这一点与一般履行并无不同。

（3）继续履行以对方当事人（守约方）请求为条件，法院不得主动判决。

继续履行的适用，因债务性质的不同而不同：

（1）金钱债务

金钱债务只存在迟延履行，不存在履行不能。因此，应无条件适用继续履行的责任形式。

（2）非金钱债务

对非金钱债务，原则上可以请求继续履行，但下列情形除外：

1）法律上或者事实上不能履行（履行不能）；

2）债务的标的不适用强制履行或者强制履行费用过高；

3）债权人在合理期限内未请求履行（如季节性物品之供应）。

不适用继续履行的情况：

1）不能履行。金钱之债不发生不能履行问题。

2）债务的标的不适合继续履行或者继续履行的费用过高。一般涉及的法律关系具有人身专属性的，在性质上决定了不适合继续履行；所谓履行费用过高，指对标的物若进行继续履行，其代价过高，可能超过合同的牟利等情况。

3）债权人在合理期限内未提出履行的要求。以此督促债权人及时行使其权利，以平衡双方的利益。

4）法律明文规定不得使用继续履行的，而责令违约方承担违约金责任或者损害赔偿责任的。货运合同中承运人对货物的损毁灭失承担损害赔偿责任。

5）因不可归责于当事人双方的原因导致合同履行实在困难的。比如，适用情势变更场合，如果继续要求承担继续履行责任则显失公平。

2. 采取补救措施

采取补救措施作为一种独立的违约责任形式，是指矫正合同不适当履行（质量不合格）、使履行缺陷得以消除的具体措施。这种责任形式，与继续履行（解决不履行问题）和赔偿损失具有互补性。

采取补救措施的类型：

（1）《合同法》第一百一十一条规定为修理、更换、重作、退货、减少价款或者报酬等；

（2）《消费者权益保护法》第四十四条规定为修理、重作、更换、退货、补足商品数量、退还货款和服务费用、赔偿损失；

（3）《产品质量法》第四十条规定为修理、更换、退货。

在采取补救措施的适用上，应注意以下几点：

（1）采取补救措施的适用以合同对质量不合格的违约责任没有约定或者约定不明确，而依交易习惯仍不能确定违约责任为前提；

（2）应以标的物的性质和损失大小为依据，确定与之相适应的补救方式；

（3）受害方对补救措施享有选择权，但选定的方式应当合理。

3. 赔偿损失

赔偿损失在民法中包括违约的赔偿损失、侵权的赔偿损失及其他的赔偿损失。违约责任中的赔偿损失指违约的赔偿损失，是一方当事人违反合同给另一方当事人造成财产等损失的赔偿。赔偿损失的属性是补偿，弥补非违约人所遭受的损失。这种属性决定赔偿损失的适用前提是违约行为造成财产等损失的后果，如果违约行为未给非违约人造成损失，则不能用赔偿损失的方式追究违约人的民事责任。

承担赔偿损失责任的构成要件：

（1）有违约行为，当事人不履行合同或者不适当履行合同。

（2）有损失后果，违约行为给另一方当事人造成了财产等损失。

（3）违约行为与财产等损失之间有因果关系，违约行为是财产等损失的原因，财产等损失是违约后果。

（4）违约人有过错，或者虽无过错，但法律规定应当赔偿。

赔偿损失的范围可由法律直接规定，或由双方约定。在法律没有特别规定和当事人没有另行约定的情况下，应按完全赔偿原则，赔偿全部损失，包括直接损失和间接损失。直接损失指财产上的直接减少。间接损失又称所失利益，指失去的可以预期取得的利益。可以获得的预期的利益，简称可得利益。可得的利益指利润，而不是营业额。

赔偿损失的方式包括恢复原状、金钱赔偿与代物赔偿。恢复原状，指回复到损害发生前的原状。违约后的恢复原状，实践中多有困难，故金钱赔偿，因简便易行，是赔偿损失的主要方式。金钱赔偿时遇违约人资金困难，若违约人有其他财产，可以折抵相应金额，代物赔偿，即以其他财产替代赔偿。

赔偿损失的计算，关键是确定标的物价格的计算标准，计算标准涉及标的物种类和计算的时间及地点。合同标的物的价格，可分为市场价格和特别价格。一般标的物按市场价格确定其价格。特别标的物按特别价格确定。确定特别价格往往考虑精神因素，带有感情色彩。计算标的物的价格，还要确定计算的时间及地点。不同的时间，不同的地点，价格往往不同。通常以违约行为发生的时间作为确定标的物价格的计算时间，以违约行为发生的地点作为确定标的物价格的计算地点。如果法律规定或者当事人约定了赔偿损失的计算方法，则按该方法算定损失赔偿额。例如，海商法规定了赔偿责任限额的计算单位，可按此理赔。

过错相抵，英美法称共同过失，日本称过失相杀，其在违约责任中，指违约损害的发生和扩大，受害人也有过错的，可以减轻或者免除违约人的赔偿责任。我国法律对过错相抵有所规定。例如，民用航空法第一百二十七条中规定，在旅客、行李运输过程中，经承运人证明，损失是由索赔人的过错造成或者促成的，应当根据造成或者促成此种损失的过错程度，相应免除或者减轻承运人的责任。在货物运输中，经承运人证明，损失是由索赔人的过错造成或者促成的，应当根据造成或者促成此种损失的过错程度，相应免除或者减轻承运人的责任。民法通则第一百一十四条规定，当事人一方因另一方违反合同受到损失的，应当及时采取措施防止损失的扩大；没有及时采取措施致使损失扩大的，无权就扩大的损失要求赔偿。一方当事人违约给另一方当事人造成了损失，另一方当事人有义务采取措施防止损失扩大，倘若没有及时采取措施，即构成过错，无权就扩大的损失要求赔偿，按照过错相抵，免除违约人对扩大损失的赔偿责任。

4. 违约金

违约金是指按照当事人的约定或者法律直接规定，一方当事人违约的，应向另一方支付金钱。违约金的标的物是金钱，但当事人也可以约定违约金的标的物为金钱以外的其他财产。违约金有法定违约金和约定违约金之分。由法律直接规定的违约金为法定违约金。

违约金是由当事人约定的，为约定违约金。约定违约金是一种合同关系，有的称违约金合同。违约金合同是诺成合同，与定金合同不同，不以预先给付为成立要件。约定违金可以看成是一种附条件合同，只有在违约行为发生的情况下，违约金合同生效；违约行为不发生，则违约金合同不生效。

违约的种类繁多，违约金合同则有概括性和具体性之分。概括性违约金合同，指当事人对违约行为不做具体区分，概括约定凡违约即支付违约金。具体性违约金合同，指当事人针对不同的违约行为所约定的违约金，如债务不履行违约金、债务部分履行违约金、债务迟延履行违约金等。

当事人约定了违约金的，一方违约时，应当按照该约定支付违约金。如果约定的违约金低于造成的损失的，当事人可以请求人民法院或者仲裁机构予以增加；约定的违约金过分高于造成的损失的，当事人可以请求人民法院或者仲裁机构予以适当减少。

如果当事人专门就迟延履行约定违约金的，该种违约金仅是违约方对其迟延履行所承担的违约责任，因此，违约方支付违约金后，还应当继续履行债务。

5. 定金

定金是债的一种担保方式，是指合同当事人一方为了担保合同的履行而预先向对方支付一定数额的金钱。《中华人民共和国担保法》对定金制度做了较为详细地规定："当事人可以约定一方向对方给付定金作为债权的担保。债务人履行债务后，定金应当抵作价款或者收回。给付定金的一方不履行约定的债务的，无权要求返还定金；收受定金的一方不履行约定的债务的，应当双倍返还定金。"根据该项规定，当事人在订立合同时，可以依照担保法约定一方向对方给付定金作为债权的担保，并按照规定履行定金罚则。

在合同当事人既约定了违约金，又约定了定金的情况下，如果一方违约，对方当事人可以选择适用违约金或者定金条款，即对方享有选择权，可以选择适用违约金条款，也可以选择适用定金条款，但二者不能并用。

现实中，有些当事人在合同中既约定违约金，也约定定金，在一方违约时，对方要求违约金与定金条款并用。一般说来，选择适用违约金条款或定金条款，就可以达到弥补因违约受到损失的目的。违约金相当于一方因对方违约所造成的实际损失，约定的违约金低于造成的损失的，当事人可以请求人民法院或者仲裁机构予以增加；约定的违约金过分高于造成的损失的，当事人可以请求人民法院或者仲裁机构予以适当减少。这样，守约方根据违约金条款，就可以补偿自己因对方违约所造成的损失。当然，在定金条款对守约方有利时，守约方也可以适用定金条款，按照定金法则弥补自己的损失。赋予守约方适用的选择权，能够起到保障其合同利益、补救其违约损失的作用。但如果允许守约方并用违约金和定金条款，其一是对补偿守约方遭受的损失并无必要，其二是违约金与定金并用，其数额可能远远高于因违约所造成的损失，既加重了对违约方的惩罚，也可能使守约方获得的补偿高于其所受的损失，这与合同的公平原则相悖的。

7.2　建设工程合同当事人的违约责任

7.2.1　发包人的违约责任

1. 施工合同中发包人的违约责任

在施工合同履行过程中发生的下列情形，属于发包人违约：

（1）因发包人原因未能在计划开工日期前 7 天内下达开工通知的；

（2）因发包人原因未能按合同约定支付合同价款的；

（3）发包人违反合同（变更的范围）条款约定，自行实施被取消的工作或转由他人实施的；

（4）发包人提供的材料、工程设备的规格、数量或质量不符合合同约定，或因发包人原因导致交货日期延误或交货地点变更等情况的；

（5）因发包人违反合同约定造成暂停施工的；

（6）发包人无正当理由没有在约定期限内发出复工指示，导致承包人无法复工的；

（7）发包人明确表示或者以其行为表明不履行合同主要义务的；

（8）发包人未能按照合同约定履行其他义务的。

发包人发生除上述第（7）条以外的违约情况时，承包人可向发包人发出通知，要求发包人采取有效措施纠正违约行为。发包人应承担因其违约给承包人增加的费用和（或）延误的工期，并支付承包人合理的利润。发包人收到承包人通知后 28 天内仍不纠正违约行为的，承包人有权暂停相应部位工程施工，承包人按合同（发包人违约的情形）条款约定暂停施工满 28 天后，发包人仍不纠正其违约行为并致使合同目的不能实现的，或出现上述第（7）条约定的违约情况，承包人有权解除合同，发包人应承担由此增加的费用，并支付承包人合理的利润。

承包人解除合同的，发包人应在解除合同后 28 天内支付下列款项，并解除履约担保：

（1）合同解除前所完成工作的价款；

（2）承包人为工程施工订购并已付款的材料、工程设备和其他物品的价款；

（3）承包人撤离施工现场以及遣散承包人人员的款项；

（4）按照合同约定在合同解除前应支付的违约金；

（5）按照合同约定应当支付给承包人的其他款项；

（6）按照合同约定应退还的质量保证金；

（7）因解除合同给承包人造成的损失。

合同当事人未能就解除合同后的结清达成一致的，按照合同（争议解决）条款的约定处理。承包人应妥善做好已完工程和与工程有关的已购材料、工程设备的保护和移交工作，并将施工设备和人员撤出施工现场，发包人应为承包人的撤出提供必要条件。

此外，合同当事人可在专用合同条款中另行约定发包人违约责任的承担方式和计算方法。

2. EPC 合同中发包人的违约责任

在 EPC 合同履行过程中发生的下列情形，属于发包人违约：

（1）发包人未能按时提供真实、准确、齐全的工艺技术和（或）建筑设计方案、项目基础资料和现场障碍资料；

（2）发包人未按照合同的约定调整合同价格、支付预付款、工程进度款、结算相关款项的；

（3）发包人未能履行合同约定的其他义务与责任的。

发包人违约之后，应根据承包人的要求采取补救措施，并赔偿承包人因发包人违约所造成的损失。

3. 勘察合同中发包人的违约责任

在勘察合同履行过程中发生下列情形的，属于发包人违约：

（1）合同生效后，发包人无故要求终止或解除合同；

（2）发包人未按合同（定金或预付款）条款约定按时支付定金或预付款；

（3）发包人未按合同（进度款支付）条款约定按时支付进度款；

（4）发包人不履行合同义务或不按合同约定履行义务的其他情形。

合同生效后，发包人无故要求终止或解除合同，勘察人未开始勘察工作的，不退还发包人已付的定金或发包人按照专用合同条款约定向勘察人支付违约金；勘察人已开始勘察工作的，若完成计划工作量不足 50% 的，发包人应支付勘察人合同价款的 50%；完成计划工作量超过 50% 的，发包人应支付勘察人合同价款的 100%。发包人发生其他违约情形时，发包人应承担由此增加的费用和工期延误损失，并给予勘察人合理的赔偿。双方可在专用合同条款内约定发包人赔偿勘察人损失的计算方法或者发包人应支付违约金的数额或计算方法。

4. 设计合同中发包人的违约责任

合同生效后，发包人因非设计人原因要求终止或解除合同，设计人未开始设计工作的，不退还发包人已付的定金或发包人按照合同条款的约定向设计人支付违约金；已开始设计工作的，发包人应按照设计人已完成的实际工作量计算设计费，完成工作量不足一半时，按该阶段设计费的一半支付设计费；超过一半时，按该阶段设计费的全部支付设计费。

发包人未按合同条款约定的金额和期限向设计人支付设计费的，应按合同条款约定向设计人支付违约金。逾期超过 15 天时，设计人有权书面通知发包人中止设计工作。自中止设计工作之日起 15 天内发包人支付相应费用的，设计人应及时根据发包人的要求恢复设计工作；自中止设计工作之日起超过 15 天后发包人支付相应费用的，设计人有权确定重新恢复设计工作的时间，且设计周期相应延长。

发包人的上级或设计审批部门对设计文件不进行审批或本合同工程停建、缓建，发包人应在事件发生之日起 15 天内按合同（合同解除）条款的约定向设计人结算并支付设计费。

发包人擅自将设计人的设计文件用于合同约定工程以外的工程或交第三方使用时，应承担相应的法律责任，并应赔偿设计人因此遭受的损失。

5. 监理合同中发包人的违约责任

在监理合同履行过程中发生的下列情形，属于发包人违约：

委托人违反本合同约定造成监理人损失的，委托人应予以赔偿。

委托人向监理人的索赔不成立时，应赔偿监理人由此引起的费用。

委托人未能按期支付酬金超过 28 天，应按专用条件约定支付逾期付款利息。

7.2.2　承包人的违约责任

1. 施工合同中承包人的违约责任

在施工合同履行过程中发生的下列情形，属于承包人违约：

（1）承包人违反合同约定进行转包或违法分包的；

（2）承包人违反合同约定采购和使用不合格的材料和工程设备的；

（3）因承包人原因导致工程质量不符合合同要求的；

（4）承包人违反合同（材料与设备专用要求）条款的约定，未经批准，私自将已按照合同约定进入施工现场的材料或设备撤离施工现场的；

（5）承包人未能按施工进度计划及时完成合同约定的工作，造成工期延误的；

（6）承包人在缺陷责任期及保修期内，未能在合理期限对工程缺陷进行修复，或拒绝按发包人要求进行修复的；

（7）承包人明确表示或者以其行为表明不履行合同主要义务的；

（8）承包人未能按照合同约定履行其他义务的。

承包人发生除上述第（7）条约定以外的其他违约情况时，监理人可向承包人发出整改通知，要求其在指定的期限内改正。出现上述第（7）条约定的违约情况时，或监理人发出整改通知后，承包人在指定的合理期限内仍不纠正违约行为并致使合同目的不能实现的，发包人有权解除合同。合同解除后，因继续完成工程的需要，发包人有权使用承包人在施工现场的材料、设备、临时工程、承包人文件和由承包人或以其名义编制的其他文件，合同当事人应在专用合同条款约定相应费用的承担方式。发包人继续使用的行为不免除或减轻承包人应承担的违约责任。

因承包人原因导致合同解除的，则合同当事人应在合同解除后28天内完成估价、付款和清算，并按以下约定执行：

（1）合同解除后，按合同（商定或确定）条款商定或确定承包人实际完成工作对应的合同价款，以及承包人已提供的材料、工程设备、施工设备和临时工程等的价值；

（2）合同解除后，承包人应支付的违约金；

（3）合同解除后，因解除合同给发包人造成的损失；

（4）合同解除后，承包人应按照发包人要求和监理人的指示完成现场的清理和撤离；

（5）发包人和承包人应在合同解除后进行清算，出具最终结清付款证书，结清全部款项。

因承包人违约解除合同的，发包人有权暂停对承包人的付款，查清各项付款和已扣款项。发包人和承包人未能就合同解除后的清算和款项支付达成一致的，按照合同（争议解决）条款的约定处理。

因承包人违约解除合同的，发包人有权要求承包人将其为实施合同而签订的材料和设备的采购合同的权益转让给发包人，承包人应在收到解除合同通知后14天内，协助发包人与采购合同的供应商达成相关的转让协议。

2. EPC 合同中承包人的违约责任

在 EPC 合同履行过程中发生的下列情形，属于承包人违约：

（1）承包人未能履行对其提供的工程物资进行检验的约定；

（2）承包人未能履行对施工质量与检验的约定；

（3）承包人经三次试验仍未能通过竣工试验，或经三次试验仍未能通过竣工后试验，导致工程任何主要部分或整个工程丧失了使用价值、生产价值、使用利益；

（4）承包人未经发包人同意，或未经必要的许可，或适用法律不允许分包的，将工程分包给他人；

（5）承包人未能履行合同约定的其他责任与义务。

出现承包人违约的，承包人应迅速采取补救措施，并赔偿因违约给发包人造成的损失。

7.2.3　勘察人的违约责任

在勘察合同履行过程中发生的下列情形，属于勘察人违约：

（1）合同生效后，勘察人因自身原因要求终止或解除合同；

（2）因勘察人原因不能按照合同约定的日期或合同当事人同意顺延的工期提交成果资料；

（3）因勘察人原因造成成果资料质量达不到合同约定的质量标准；

（4）勘察人不履行合同义务或未按约定履行合同义务的其他情形。

勘察人违约后需要承担的违约责任：

（1）合同生效后，勘察人因自身原因要求终止或解除合同，勘察人应双倍返还发包人已支付的定金或勘察人按照专用合同条款约定向发包人支付违约金。

（2）因勘察人原因造成工期延误的，应按专用合同条款约定向发包人支付违约金。

（3）因勘察人原因造成成果资料质量达不到合同约定的质量标准，勘察人应负责无偿给予补充完善使其达到质量合格。因勘察人原因导致工程质量安全事故或其他事故时，勘察人除负责采取补救措施外，应通过所投工程勘察责任保险向发包人承担赔偿责任或根据直接经济损失程度按专用合同条款约定向发包人支付赔偿金。

（4）勘察人发生其他违约情形时，勘察人应承担违约责任并赔偿因其违约给发包人造成的损失，双方可在专用合同条款内约定勘察人赔偿发包人损失的计算方法和赔偿金额。

7.2.4　设计人的违约责任

在设计合同履行过程中发生下列情形的，属于设计人违约：

合同生效后，设计人因自身原因要求终止或解除合同，设计人应按发包人已支付的定金金额双倍返还给发包人，或设计人按照专用合同条款约定向发包人支付违约金。

由于设计人原因，未按专用合同条款附件 3 约定的时间交付工程设计文件的，应按专用合同条款的约定向发包人支付违约金，前述违约金经双方确认后可在发包人应付设计费中扣减。

设计人对工程设计文件出现的遗漏或错误负责修改或补充。由于设计人原因产生的设计问题造成工程质量事故或其他事故时，设计人除了负责采取补救措施外，应当通过所投建设工程设计责任保险向发包人承担赔偿责任或者根据直接经济损失程度按专用合同条款约定向发包人支付赔偿金。

由于设计人原因，工程设计文件超出发包人与设计人书面约定的主要技术指标控制值比例的，设计人应当该按照专用合同条款的约定承担违约责任。

设计人未经发包人同意擅自对工程设计进行分包的，发包人有权要求设计人解除未经发包人同意的设计分包合同，设计人应当按照专用合同条款的约定承担违约责任。

7.2.5　监理人的违约责任

在监理合同履行过程中发生的下列情形，属于监理人违约：

因监理人违反本合同约定给委托人造成损失的，监理人应当赔偿委托人损失。赔偿金额的确定方法在专用条件中约定。监理人承担部分赔偿责任的，其承担赔偿金额由双方协商确定。

监理人向委托人的索赔不成立时，监理人应赔偿委托人由此发生的费用。

因非监理人的原因，且监理人无过错，发生工程质量事故、安全事故、工期延误等造成的损失，监理人不承担赔偿责任。

材料阅读：

2018 年最高人民法院建设工程合同纠纷大数据报告 ❶

根据 Alpha 案例库统计显示，2018 年度最高人民法院审结的建设工程合同纠纷案件裁判文书为 925 份（截止时间为 2018 年 12 月 31 日），其中判决 119 份，裁定 806 份，具体分析如下。

一、纠纷数量逐年上升

案件数量统计：近年来，建设工程合同纠纷数量呈现上升趋势，特别是 2016～2017 年增长速度较快；2018 年由于裁判文书公开的滞后性的原因，数量较少，2018 年 1 月 14 日采集数据时，2017 年最高人民法院审结的建设工程合同纠纷裁判文书数量为 781 份，本次数据采集时间为 2019 年 2 月 28 日，裁判文书总量高达 925 份，因此可以判断出，2018 年最高人民法院审结的建设工程合同纠纷相比 2017 年要多（图 7-1）。

图 7-1　纠纷案件数量统计

---

❶　来源于甘肃诚域律师事务所魏存仪律师团队。

二、最高院主要审理再审案件、建设工程施工合同纠纷居多

案由与审理程序：如图 7-2 所示，可以明显地看出，2018 年最高人民法院审理的建设工程合同纠纷中，建设工程施工合同纠纷案件裁判文书占比最大，约为 91.7%。

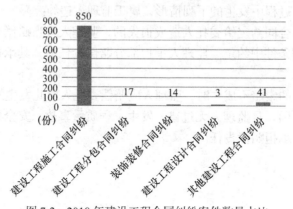

图 7-2　2018 年建设工程合同纠纷案件数量占比

三、标的额较大、律师代理率高达 97%

基于对 119 份判决书的分析，可以看出建设工程合同纠纷的标的额比较大，标的额 1 千万以上的占比高达 87%，1 亿元以上的占比高达 24%。由此也可以看出建设工程合同纠纷案件的特点之一是标的额大（图 7-3）。

- 100万～500万元　　■ 500万～1000万元
- 1000万～2000万元　■ 2000万～5000万元
- 5000万～10000万元　■ 10000万元以上

图 7-3　建设工程合同纠纷案件标的额占比

2018 年最高人民法院公布的建设工程合同纠纷 925 份裁判文书中，有律师代理的案件裁判文书 895 份，占比高达 97%，由此可以看出，因为是最高院审理的案件，加之建设工程合同纠纷案件的事实复杂、标的额大、程序较多、涉及的利益各方主体较多，因此建设工程合同纠纷的律师代理率是非常高的。

争议焦点分析：2018 年最高院审结的建设工程合同纠纷的裁判文书总共 925 份，对其中 119 份判决进行了详细的研读，统计出前十大争议焦点，它们分别为工程款、工程款利息、合同效力、迟延支付工程款违约金、质保金的返还、工程价款优先受偿权、停工窝工损失、工期延误违约金、鉴定意见异议、履约保证金（图 7-4）。

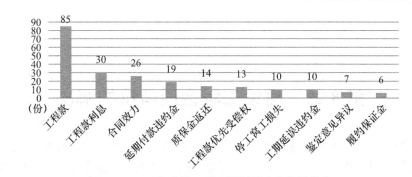

图 7-4 2018 年建设工程合同纠纷十大争议焦点

思考题：

（1）阅读材料中的争议反映出建设工程合同管理存在什么问题？

（2）根据阅读材料所反映的工程争议，如何在合同管理过程中进行预防？

第8章　建设工程合同争议的解决

合同的条款是双方当事人意思表示一致达成的协议，但在对合同理解以及合同履行过程中由于种种原因可能产生合同争议。争议是合同当事人不期望出现的一种状态，又不得不在合同管理中积极地准备和应对这种可能。本章知识要点有：合同争议的概念；建设工程合同争议的类型与表现；建设工程合同争议形成的原因；和解、调解、仲裁与诉讼争议解决的知识与原理；建设工程非对抗性争议解决方式。

8.1　建设工程合同争议概述

8.1.1　建设工程合同争议的概念

建设工程合同争议，是指自建设工程合同订立至完全履行完之前，合同当事人之间因合同的成立、效力、解释、履行、变更、终止、违约责任等问题所产生的意见分歧和纠纷。

对合同成立的争议，是指合同是否成立？以及在什么时间和地点成立的理解发生分歧；对合同效力的争议，是指合同当事人对合同是否生效，是否具有约束力产生不同的理解；对合同解释的争议，是指对合同条款本身的理解发生分歧。

对合同履行状况所发生的争议，一般是指合同当事人之间对合同是否已经履行、履行是否符合合同约定等问题所产生的意见分歧；对合同变更的争议，是指是否构成变更，变更之后合同责任或损失如何分担而产生的争议；对合同终止的争议，是指非正常终止是否符合法律规定或合同约定，终止责任如何分担所形成的分歧；对合同违约责任承担所生的争议，则是指合同当事人之间就违约责任应由哪一方合同当事人承担和应当承担多少所产生的意见分歧。

司法实践证明，建设工程合同，尤其是建设工程施工合同的争议呈现逐步上升且愈演愈烈的趋势，这是由建筑市场不规范、各种主客观原因综合形成的，不以人的意志为转移。因此，不论发包人还是承包人，均应必要高度重视、密切关注，并研究解决争议的对策，从而在频繁的争议中占据主动地位，从容应对。

8.1.2　建设工程合同争议的类型

实践中，建设工程合同的争议通常是围绕经济利益发生的，常见争议大致体现在以下几个方面。

1. 建设工程合同质量争议

建设工程质量争议往往是建设工程合同当事人之间发生争议的焦点，在建设工程的不同阶段，质量纠纷的表现也有所不同。

（1）施工过程中的质量争议

施工过程中的质量争议形式往往表现为:所用材料不符合合同约定的技术标准和要求;提供的设备性能和规格不符,或者不能生产出合同规定的合格产品,或者是性能试验不能达到规定的产量要求;施工和安装有严重缺陷等。这类质量争议在施工过程中主要表现为:工程师或发包人要求拆除和移走不合格材料,或者返工重做,或者修理后予以降价处置。对于设备质量问题,则常见于在调试和性能试验后,发包人不同意验收移交,要求更换设备或部件,甚至退货并要求承包人赔偿经济损失。而承包人则认为缺陷是可以改正的,或者已经改正;对生产设备质量则认为是性能测试方法错误,或者是制造产品所投入的原料不合格或者是操作方面的问题等。

（2）保修过程中的质量争议

在施工完成后的保修过程中,质量争议主要表现为缺陷修复。发包人要求承包人修复工程缺陷,而承包人拖延修复,或发包人未经通知承包人就自行委托第三方对工程缺陷进行修复。在此情况下,发包人要在预留的保修金中扣除相应的修复费用,承包人则主张产生缺陷的原因不在承包人或发包人未履行通知义务且修复费用未经其确认而不予同意。

2. 建设工程合同付款争议

（1）工程价款调整的争议

市场与经济环境的改变导致的物价变化,法律法规调整导致的政府定价、指导价的变化,以及工程施工过程中出现的变更、风险等都可能导致工程单价、价款要予以调整。合同条款中需要对什么情况之下可以调整价款,以及如何调整,相应责任的分担等做出具体、明确的界定。如果合同界定不清楚,甚至出现了超出合同约定的情形,以及需要调整的金额过大,都可能导致出现争议。

（2）工程量变更导致的付款争议

尽管合同中已列出了工程量,约定了合同价款,但实际施工中会有很多变化,包括设计变更、现场工程师签发的变更指令、现场条件变化,以及计量方法等引起的工程数量的增减。这种工程量的变化几乎每天或每月都会发生,而且承包人通常在其每月申请工程进度付款报表中列出,希望得到额外付款,但常因与现场工程师有不同意见而遭拒绝或者拖延不决。这些实际已完的工程而未获得付款的金额由于日积月累,在后期可能增大到一个很大的数字,发包人更加不愿支付了,因而造成更大的分歧和争议。

（3）工程款支付的争议

在整个施工过程中,发包人在按进度支付工程款时往往会根据工程师的意见,扣除那些他们未予确认的工程量或存在质量问题的已完工程的应付款项,这种未付款项累积起来往往可能形成一笔很大的金额,使承包人感到无法承受而引起争议,而且这类争议在工程施工的中后期可能会越来越严重。承包人会认为由于未得到足够的应付工程款而不得不将工程进度放缓,而发包人则会认为在工程进度拖延的情况下更不能多支付给承包人任何款项,这就会形成恶性循环,从而使争端愈演愈烈。

更主要的是,大量的发包人在资金尚未落实的情况下就开始工程建设,致使发包人千方百计要求承包人垫资施工、不支付预付款、尽量拖延支付进度款、拖延工程结算及工程审价进程,致使承包人的权益得不到保障,最终引起争议。

（4）结算过程中产生的争议

国内工程的结算一般是以工程审计的结论为依据。审计过程中对于工程量计算规则适用、单价涵盖范围的理解、工程签证认可、变更估价等事项，往往会产生争议。另外，结算过程中，业主能否按照合同的约定时间、约定的比例，足额支付也是这一阶段合同争议的主要表现。

3. 建设工程合同工期的争议

一项工程的工期延误，往往是由于错综复杂的原因造成的。在许多合同条件中都约定了竣工逾期违约金。由于工期延误的原因可能是多方面的，要分清各方的责任往往十分困难。我们经常可以看到，发包人要求承包人承担工程竣工逾期的违约责任，而承包人则提出因诸多发包人的原因及不可抗力等因素，工期理应相应顺延，有时承包人还就工期的延长要求发包人承担停工、窝工的费用。

4. 合同中止及终止的争议

（1）中止合同的争议

中止合同造成的争议有：承包人因这种合同中止造成损失严重而得不到足够的补偿，业主对承包人提出的就中止合同的补偿费用计算持有异议；承包人因设计错误或发包人拖欠应支付的工程款从而造成困难，提出中止合同，发包人不承认承包人提出中止合同的理由，也不同意承包人的责难及其补偿要求等。

（2）终止合同的争议

终止合同一般都会给某一方或者双方造成严重的损害。如何恰当地处理终止合同后双方的权利和义务，往往是这类争议的焦点。终止合同可能有以下几种情况：

1）属于承包人责任引起的终止合同

例如，发包人认为并证明承包人不履约，承包人严重拖延工程并证明已无能力改变局面，承包人破产或严重负债而无力偿还致使工程停滞等。在这些情况下，发包人可能宣布终止与该承包人的合同，将承包人驱逐出工地，并要求承包人赔偿工程终止造成的损失，甚至业主可能立即通知开具履约保函和预付款保函的银行全额支付保函金额。承包人则否定自己的责任，并要求取得其已完工程付款，要求发包人补偿其已运到现场的材料、设备和各种设施的费用，还要求发包人赔偿其各项经济损失，并退还被扣留的银行保函。

2）属于发包人责任引起的终止合同

例如，发包人不履约、严重拖延应付工程款并被证明已无力支付欠款，发包人破产或无力清偿债务，发包人严重干扰或阻碍承包人的工作等。在这些情况下，承包人可能宣布终止与该发包人的合同，并要求发包人赔偿其因合同终止而遭受的严重损失。

3）不属于任何一方责任引起的终止合同

例如，由于不可抗力使任何一方不能履行合同规定的义务而终止合同，大部分政治因素引起的履行合同障碍都属于此类。尽管一方可以引用不可抗力宣布终止合同，但是如果另一方对此有不同看法，或者合同中没有明确规定对这类终止合同的后果的处理办法，双方应通过协商处理，若达不成一致意见，则按争议处理的方式申请仲裁或诉讼。

4）任何一方由于自身需要而终止合同

例如，发包人因改变整个设计方案、改变工程建设地点或者其他任何原因而通知承包人终止合同，承包人因其总部的某种安排而主动要求终止合同等，这类属于由于一方的需要而非对方过失而要求终止合同，大都发生在工程开始的初期，而且要求终止合同的一方通常会认识到并且会同意给予对方适当补偿，但是仍然可能在补偿范围和金额方面发生争议。例如，发包人因自身的原因要求终止合同时，可能会承诺给承包人补偿的范围只限于其实际损失，而承包人可能要求还应补偿其失去承包其他工程机会而遭受的损失和预期利润。

5. 安全损害赔偿争议

安全损害赔偿争议包括相邻关系纠纷引发的损害赔偿、设备安全、施工人员安全、施工导致第三人安全、工程本身发生安全事故等方面的争议。其中，建筑工程相邻关系纠纷发生的频率已越来越高，其牵涉的主体和财产价值也越来越多，已成为城市居民十分关心的问题。《建筑法》第三十九条规定："施工现场对毗邻的建筑物、构筑物和特殊作业环境可能造成损害的，建筑施工企业应当采取安全防护措施。"

6. 发包人与承包人之间的其他常见纠纷

上述纠纷发生的频率相对较高。除此之外，实践中还存在以下纠纷：

（1）因建设工程合同管理混乱引起的纠纷。处于同一施工现场的各个独立承包人，由于现场发包人代表或者工程师管理不善而造成工作现场混乱，发生相互干扰或影响。在发生此种纠纷时，各个独立的承包人只能向与自己存在合同法律关系的发包人主张权利。

（2）因建设工程合同价款调整引起的纠纷。由于建设工程本身具有不可预见性，在工程进行过程中，调整合同价款是很正常的现象。例如，发包人要求变更工程质量标准及发生其他实质性变更，这就会引起相应的合同价款调整，需要双方进行协商解决。如果协商不成，就极有可能发生纠纷。

（3）因建设工程合同条款理解分歧造成的纠纷。在合同履行过程中，由于双方认识角度的不同，容易造成对合同事先约定条款的理解存在分歧从而引发纠纷。例如，合同中仅规定某种型号的钢材单价为每吨5000元，承包人可能会理解为出厂价，而发包人则可能认为此价包含了运输费、装卸费。又如，在某些涉外工程中，合同对某些建筑材料的要求都是描述性的，在具体施工过程中，如果不能买到约定的进口材料，就会涉及采用替代品的问题。由于我国对具体防水材料的要求都规定在施工技术规范里，而承包人与发包人对技术规范理解很可能不一致，特别是对有些指标的理解更容易产生歧义，从而引发纠纷。

（4）因建设工程合同缺陷造成的纠纷。从理论上讲，双方签订的建设工程合同是发生纠纷后解决问题的法律依据。但是，实际上，由于建设工程合同集专业性与法律生于一身的特点，双方当事人往往并不具备两个学科的知识能力。加之客观疏忽容易导致合同中相关规定在实际操作中的脱节。对任何专业问题考虑的欠缺都可能导致合同履行的困难，增加履约成本，从而造成纠纷。

8.1.3　建设工程合同争议产生的原因

在合同履行过程中，常常由于下列原因，导致合同当事人之间产生争议。

1. 合同形式选择不当

《合同法》第十条规定："当事人订立合同，有书面形式、口头形式和其他形式。"口头合同虽然具有简便、迅速、易行和缔约成本低等优点，但也有口说无凭、不易分清合同责任、举证困难、容易产生纠纷等缺点。与口头合同相比较，书面合同虽然具有形式复杂和繁琐、便捷性差、缔约成本高等缺点，但其也有安全、有凭有据、举证方便、不易发生纠纷等优点。因此，当事人在订立合同时，应根据合同标的的性质和特点，合同的权利义务内容，合同交易目的、性质和特点等选择适当的合同形式，才能有效地避免合同纠纷的发生。例如，建设工程施工合同按照合同计价方式的不同就可以分为固定价格合同、可调价格合同和成本加酬金价格合同。在订立建设工程施工合同时，当事人应根据工程规模大小、工期长短、造价的高低、工程复杂程度、当事人双方的风险承担能力和风险管理水平等多种因素，经过综合分析后，选择适当的合同形式。例如，对工期长、造价高、工程复杂程度高、风险因素及其他难以控制的各种相关因素多的工程，若选择固定价格合同，就有可能在合同履行过程中因各种因素的变化和影响导致承包人工程建设施工成本上升，进而难以按照合同规定的固定合同价格完成工程；而固定价格合同却恰恰要求承包人必须按照合同中规定的固定价格完成合同规定的工程内容。因此，这种矛盾常常导致发包人和承包人在合同价格调整及工程价款支付等方面的问题上产生合同纠纷。

2. 合同主体的缔约资格不符合规定

根据《合同法》的规定，合同当事人可以是自然人、法人或者其他组织，当事人订立合同，应当具有相应的民事权利能力和民事行为能力。此谓当事人订立合同必须具备的主体资格。此外，法律、法规，对不同专业领域、针对不同交易类型合同当事人的缔约资格，也做出了相应的具体和特殊规定。如《建筑法》对建筑施工企业、建设工程勘察单位、建设工程设计单位和工程建设监理单位等作为建设工程施工合同，建设工程勘察、设计合同，建设工程委托监理合同的当事人，除具备企业法人资格外，还必须按照其拥有的注册资本、专业技术人员、技术装备和已完成的建筑工程经营业绩等条件，将其划分为不同的资质等级，经资质审查合格，取得相应等级的资质后，方可在其取得的相应资质等级许可的范围内从事建筑活动，订立有关建设工程合同。"资质等级"实质上就是对从事建筑活动的企业和单位在订立建设工程合同的过程中作为合同当事人的缔约资格的特殊规定。但是，当前一些从事建筑活动的企业或单位，超越资质等级或无资质等级承包工程，造成建设工程合同主体缔约资格不符合有关法律、法规的要求，进而导致这类合同在履行过程中常常因为合同当事人的缔约资格不符合法律、法规的规定，致使合同无效或者被撤销、被变更，并在相关合同问题的处理、合同无效或者被撤销后的法律后果责任的承担方面产生严重的合同纠纷。

3. 合同条款不全，约定不明确

在合同履行过程中，由于合同条款不全、约定不明确而引起合同纠纷是相当普遍的现象。因此，合同条款不全、约定不明确是造成合同纠纷最常见、最主要的原因。当前，一些缺乏合同意识和不善于运用法律手段保护自身权益的当事人，在谈判或者签订合同时，认为合同条款太多、事无巨细显得过于繁琐且没有必要，从而造成合同缺款少项；一些合同虽然条款比较齐全，但其内容约定得过于原则，不具体、不明确，从而导致合同履行过程中由于合同当事人无法有效履行合同而产生纠纷。例如，在建设工程施工合同签订时，合同当事人选择了固定价格合同形式，但在合同价格条款中，当事人只约定了合同价格采用固定价格，即通常所谓的合同价格"一次包死"，但却不具体约定"包死"的范围，导致承包人无法确定其承担的合同价格风险究竟有多大。而在合同履行过程中，一旦发生承包人自己认为难以承受的风险并致使其认为该风险不在"包死"的固定合同价格范围之内，承包人通常会要求发包人调整合同价格以补偿其风险损失。但因合同价格为固定价格不允许调整，因而在这种情形下，合同当事人之间在合同价格问题上发生纠纷就是很自然的事情了。

4. 草率签订合同

合同一经签订，便在当事人之间产生权利义务关系，只要这种关系满足法律的要求，即成为当事人之间的法律关系。当事人在合同中的权利将受到法律保护，义务将受到法律约束，此所谓"合同即法律"。但是，在合同实践中，一些合同当事人由于法制观念淡薄、法律知识欠缺、合同法律意识不强等原因，对合同法律关系缺乏足够、明确的认识，签订合同不认真，履行合同不严肃，导致合同纠纷不断发生。例如，在签订建设工程施工合同时，发包人在对承包人的资质、业绩、资产状况、商业信誉等还不十分了解的情况下，就匆忙将工程发包给承包人，并与其签订合同；或者承包人在对工程发包人的建设资金落实情况、资信状况等尚不十分清楚的情形下，就草率地承接工程并与发包人签订合同。这些匆忙草率签订合同的行为，常常给未来的合同履行埋下纠纷的种子。

5. 缺乏对违约责任的具体规定

违约责任指合同当事人不履行合同义务或者履行合同义务不符合合同约定时所应当承担的民事责任。作为合同的重要条款之一，违约责任条款是每一个合同都应当具备的条款。《合同法》对合同违约责任的归责原则、承担违约责任的方式等做了具体规定。当事人订立合同时，应尽可能详细、全面地针对合同交易过程中各种可能的违约情形具体、明确地约定违约责任，包括违约行为的具体描述、违约责任的归属、承担违约责任的方式、违约责任程度或者确定违约责任大小的方式等。例如，当事人在订立合同时，对某种违约行为约定采用违约金作为违约责任的承担方式，那么，当事人则应当在合同中明确、具体地约定该种违约行为的具体表现、违约金的具体数额、或者比例的大小，或者确定因违约方违约所造成的损失赔偿额的计算方法等。否则，在合同履行过程中，一旦出现当事人违约的情形，当事人双方就可能对是否发生违约、违约方应该支付多少违约金等违约责任的确定、归属和承担等问题产生纠纷。例如，在订立建设工程施工合同时，当事人双方只在合同中约定承包人不能按合同约定竣工应当承担违约责任，但没有具体约定承包人每延误一天工期应支付给发包人多少违约金，或者承包人每延误一天工期给发包人造成的损失赔偿额如何计算。而一旦承包人不能按期竣工，就可能造成合同双方当事人在违约金的具体数额问题上产生纠纷。

综上所述，合同纠纷的成因是错综复杂的，但绝大多数合同纠纷是合同当事人的主观原因所造成的。为了有效预防或者避免合同纠纷，就要求合同当事人不断增强合同意识、增强运用法律手段保护自身权益的意识及能力，尽可能地控制导致合同产生纠纷的因素的影响，把合同纠纷控制在最低范围内。

在合同履行过程中，合同当事人之间发生纠纷是正常的，通常情况下也是不可能绝对避免的。但是一旦发生合同纠纷，当事人双方就应当采取积极有效的办法解决纠纷，以有效调整和重新平衡当事人之间因为纠纷而失去平衡的合同权利义务关系，有效地维系合同关系，确保合同当事人双方合同目的的实现。

8.1.4 建设工程合同争议的解决方法

《合同法》规定，当事人可以通过和解或者调解解决合同争议。当事人不愿和解、调解或者和解、调解不成的，可以根据仲裁协议向仲裁机构申请仲裁。当事人没有订立仲裁协议或者仲裁协议无效的，可以向人民法院起诉。当事人应当履行发生法律效力的判决、仲裁裁决、调解书，拒不履行的，对方可以请求人民法院执行。

从上述规定可以看出，在我国，合同争议解决的方式主要有和解、调解、仲裁和诉讼四种。

8.2　和解与调解

8.2.1　和解

和解，是指在合同发生纠纷后，合同当事人在自愿互谅基础上，依照法律、法规规定和合同约定，自行协商解决合同争议。

建设工程合同争议的和解，是由建设工程合同当事人双方自己或由当事人双方委托的律师出面进行的。在协商解决合同争议的过程中，当事人双方有依照平等自愿原则，可以自由、充分地进行意思表示，弄清争议的内容、要求和焦点所在，分清责任是非，在互谅互让的基础上，使合同争议得到及时、圆满的解决。

1. 和解的意义

（1）有利于双方当事人团结和协作，便于协议的执行。合同双方当事人在平等自愿，互谅互让的基础上就建设工程合同争议的事项进行协商，气氛比较融洽，有利于缓解双方的矛盾，消除双方的隔阂和对立，加强团结和协作；同时，由于协议是在双方当事人统一认识的基础上自愿达成的，所以可以使纠纷得到比较彻底地解决，协议的内容也比较容易顺利执行。

（2）针对性强，便于抓住主要矛盾。由于建设工程合同双方当事人对事态的发展经过有亲身的经历，了解合同纠纷的起因、发展以及结果的全过程，便于双方当事人抓住纠纷产生的关键原因，有针对性地加以解决。因合同当事人双方一旦关系恶化，常常会在一些枝节上纠缠不休，使问题扩大化、复杂化，而合同争议的和解就可以避免走这些不必要的弯路。

（3）简便易行，便于及时解决纠纷。建设工程合同争议的和解解决不受法律程序的约束，不像仲裁程序或诉讼程序那样有一套较为严格的法律规定，当事人可以随时发现问题，随时要求解决，不受时间、地点的限制，从而防止矛盾的激化、纠纷的逐步升级，便于对合同争议的及时处理。

（4）可以避免当事人把大量的精力、人力、物力放在诉讼活动上。建设工程合同发生纠纷后，往往合同当事人各方都认为自己有理，特别在诉讼中败诉的一方，会一直把官司打到底，牵扯巨大的精力。而且可能由此结下怨恨。如果和解解决，就可以避免这些问题，对双方当事人都有好处，而且也有利于减轻仲裁、审判机关的压力。

2. 和解的原则

建设工程合同双方当事人之间自行协商，和解解决合同纠纷，应遵守如下原则：

（1）合法原则

合法原则要求建设工程合同当事人在和解解决合同纠纷时，必须遵守国家法律、法规要求，所达成的协议内容不得违反法律、法规的规定，也不得损害国家利益、社会公共利益和他人的利益。

（2）自愿原则

自愿原则是指建设工程合同当事人对于采取自行和解解决合同纠纷的方式，是自己选择或愿意接受的，并非受到对方当事人的强迫、威胁或其他的外界压力。同时，双方当事人协议的内容也必须是出于当事人的自愿，决不允许任何一方给对方施加压力，以终止协议等手段相威胁，迫使对方达成只有对方尽义务，没有自己负责任的"霸王协议"。

（3）平等原则

平等原则既表现为建设工程合同双方当事人在订立合同时法律地位平等，在合同发生争议时，双方当事人在自行和解解决合同争议过程中的法律地位也是平等的，不论当事人经济实力雄厚还是薄弱，也不论当事人是法人还是非法人的其他经济组织，双方当事人要互相尊重，平等对待，都有权提出自己的理由和建议，都有权对对方的观点进行辩论。不允许以强欺弱，以大欺小，达成不公平的所谓和解协议。

（4）互谅互让原则

互谅互让原则就是建设工程合同双方当事人在如实陈述客观事实和理由的基础上，也要多从自身找找原因，认识在引起合同纠纷问题上自己应当承担的责任，而不能片面强调对自己有利的事实和理由而不顾及全部的事实，或片面指责对方当事人，要求对方承担责任。

3. 和解的程序

从实践中看，用自行和解的方法解决建设工程合同纠纷所适用的程序与建设工程合同的订立、变更或解除所适用的程序大致相同，采用要约、承诺的方式。即一般是在建设工程合同纠纷发生后，由一方当事人以书面的方式向对方当事人提出解决纠纷的方案，方案应当是比较具体，比较完整的。另一方当事人对提出的方案可以根据自己的意愿，做一些必要的修改，也可以再提出一个新的解决方案。然后对方当事人又可以对新的解决方案提出新的修改意见。这样，双方当事人经过反复协商，直至达到一致意见，从而产生"承诺"的法律后果，达成双方都愿意接受的和解协议。对于建设工程合同所发生的纠纷用自行和解的方式来解决，应订立书面形式的协议作为对原合同的变更或补充。

8.2.2 调解

调解，是指在合同发生纠纷后，在第三人的参加和主持下，对双方当事人进行说服、协调和疏导的工作，使双方当事人互相谅解并按照法律的规定及合同的有关约定达成解决合同纠纷的协议。

建设工程合同争议的调解，是解决合同争议的一种重要方式，也是我国解决建设工程合同争议的一种传统方法。它是在第三人的参加与主持下，通过查明事实，分清是非，说服教育，向当事人双方提出解决争议的方案，促使双方在互谅互让的基础上自愿达成调解协议，消除纷争。第三人进行调解必须实事求是、公正合理，不能压制双方当事人，而应促使他们自愿达成协议。

《合同法》规定了当事人之间首先可以通过自行和自愿解决合同的纠纷，同时也规定了当事人还可以通过调解的方式来解决合同的纠纷，这两种方式当事人可以自愿选择其中一种或两种。调解与和解的主要区别在于：前者有第三人参加，并主要通过第三人的说服教育和协调来达成解决纠纷的协议；而后者则完全通过当事人自行协商达成解决合同纠纷的协议。两者的相同之处在于：它们都是在诉讼程序之外所进行的解决合同纠纷的活动，达成的协议都是靠当事人自觉履行来实现的。

1.调解的意义

（1）有利于化解合同双方当事人的对立情绪，迅速解决合同纠纷。当合同出现纠纷时，合同双方当事人会采取自行协商的方式去解决，但当事人意见不一致时，如果不及时采取措施，就极有可能使矛盾激化。在我国，调解之所以成为解决建设工程合同争议的重要方式之一，是因为通过第三人从中做说服教育和劝导工作，化解矛盾，增进理解，有利于迅速解决合同纠纷。

（2）有利于各方当事人依法办事。用调解的方式解决建设工程合同纠纷，不是让第三人充当无原则的和事佬，事实上调解合同纠纷的过程是一个宣传法律、加强法制观念的过程。在调解过程中，调解人的一个很重要的任务就是使双方当事人懂得依法办事和依合同办事的重要性。它可以起到既不伤和气，又受到一定的法制教育的作用，有利于维护社会安定团结和社会经济秩序。

（3）有利于当事人集中精力干好本职工作。通过调解解决建设工程合同纠纷，能够使双方当事人在自愿、合法的基础上，排除隔阂，达成调解协议，同时可以简化解决纠纷的程序，减少仲裁、起诉和上诉所花费的时间和精力，争取到更多的时间迅速集中精力进行经营活动。这不仅有利于维护双方当事人的合法权益，而且有利于促进社会主义现代化建设的发展。

2.调解的原则

（1）自愿原则

建设工程合同纠纷的调解过程，是双方当事人弄清事实真相、分清是非、明确责任、互谅互让、提高法律观念、自愿取得一致意见并达成协议的过程。协议是双方当事人自愿达成一致意见的结果。因此，只有在双方当事人自愿接受调解的基础上，调解人才能进行调解。如果纠纷当事人双方或一方根本不愿意用调解的方式解决纠纷，那么就不能进行调解。另外，调解协议也必须由双方当事人自愿达成。

（2）合法原则

合法原则首先要求建设工程合同双方当事人达成协议的内容必须合法，不得同法律和政策相违背。达成的调解协议，不得损害国家利益和社会公共利益，也不得损害其他人的合法权益。

（3）公平原则

公平原则要求调解建设工程合同纠纷的第三人秉公办事，不徇私情、平等待人、公平合理地解决问题，尤其是在承担相应责任方面，决不能采用"和稀泥""各打五十大板"等无原则性的方式，而是实事求是，采取权利与义务对等、责权利相一致的公平原则。这样才能够取得双方当事人的信任，促使他们自愿地达成协议。否则，如果偏袒一方压服另一方，只能引起当事人的反感，不利于纠纷的解决。当然，在处理具体问题时，要鼓励各方互谅互让，承担相应责任。

3. 调解的种类

（1）人民调解

人民调解亦称民间调解，是指合同发生纠纷后，当事人共同协商，请有威望、受信赖的第三人，包括人民调解委员会、企事业单位或其他经济组织、一般公民以及律师、专业人士作为中间调解人，双方合理合法地达成解决纠纷的协议。建设工程合同纠纷的民间调解不多，主要体现在律师和专业人士的依法调解。

人民调解属于诉讼外的调解，双方达成的调解协议，并不具有法律的强制力，它是依靠当事人自愿来履行的，如果当事人不愿调解、调解不成或者达成协议后又反悔的，可以向仲裁机构申请仲裁或向人民法院起诉。

（2）行政调解

行政调解，是指建设工程合同发生纠纷后，在有关行政主管部门参与下协商解决争端，达成协议的解决合同纠纷的方式。行政调解主要是指主管部门的调解。建设工程合同纠纷的行政调解人一般是一方或双方当事人的业务主管部门。而业务主管部门对下属企业单位的生产经营和技术业务等情况比较熟悉和了解。他们能在符合国家法律政策的要求下，教育说服当事人自愿达成调解协议。这样既能满足各方的合理要求，维护其合法权益，又能使合同纠纷得到及时而彻底地解决。

需要明确的是，业务主管部门的调解解决不是法定的程序，因此必须在双方自愿的原则下进行，任何业务主管部门不得强制进行调解。参加业务主管部门行政调解的有关人员也必须实事求是、秉公办事、平等待人，不能以行政命令和压服的方法迫使当事人达成调解协议。同人民调解一样，行政调解达成的调解协议，也不具有法律的强制力。当事人可以不接受调解，直接向仲裁机构申请仲裁或向人民法院起诉。

（3）仲裁调解

仲裁调解是指由仲裁机构主持和协调，对申请合同争议仲裁的当事人进行说服与调停，促使双方当事人互谅互让，自愿达成解决合同争议的调解协议。

我国《仲裁法》规定，仲裁庭在做出裁决前，可以先行调解，当事人自愿调解的，仲裁庭应当调解；调解不成的，仲裁庭应当进行裁决。所谓先行调解，就是仲裁机构先于裁决之前，根据争议的情况或双方当事人自愿而进行说服教育工作，以便双方当事人自愿达成调解协议，解决纠纷。仲裁调解是由仲裁庭中的仲裁员来主持调解的。《仲裁法》还规定，调解达成协议的，仲裁庭应当制作调解书，调解书应当写明仲裁请求和当事人协议的结果。调解书经双方当事人签收后，即发生法律效力，当事人不得反悔，必须自觉履行。在调解书签收前当事人一方或双方反悔的，仲裁庭应当及时做出裁决。调解书发生法律效力后，如果一方不履行时，另一方当事人可以向有管辖权的人民法院申请强制执行。调解达成协议的，按照当事人的请求，仲裁庭也可以根据调解协议的结果制作裁决书。调解书与裁决书具有同等的法律效力。

（4）诉讼调解

诉讼调解又称法院调解，是指在审判人员的主持和协调下，双方当事人就合同争议进行协商，自愿达成解决合同争议的调解协议。

因合同争议起诉到法院之后，法院在审理案件过程中，应根据自愿、合法的原则进行调解，当事人不愿调解或调解不成的，法院应当及时裁决。当事人也可以在诉讼开始后至裁决做出之前，随时向法院申请调解，人民法院认为可以调解时也可以随时调解。

当事人自愿达成调解协议后，法院应当要求双方当事人在调解协议上签字，并根据情况决定是否制作调解书。对不需要制作调解书的协议，应当记入笔录，由争议双方当事人、审判人员、书记员签名或者盖章后，即具有法律效力。多数情况下，争议双方达成协议后，法院应当制作调解书。调解书应当写明诉讼请求、案件的事实和调解结果。调解书应由审判人员、书记员署名，加盖人民法院印章，送达双方当事人。调解书经双方当事人签收后，即具有法律效力。当事人必须履行调解书中确定的义务，否则，另一方当事人可以申请人民法院强制执行。对于已经生效的调解书，当事人不得提起上诉。调解未达成协议或者调解书送达前一方反悔的，调解即告终结，法院应当及时裁决而不得久调不决。

4. 调解解决合同争议的一般程序

调解建设工程合同纠纷，方法是多样的，但调解过程都应有步骤地进行，通常可以按以下程序进行：

（1）提出调解意向。纠纷当事人一方选择好调解方式之后，把自己的想法和方案提出来，由调解人向纠纷另一方当事人提出，另一方亦可将有关想法或方案告诉调解人。

（2）调解准备。调解人初步审核合同的内容，发生争议的问题，确定主持调解的人员。选择调解的时间、地点，确定调解的方式、方法。

（3）协调和说服。调解人召集当事人说明纠纷的问题、原因和要求，并验明提供的证据材料，双方当事人进行核对，在弄清事实情况的基础上，以事实为依据，以法律和合同为准绳，分别做说服工作。

（4）达成协议。如果双方当事人的想法接近或经过做说服工作后缩短了差距，调解人可以提出调解意见，促使纠纷双方当事人达成协议，并制作调解书。

8.3 仲　裁

8.3.1 仲裁的概念

仲裁亦称"公断"，是指当事人之间的争议由仲裁机构居中审理并裁决的活动。在国际上，仲裁是解决争议的常见方式。仲裁在我国已经成为解决经济纠纷的重要方式。建设工程合同仲裁属于经济仲裁的范畴，是指建设工程合同双方当事人发生争执、协商不成时，根据当事人之间的协议，由仲裁机构依照法律对双方所发生的争议，在事实上做出判断，在权利义务上做出裁决。它是处理建设工程合同纠纷的一种方式。在我国境内履行的建设工程合同，双方当事人申请仲裁的，适用于《中华人民共和国仲裁法》的规定。

实践证明，实行仲裁制度，可以及时、妥善地解决建设工程合同纠纷，从而减轻人民法院的办案压力。用仲裁的方式解决建设工程合同纠纷与用经济审判方式解决合同争议相比较，手续方便，程序简易，方便灵活，处理及时，有利于迅速解决合同纠纷，减少经济损失，维护正常的民事、经济活动。

仲裁与诉讼是解决建设工程合同争议的两种法律手段，仲裁与诉讼相比，其相同之处在于解决合同纠纷的决定都是由第三者独立做出的，并都对当事人具有法律约束力。而两者之间的不同之处在于：

（1）仲裁机构一般多为民间性质，它只能根据双方当事人的仲裁协议或者其在合同中约定的仲裁条款受理合同纠纷案件。在无仲裁协议或者双方当事人未在合同中约定仲裁条款时，当事人无权将争议提交仲裁解决，即使提交，仲裁机构也无权受理；而诉讼则是在国家专门的审判机关进行的，它依照法定管辖权受理合同纠纷案件，当事人一方就合同纠纷向法院起诉，无需征得对方同意。

（2）仲裁的事项与范围通常是由双方当事人事先或事后约定的，仲裁员不得对当事人双方约定的范围以外的事项进行仲裁；而法院受理合同纠纷案件的范围则由法律规定，它可以审理法律规定范围内的任何事项。

（3）仲裁的方式较为灵活。以仲裁方式解决合同纠纷，当事人双方有较大的选择余地。特别是涉外合同纠纷的双方可以协议选择彼此都能接受或者满意的仲裁员、仲裁机构及地点、仲裁程序和实体法来处理纠纷；而采用诉讼方式解决合同纠纷时，一切都必须依照法律规定，当事人双方无权任意选择受理合同纠纷的人民法院和法官。

（4）仲裁专业性强，保密程度高。仲裁员一般都是有关方面的专家、学者，这有利于准确、公正地处理合同纠纷。另外，仲裁往往是秘密进行的，不像法院审判那样一般要公开审理，也不像法院判决那样可以向社会公布。所以，采用仲裁方式解决合同纠纷，尤其是解决专有技术和知识产权方面的合同纠纷，更适合当事人保密的需要。

（5）仲裁实行一裁终局制度，不像法院判决那样往往要进行二审，甚至再审，因而仲裁有利于合同纠纷的快速、有效解决，节省时间和费用。

8.3.2　仲裁的基本原则

仲裁的基本原则是指仲裁法规定的，在仲裁活动中仲裁机构、双方当事人和其他仲裁参与人必须遵循的基本准则。依据我国《仲裁法》，仲裁应当遵循以下原则：

（1）自愿原则。自愿原则是仲裁制度的根本原则，是仲裁制度存在和发展的基础。仲裁的自愿原则主要体现在以下几个方面：

① 当事人是否将他们之间的纠纷提交仲裁，由当事人自愿协商决定。进行仲裁活动必须出自当事人的真实意愿，任何机关、组织和个人都不得强迫当事人仲裁，任何一方当事人都不得将自己的意志强加于对方。仲裁协议是启动仲裁程序的首要条件。

② 自愿原则还体现在当事人有权决定将纠纷提交到具体的某一仲裁机构进行仲裁。

③ 仲裁庭如何组成，由谁组成，由当事人自主决定。

④ 当事人还可以自主地约定仲裁解决的争议范围以及依法可以约定的事项。

⑤ 当事人还可以自主约定仲裁的审理方式、开庭方式等有关的程序事项。

（2）平等原则。在仲裁活动中，建设工程合同纠纷当事人的地位是平等的，双方当事人均平等地享有仲裁权利和承担仲裁义务，纠纷双方当事人都有权提供证据、进行陈述和辩论、有权聘请律师提供法律帮助等。仲裁机构必须坚持以事实为根据，以法律为准绳，做到公正裁决，不仅在仲裁程序上要合法，而且还要公正地确定当事人之间的实体权利义务关系，保护当事人的合法权益。

（3）独立仲裁原则。仲裁的独立原则主要是指仲裁机构的设置、仲裁机构的相互关系以及仲裁审理过程都依法具有独立性。仲裁机构是一种民间社会团体，既不隶属于司法机关，也不隶属于任何行政机关，仲裁机构相互之间也无隶属关系。仲裁机构在仲裁案件时，必须严格、独立地按照有关法律的规定进行，不受行政机关、社会团体和个人的干涉。而且，仲裁机构对案件的处理实行一裁终局制度，当事人不得就同一纠纷要求其他仲裁机构和人民法院进行处理，这些规定都保证了仲裁机构独立仲裁原则的贯彻。

（4）合法原则。我国《仲裁法》第七条规定："仲裁应当根据事实，符合法律规定，公平合理地解决纠纷。"这表明仲裁所适用的基本规范是国家统一制定的法律规范，因此，仲裁机构在解决建设工程合同纠纷过程中，要以案件事实为根据，并在事实清楚的基础上根据法律的相关规定来确认各方当事人的权利和义务。在法律没有规定或法律不完备的情况下，仲裁庭可以按照公平合理的原则和惯例来解决建设工程合同纠纷。合法原则既是对仲裁独立原则的制约，也是对仲裁独立的正当性保证。

（5）先行调解原则。在仲裁机构做出仲裁裁决之前，根据案情的可能或双方当事人自愿而进行说服教育工作，以便双方当事人自愿达成调解协议，有利于争议双方矛盾的解决，达成的协议也便于执行。仲裁机构制作的调解书与裁决书具有同等的法律效力。

8.3.3　仲裁的基本制度

我国的《仲裁法》对仲裁活动规定了三项基本制度：

（1）协议仲裁制度。仲裁协议是当事人仲裁意愿的体现。当事人申请仲裁、仲裁委员会受理仲裁案件以及仲裁庭对仲裁案件的审理和裁决都必须依据双方当事人之间订立的有效的仲裁协议，没有仲裁协议，就没有仲裁制度。

（2）或裁或审制度。或裁或审是指合同纠纷当事人在订立合同中，双方应当约定发生合同纠纷时，在"仲裁"或者"诉讼"两种方式中，只能选择一种方式，并形成书面文字形式。同一纠纷事项，不能既进行仲裁，又进行诉讼，当事人达成仲裁协议时，就排除了法院对纠纷的管辖权，当纠纷发生时，就只能向仲裁机构申请仲裁，而不能向法院起诉。我国《仲裁法》第四条规定："没有仲裁协议，一方申请仲裁的，仲裁委员会不予受理。"第五条规定："当事人达成仲裁协议，一方向人民法院起诉的，人民法院不予受理，但仲裁协议无效的除外。"《民事诉讼法》第一百一十一条第二款规定："依照法律规定，双方当事人对合同纠纷自愿达成书面仲裁协议向仲裁机构申请仲裁、不得向人民法院起诉的，告知原告向仲裁机构申请仲裁。"

（3）一裁终局制度。《仲裁法》第九条规定："仲裁实行一裁终局的制度。裁决做出后，当事人就同意纠纷再申请仲裁或者像人民法院起诉的，仲裁委员会或者人民法院不予受理。"仲裁实行一裁终局制是由仲裁机构的独立性决定的。仲裁机构具有民间性质和独立行使仲裁权。它与司法机关、行政机关没有任何隶属关系，各个仲裁机构之间没有任何隶属关系，不存在级别管辖和地域管辖。这样，能够有效地避免长官意志和行政干预，使仲裁庭在没有任何外界干扰的情况下依据法律和事实独立地进行仲裁裁决。《仲裁法》赋予的仲裁庭依法独立进行仲裁活动并做出公正的裁决，从而决定了仲裁必须实行一裁终局制。当事人应当自动履行仲裁裁决，一方当事人不履行的，另一方当事人可以向法院申请强制执行。

8.3.4 仲裁协议

仲裁协议是指发生纠纷的双方当事人达成的自愿将纠纷提交仲裁机构解决的书面协议。它是发生纠纷的当事人双方就其纠纷提交仲裁及仲裁机构受理纠纷的依据，也是强制执行仲裁裁决的前提条件。

1. 仲裁协议的形式

仲裁协议通常表现为：

（1）合同中的仲裁条款。是指当事人双方在合同中规定的双方将来如发生纠纷即提交仲裁裁决的条款。由于这种条款通常是作为合同本身的内容订入合同的，故称仲裁条款。合同中的仲裁条款是仲裁协议中最为普遍的形式。

（2）专门的仲裁协议，是指当事人双方自愿将纠纷提交仲裁的一种具有独立内容的专门协议。它是相对独立于合同之外的协议，与合同中的仲裁条款具有同等法律效力。专门仲裁协议的订立，可以是在纠纷发生之前，也可以是在纠纷发生之后。

（3）其他形式的仲裁协议，是指除合同中的仲裁条款和专门的仲裁协议以外的其他可以证明当事人双方自愿将纠纷提交仲裁的书面材料。主要包括双方往来的信函、电报等文件中表示同意仲裁的文字记录等。

2. 仲裁协议的内容

我国《仲裁法》第十六条规定，仲裁协议必须具备以下内容：

（1）请求仲裁的意思表示。在仲裁协议中，当事人应在协商一致的基础上做出真实的意思表示，明确表明愿意将纠纷提交仲裁解决。

（2）仲裁事项。仲裁事项是指当事人双方提交仲裁的纠纷范围，即当事人双方将何种性质的纠纷提交仲裁机构仲裁。当事人双方只有将仲裁协议中约定的事项提交仲裁时，仲裁机构才予以受理，否则，仲裁机构不予受理。

（3）选定的仲裁委员会。当事人双方在签订仲裁协议时，应明确写明将仲裁事项交由哪一个仲裁委员会进行仲裁，否则，仲裁协议将无法执行。

8.3.5 仲裁的程序

仲裁程序，是指进行仲裁的过程和手续，包括如何提出申请，如何指定仲裁员、组成仲裁庭，如何审理案件，如何做出裁决，以及如何收取仲裁费用等。一般来讲，仲裁程序的具体内容主要包括案件的申请与受理、仲裁庭的组成、审理案件与仲裁裁决等。

1. 仲裁的申请

仲裁的申请是指建设工程合同纠纷的一方或双方当事人，根据之前自愿达成的仲裁协议，将发生的纠纷提交约定的仲裁机构，请求仲裁解决纠纷的意思表示。仲裁申请是仲裁程序开始的前提，是启动仲裁程序的第一步。当事人申请仲裁应当符合下列条件：

（1）存在有效的仲裁协议。仲裁的本质是当事人自愿，仲裁协议是纠纷双方当事人意思表示一致的结果，也是仲裁机构获得仲裁管辖权的依据，是表明当事人双方愿意通过仲裁方式而不是诉讼方式解决纠纷的依据。仲裁机构能够对建设工程合同纠纷进行仲裁，必须以当事人之间的仲裁协议为前提。而且仲裁协议必须是合法有效的。没有仲裁协议，一方申请仲裁的，仲裁委员会不予受理。

（2）有具体的仲裁请求和事实、理由。具体的仲裁请求是指仲裁申请人希望通过仲裁程序所要解决的具体问题或想要达到的目标。明确的仲裁请求确定了需要解决的实体权利义务的内容，为仲裁委员会行使仲裁权划定了确切的范围。具体的事实和理由，是指仲裁申请人提出仲裁请求所依据的事实根据和法律根据。这些事实和理由，只要是当事人认为可以反映案件的真实情况，证明案件的是非曲直就行了，至于是否客观和真实，只能通过仲裁审理来加以判断。

（3）属于仲裁委员会的受理范围。当事人申请的仲裁事项属于依法可以由仲裁委员会解决的建设工程合同纠纷。这项要求主要体现在两个方面：

① 当事人申请仲裁的事项必须属于当事人双方在仲裁协议中约定提交仲裁的范围。

② 申请仲裁的事项还应当属于其选定的仲裁委员会有权裁决的范围。

2. 仲裁的受理

仲裁受理，是指仲裁委员会对申请人提出的仲裁申请经过审查后，认为符合法定条件和要求，同意立案进行仲裁的行为。仲裁委员会受理案件必须以当事人的申请为前提，没有当事人提出仲裁申请，仲裁委员会不能主动受理案件。

仲裁委员会在收到仲裁申请书后，应当对申请人是否符合法定的仲裁申请条件进行审查，包括是否具有有效的仲裁协议，是否有具体的仲裁请求和事实、理由以及是否属于仲裁委员会的受理范围。其中，仲裁委员会在审查事实和理由时，也只需进行形式性的审查。除审查上述内容外，还应当对仲裁申请书进行审查。经过审查，如果仲裁委员会认为仲裁申请符合法律规定条件的，应当在收到仲裁申请书之日起 5 日内做出受理的决定，并通知当事人。如果只因仲裁申请书缺少法律规定的内容，可以要求当事人在限定期限内补正后予以受理。如果仲裁申请不符合法律规定，则应当在收到仲裁申请书之日起 5 日内，书面通知当事人不予受理，并说明理由。

申请人可以放弃或者变更仲裁请求。被申请人可以承认或者反驳仲裁请求，有权提出反请求。

仲裁委员会受理仲裁申请后，应当在仲裁规则规定的期限内将仲裁规则和仲裁人员名册送达申请人，并将仲裁申请书副本和仲裁规则、仲裁员名册送达被申请人。被申请人收到仲裁申请书副本后，应当在仲裁规则规定的期限内向仲裁委员会提交答辩书。仲裁委员会收到答辩书后，应当在仲裁规则规定的期限内将答辩书副本送达申请人。被申请人未提交答辩书的，不影响仲裁程序的进行。

《仲裁法》规定，仲裁庭可以由三名仲裁员或者一名仲裁员组成。由三名仲裁员组成的，设首席仲裁员。当事人约定由三名仲裁员组成仲裁庭的，应当各自选定或者各自委托仲裁委员会主任指定一名仲裁员，第三名仲裁员由当事人共同选定或者共同委托仲裁委员会主任指定。第三名仲裁员是首席仲裁员。

《仲裁法》规定，当事人有权申请请求仲裁员回避。当事人提出回避申请，应当说明理由，在首次开庭前提出。回避事由在首次开庭后知道的，可以在最后一次开庭终结前提出。

一方当事人因另一方当事人的行为或者其他原因，可能使裁决不能执行或者难以执行的，可以申请财产保全。当事人申请财产保全的，仲裁委员会应当将当事人的申请依照《民事诉讼法》的有关规定提交人民法院。申请有错误的，申请人应当赔偿被申请人因财产保全所遭受的损失。仲裁委员会在保全申请具有担保的前提下，依法可以采取如下措施：中止合同履行，查封和扣押货物，变卖不易保存的货物并保存价款，法律允许的其他方法。仲裁委员会决定采取保全措施时，可以责令申请人提供担保，拒绝提供的驳回申请。

3. 仲裁的审理

仲裁审理是仲裁庭按照法律规定的程序和方式，对当事人交付仲裁的争议事项做出裁决的活动。仲裁审理的主要任务是审查、核实证据，查明案件的真实情况，分清责任是非，正确适用法律，确认当事人之间的权利义务关系，解决当事人之间的纠纷。

仲裁审理的方式可以分为开庭审理和书面审理两种。我国《仲裁法》第三十九条规定："仲裁应当开庭进行。当事人协议不开庭的，仲裁庭可以根据仲裁申请书、答辩书以及其他材料做出裁决。"

（1）开庭审理。仲裁应当开庭进行，开庭审理是仲裁审理的主要方式。所谓开庭审理，是指在仲裁庭的主持下，在双方当事人和其他仲裁参与人的参加下，按照法定程序，对案件进行审理并做出裁决的活动。但是，开庭审理的仲裁方式以不公开审理为原则，以公开审理为例外。我国《仲裁法》第四十条就规定："仲裁不公开进行。当事人协议公开的，可以公开进行，但涉及国家秘密的除外。"

（2）书面审理。我国仲裁审理方式以开庭审理为原则，书面审理为例外，书面审理是开庭审理的补充。书面审理比开庭审理更为迅速，可以节约纠纷当事人及仲裁庭的审理成本，形式也比较方便。但是，书面审理却使案件当事人无法充分行使辩论权，也可能导致仲裁庭无法完全把握案情。

仲裁审理要经过开庭准备、庭审调查与辩论等一般程序。

4. 仲裁的裁决

仲裁裁决是指仲裁庭在审理的过程中或审理结束后，对当事人提交仲裁的案件，根据已查明的事实和认定的证据，做出的终局性权威决断。仲裁裁决的做出，标志着仲裁程序的终结。

仲裁裁决有先行裁决、最终裁决、缺席判决、合意裁决等种类。先行裁决是指如果其中一部分案件事实已经清楚，仲裁庭可以先就该部分进行裁决。在建设工程合同纠纷仲裁过程中，通过先行裁决，建设工程合同当事人可以先行实现一些应得的利益，避免资金的周转紧张或者损失扩大。

仲裁裁决书是仲裁庭对仲裁纠纷案件做出裁决的法律文书。仲裁裁决书应当写明仲裁请求、争议事实、裁决理由、裁决结果、仲裁费用的负担和裁决日期。如果当事人协议不愿意写明争议事实和裁决理由的，可以不写。仲裁裁决书由仲裁员签名，加盖仲裁委员会印章。裁决书自做出之日起发生法律效力。仲裁裁决一经做出，建设工程合同纠纷当事人就不得再以已经裁决的法律关系作为标的再行申请仲裁或者提起诉讼。

5. 法院对仲裁的监督

法院对仲裁的监督主要表现在申请撤销仲裁裁决和不予执行仲裁裁决两方面。

（1）申请撤销仲裁裁决

申请撤销仲裁裁决是法律赋予当事人的一项重要权利，当仲裁裁决违反仲裁法的有关规定时，当事人有权申请人民法院予以撤销。法律赋予当事人该项权利，目的在于消除错误的仲裁裁决的不良后果，维护当事人的合法权益。根据我国《仲裁法》的规定，当事人对仲裁庭做出的裁决可依据一定的条件，在收到裁决书 6 个月内，向仲裁委员会所在地的中级人民法院申请撤销裁决，人民法院应当在受理撤销裁决申请后 2 个月内，做出撤销裁决或者驳回申请的裁定。

人民法院受理该撤销裁决的申请后，认为可以由仲裁庭重新仲裁的，通知仲裁庭在一定期限内重新仲裁，并裁定中止撤销程序。仲裁庭拒绝重新仲裁的，人民法院应当裁定恢复撤销仲裁程序。

（2）不予执行仲裁裁决

仲裁实行一裁终局制，仲裁调解书或仲裁裁决书做出后，当事人应当自觉履行。一方当事人不履行的，另一方当事人可以依照《民事诉讼法》的有关规定，向被执行人住所地或者被执行财产所在地人民法院申请执行。受申请的人民法院应当及时按照仲裁裁决予以执行。

8.3.6　仲裁时效

我国《仲裁法》第七十四条规定："法律对仲裁时效有规定的，适用该规定。法律对仲裁时效没有规定的，适用诉讼时效的规定"。

仲裁时效分为法律明确规定的仲裁时效和适用诉讼时效的仲裁时效。前者，如《产品质量法》第四十五条的规定："因产品存在缺陷，造成损害要求赔偿的诉讼时效期间为二年。"《合同法》第一百二十九条规定，国际货物买卖合同和技术进出口合同争议的仲裁时效为四年。后者，是指法律没有明确规定仲裁时效，但对诉讼时效做了规定，则仲裁时效适用于法律对诉讼时效的规定。例如，我国《民法通则》规定了诉讼时效，则有关争议需进行仲裁时，除前述单行法规定的仲裁时效外，直接适用于诉讼时效的规定。

8.4　诉　　讼

8.4.1　诉讼的概念与特征

1. 诉讼的概念

诉讼是指人民法院在双方当事人和其他诉讼参与人的参与下，依法审理和解决民事纠纷案件和其他案件的各种诉讼活动，以及由此所产生的各种诉讼法律关系的总和。诉讼是解决合同纠纷的有效方式之一。根据我国现行法律规定，下列情形下，当事人可以选择诉讼方式解决合同纠纷：

（1）合同纠纷的当事人不愿意和解或者调解的，可以直接向人民法院起诉。

（2）经过和解或者调解未能解决合同纠纷的，合同纠纷当事人可以向人民法院起诉。

（3）当事人没有订立仲裁协议或者仲裁协议无效的，可以向人民法院起诉。

（4）仲裁裁决被人民法院依法裁定撤销或者不予执行的，当事人可以向人民法院起诉。

2. 诉讼的特征

（1）民事诉讼主体具有多元性

民事诉讼主体不仅包括人民法院，而且还包括当事人、诉讼代理人、证人、鉴定人员、翻译人员等。其中人民法院在整个诉讼过程中起主导作用。

（2）民事诉讼过程具有阶段性和连续性

民事诉讼的全过程是由若干阶段组成的，一般包括第一审程序、第二审程序、执行程序，还可能有审判监督程序，但并非每一个案件都必须经过这些阶段才能结束。每一阶段都有自己的任务，只有完成前一阶段的任务，才能进入后一阶段。

（3）民事诉讼实行两审终审制度

两审终审制度是指一个民事案件经过两级法院审判就宣告终结的制度。与仲裁不同，民事诉讼当事人对一审判决不服，可以依法提起上诉，从而启动二审程序。

（4）民事诉讼实行公开审判

公开审判是指人民法院审判民事案件，除法律规定的情形外，审判过程及结果依法向公众和社会公开。

8.4.2 诉讼管辖

管辖是指各级人民法院和同级人民法院之间，受理第一审民事案件的分工和权限。民事案件的管辖分为级别管辖、地域管辖、移送管辖和指定管辖。

1. 级别管辖

级别管辖是指各级人民法院受理第一审民事案件的权限范围。它主要根据案件的性质和对社会的影响来确定。《民事诉讼法》第十八至二十一条对级别管辖做出了规定。根据该法的规定：

（1）最高人民法院管辖在全国范围内有重大影响的第一审民事案件和最高人民法院认为应当由自己审判的第一审民事案件。

（2）中级人民法院管辖的第一审民事案件有三种：

① 重大的涉外第一审民事案件。

② 在本辖区有重大影响的第一审民事案件。

③ 最高人民法院确定由中级人民法院管辖的第一审民事案件。

此外，将经济纠纷提起诉讼的诉讼单位属于省、自治区、直辖市以上的，一般由中级人民法院管辖；经济纠纷争议标的数额较大、案件比较复杂的，也可以由中级人民法院管辖。

基层人民法院管辖除上述案件之外的其他第一审民事案件。我国绝大多数第一审民事案件由基层人民法院管辖。

2. 地域管辖

地域管辖是同级人民法院受理第一审民事案件的分工和权限。主要包括：

（1）一般地域管辖。以"原告就被告"为原则，即民事案件一般由被告所在地人民法院管辖。

（2）特殊地域管辖。即以诉讼标的所在地或者引起法律关系产生、变更、消灭的法律事实所在地为划分标准对地域管辖进行分类而产生的不同种类的地域管辖。我国《民事诉讼法》规定了九类特殊案件的地域管辖。其中，因合同纠纷提起的诉讼，由被告住所地或者合同履行地人民法院管辖。

（3）专属管辖。专属管辖是指根据《民事诉讼法》的规定，某些案件必须由特定的人民法院管辖，当事人或人民法院不得加以变更。

（4）协议管辖。协议管辖是指当事人在法律允许的范围内以书面形式约定将其纠纷交由其共同选择的人民法院管辖并予以审判。

根据我国《民事诉讼法》的规定，协议管辖必须满足以下条件和限制：

① 协议管辖只适用于合同纠纷；

② 合同当事人双方可以通过书面协议选择被告住所地、合同履行地、合同签订地、原告住所地、标的物所在地人民法院管辖；

③ 协议管辖不得违反《民事诉讼法》对级别管辖和专属管辖的规定；

④ 协议管辖只能针对第一审法院的管辖。

3. 诉讼的原则

（1）当事人诉讼权利平等原则

诉讼权利平等原则，是指双方当事人在民事诉讼中平等地享有和行使诉讼权利。我国《民事诉讼法》第八条规定："民事诉讼当事人有平等的诉讼权利。人民法院审理民事案件，应当保障和便利当事人行使诉讼权利，对当事人在适用法律上一律平等。"这一规定主要体现了两方面的内容：

1）当事人享有平等的诉讼权利。在民事诉讼中，不论当事人是自然人还是法人和其他组织，不论其社会地位、政治倾向如何，也不论其性别、民族、宗教信仰有何差异，在民事诉讼上一律平等，均应享有平等的诉讼权利。

2）保障和便利当事人平等地行使诉讼权利。我国《民事诉讼法》规定双方当事人诉讼权利平等，要求法院认真贯彻这一原则，保障和便利当事人行使诉讼权利。如果法律只规定了当事人诉讼权利平等，而在具体的诉讼实践中，法院没有给双方当事人提供切实保障，法律所规定的双方当事人诉讼地位和权利平等就形同虚设。

（2）法院调解自愿和合法原则

法院调解是我国民事审判工作的优良传统和成功经验，我国《民事诉讼法》把法院调解用法律条文固定下来，并将自愿、合法进行调解确定为一项基本原则。《民事诉讼法》第九条规定："人民法院审理民事案件，应当根据自愿和合法的原则进行调解；调解不成的，应当及时判决。"根据这一原则，人民法院审理建设合同纠纷案件时，多做说服教育和疏导工作，促使双方达成合意，解决纠纷。

人民法院受理建设工程合同纠纷后，应当重视调解解决。调解解决的核心是要求审判人员在办案过程中，对当事人多做思想教育工作，用国家的法律、政策启发当事人，促使双方互相谅解，达成协议，彻底解决纠纷。重视调解解决，凡能用调解方式结案的，就不用判决的方式结案，这对建设工程合同纠纷的双方当事人都有好处。调解解决争议的好处主要表现在以下几个方面：

① 可以缩短纠纷解决的时间，节约诉讼成本；

② 避免社会影响的扩大，防止对当事人声誉造成不良影响；

③ 防止双方当事人在诉讼过程中反目成仇，丧失再次合作的机会。

坚持自愿、合法地进行调解的原则，必须反对两种倾向：

① 忽视调解的意义，把调解工作看成可有可无；

② 滥用调解，久调不决。

后一种倾向在审判实践中时有发生，建设工程合同纠纷的当事人在面对后一种情形时，应请求法院及时判决。

（3）辩论原则

我国《民事诉讼法》第十二条规定："人民法院审理民事案件时，当事人有权进行辩论。"辩论原则是指在人民法院的主持下，当事人有权就案件事实和争议问题，各自陈述自己的主张和根据，互相进行反驳和答辩，以维护自己的合法权益。

在诉讼过程中，辩论是建设合同纠纷当事人的诉讼权利，又是人民法院审理民事案件的基本准则。当事人双方就有争议的问题，相互进行辩驳，通过辩驳揭示案件的真实情况。只有通过辩论，核实的事实才能作为判决的依据。

（4）处分权原则

我国《民事诉讼法》第十三条规定："当事人有权在法律规定的范围内处分自己的民事权利和诉讼权利。"处分原则是指民事诉讼当事人有权在法律规定的范围内处分自己的民事权利和诉讼权利。处分即自由支配，对于权利可以行使也可以放弃。

在民事诉讼中当事人处分的权利多种多样，但归纳起来无非两种：

① 基于实体法律关系而产生的民事实体权利；

② 基于民事诉讼法律关系所产生的诉讼权利。

对实体权利的处分主要表现在三个方面：

① 诉讼主体在起诉时可以自由地确定请求司法保护的范围和选择保护的方法。在民事权利发生争议或受到侵犯后，权利主体有权决定自己请求司法保护的范围。例如，在拖欠工程款纠纷中，承包方有权就拖欠的全部工程款提出给付请求，也可以就拖欠的部分工程款提出给付请求。

② 诉讼开始后，原告可以变更诉讼请求，即将诉讼请求部分或全部撤回，也可以扩大原来的请求范围。

③ 在诉讼中，原告可全部放弃其诉讼请求，被告可部分或全部承认其诉讼请求，当事人双方可以达成或拒绝达成调解协议。在判决未执行完毕之前，双方当事人随时可就实体问题自行和解。

对诉讼权利的处分主要体现在以下几个方面：

① 纠纷发生后，当事人可依自己的意愿决定是否行使诉权。只有在当事人起诉的情况下，诉讼程序才能被启动。法院既不能强令当事人起诉，也不能在当事人不起诉的情况下，主动进行审理。

② 在诉讼过程中，原告可以申请撤回起诉，从而要求人民法院终止已经进行的诉讼，也就是放弃请求法院进行审判、保护的权利。被告也有权决定是否提起反诉来保护自己的实体权利，借以对抗原告的诉讼请求。当事人双方都有权请求法院进行调解，请求以调解方式解决纠纷。当事人还能够依其意愿决定是否行使提供证据的权利。当事人双方都有权进行辩论，承认或否认对方提出的事实。

③ 在一审判决做出后，当事人可以对未生效的判决提起上诉或不提起上诉。

④ 在执行过程中，申请人可以撤回其申请，这种撤回申请的处分行为不影响其实体权利的继续存在。

8.4.3　诉讼的程序

1. 第一审程序

第一审程序指各级人民法院审理第一审民事案件的诉讼程序，分为特别程序、简易程序和普通程序。特别程序是指人民法院审理某些非民事权益纠纷案件所适用的特殊审判程序，其仅在基层人民法院审理选民资格案件和非诉讼案件时适用。简易程序是指基层人民法院及其派出法庭审理简单民事案件所适用的一种简便易行的诉讼程序，其只适用于事实清楚、权利义务关系明确、纠纷不大的简单民事案件。普通程序是指人民法院审理民事案件时适用的基础程序，又称为第一审普通程序，其具有程序的完整性和广泛适用性两个特点。普通程序一般包括以下几个阶段：

（1）起诉

起诉是指公民、法人和其他组织在认为自己的民事权益受到侵害或与他人发生争议时，以自己的名义向人民法院提起诉讼，请求人民法院通过审判予以司法保护的行为。当事人的起诉是引起民事诉讼程序启动的必要前提，没有当事人的起诉，法院不能依职权启动诉讼程序，其他人也不能要求法院启动诉讼程序。但是，当事人的起诉也并不必然启动诉讼程序。经法院的审查不符合起诉条件的，人民法院就会驳回起诉，诉讼程序就不能被启动。

根据我国《民事诉讼法》规定，当事人的起诉要得到人民法院的受理，必须符合以下条件：

① 原告必须是与本案有直接利害关系的公民、法人和其他组织；

② 有明确的被告；

③ 有具体的诉讼请求、事实和理由；

④ 起诉的案件属于人民法院受理民事诉讼的范围和受诉人民法院管辖。

关于起诉的方式，我国《民事诉讼法》第一百零九条规定："起诉应当向人民法院递交起诉状，并按照被告人数提出副本。书写起诉状确有困难的，可以口头起诉，由人民法院记入笔录，并告知对方当事人。"这表明，民事诉讼当事人提起诉讼有书面和口头两种方式。对于建设工程合同纠纷而言，原告一般不会以口头方式起诉，这是因为建设工程合同案件的标的额都比较大，当事人都很重视，一般都要请专门的法律专业人员拟写诉状。同时，以书面方式起诉能使自己的诉讼请求、事实和理由表达得更加清楚，更有利于法院对案件进行审判。

（2）受理

受理是指人民法院通过对当事人的起诉进行审查，对符合法定条件的起诉决定立案审理，从而引起诉讼程序开始的行为。

1）人民法院审查起诉主要从三个方面进行：

① 审查原告的起诉是否属于法院主管的民事诉讼案件范围，是否属于该人民法院管辖；

② 审查原告的起诉是否符合前述的其他法定条件；

③ 审查起诉手续是否完备，起诉书内容是否明确具体。

2）人民法院对起诉进行审查后，根据不同情况分别进行处理：

① 起诉符合法定条件的，应当在 7 日内（从人民法院收到起诉状或口头起诉的次日起算）立案，并通知当事人。

受诉人民法院受理后，有权利也有义务依照法定程序对该案件进行审理并做出判决。非经法定程序不得随意终止或终结诉讼，也不得在立案后随意撤销案件。同样，当事人也不得基于同一案件再向其他人民法院进行起诉，其他人民法院也不得行使对该案件的审判权。

② 人民法院认为起诉不符合法定条件的，应当在 7 日内裁定不予受理，并通知起诉方。

起诉方对不予受理的裁定不服的，可以提起上诉。即使人民法院已经立案，但在立案之后才发现当事人的起诉不符合起诉条件的，人民法院也会裁定驳回起诉。此时，如果当事人对该驳回起诉的裁定不服也可以提起上诉。

3）针对建设工程合同纠纷而提起的民事诉讼，法院不予以受理的，可能存在以下情形：

① 依照我国《行政诉讼法》的规定，属于行政诉讼受案范围的。在这种情况下，人民法院会裁定不予受理，告知原告另行提起行政诉讼。

② 建设工程合同的当事人在纠纷发生之前或纠纷发生之后、原告起诉之前，已经按照法律的规定自愿达成了合法有效的书面仲裁协议的。此时，人民法院会告知原告向仲裁机构申请仲裁。

③ 依照法律规定，应当由其他机关处理的争议。此时，人民法院会告知原告有权处理该争议的机关。

④ 判决、裁定已经发生法律效力，当事人又起诉的。这时，人民法院会告知当事人按申诉处理，但准予撤诉的裁定除外。

⑤ 该人民法院没有管辖权的案件。此时，该人民法院会告知原告向有管辖权的人民法院起诉。

⑥ 依照法律规定，在一定期限内不得起诉的案件，当事人又在该期限内起诉的。

（3）庭审前的准备

为了保证法庭审理工作的顺利进行，人民法院在开庭之前会进行一系列的准备工作，这些准备是普通程序中的一个法定阶段和必经阶段。审理前的准备工作主要有：

① 在法定期间送达诉讼文书。

人民法院对决定受理的案件应当在收到起诉书的次日起，7 日内向原告发出受理案件通知书，同时向被告发出应诉通知书，并告知当事人有关的权利义务。

② 组成合议庭，并告知当事人合议庭的组成人员。

共同组成合议庭或者由审判员组成合议庭。合议庭的成员人数，必须是单数。适用简易程序审理的民事案件，由审判员一人独任审理。合议庭组成人员确定的 3 日之内告知双方当事人。

③ 审阅诉讼材料，调查收集证据，组织证据交换。

法官在开庭之前审阅诉讼材料是非常必要的，这是因为只有通过审阅诉讼材料，法官才能弄清双方当事人争论的焦点、当事人提供证据的情况、有可能适用的法律以及有无需要由法院出面收集的证据等情况。如果存在案件必须但当事人又无法提供证据的情况，人民法院应当进行收集、调查工作。证据交换是在人民法院的组织下，当事人将各自所持有的证据与对方当事人进行交换。证据交换的意义在于，让当事人在庭审前就可以了解和分析对方的证据，从而做到心中有数，准备好对策以及针对对方的证据进一步收集必要的证据。

④ 追加当事人

当事人可以向人民法院申请追加当事人，对于当事人的申请，人民法院应当进行审查，申请有理的，应书面通知被追加的当事人参加诉讼。

（4）调解

人民法院对于已经受理的案件，应当在查明事实、分清是非的基础上，根据当事人自愿、合法的原则进行调解。调解达成协议，应当制作调解书，调解书送达当事人即发生法律效力。调解未达成协议或者调解书送达前当事人一方反悔的，人民法院应当及时审判。

（5）开庭审理

开庭审理，是指人民法院在当事人及其他诉讼参与人的参加下，在法院固定的法庭上或法院允许设置的法庭上，依照法定的形式和顺序，对民事案件进行实体审理，在查明事实、分清是非的基础上，依法对民事案件作出裁判的活动。一般来讲，人民法院审理民事案件都应该公开开庭进行。所谓公开开庭，就是指其他的公民可以对案件的审理过程进行旁听，新闻媒体也可以对案件的审理过程和审理结果进行报道。但如果建设工程合同纠纷的当事人认为此案的审理会涉及自身商业秘密的，可以向法院申请不公开审理。

人民法院在确定开庭日期后，应当在开庭 3 日前通知当事人和其他诉讼参与人。对当事人的通知采用传票的方式，对其他诉讼参与人的通知采用通知书的形式。如果受诉法院没有在开庭 3 日前通知当事人和其他诉讼参与人，当事人及其他诉讼参与人有权不出庭。对此，人民法院不能采用拘传、做撤诉处理、缺席判决等方式。对于公开审理的案件，人民法院应当在开庭 3 日前发布公告，公告当事人的姓名、案由以及开庭的时间、地点，以便于群众旁听、新闻媒体的采访、报道。

人民法院适用普通程序审理的案件，应当在立案之日起 6 个月内审结。有特殊情况需要延长的，由本院院长批准，可以延长 6 个月；还需要延长的，报请上级人民法院批准。

2. 第二审程序

第二审程序是指当事人不服第一审人民法院的判决或裁定，而在法定期间提起上诉，上级人民法院对案件进行重新审理的程序。由于我国实行二审终审制，所以又叫终审程序。第二审程序并不是每一起案件的必经程序，第二审程序是因当事人的上诉引起的，当事人的上诉是基于法律赋予当事人的上诉权。如果在第一审程序中当事人达成了调解协议或是在第一审裁判做出后的法定期间内当事人没有提起上诉，一审法院的裁判就已经发生了效力，也就不会再有第二审程序的启动了。

第二审程序的意义主要体现在以下两个方面：

① 保障当事人上诉权的行使，通过行使上诉权当事人可以请求上级人民法院对第一审法院裁判的正确性、合法性进行审查，从而纠正第一审错误的裁判，维护自身的合法权益；

② 通过第二审程序，上级人民法院可对下级人民法院的工作进行有效的监督，这种监督可以使下级人民法院已经发生错误的判决、裁定得到及时的纠正，同时在无形中给下级人民法院以压力，促使下级人民法院在审判时更加谨慎。

（1）上诉的提起

上诉，是指当事人对第一审程序的法院所做的判决、裁定不服，在法定的期间内依法书面请求上级人民法院进行审理，以撤销或变更原判决、裁定的诉讼行为。

根据我国《民事诉讼法》的规定，当事人不服判决的上诉期间为 15 天，不服裁定的上诉期间为 10 天，从判决、裁定送达的次日起计算。

（2）上诉的受理

① 诉讼文书的接收与送达。一审人民法院在收到当事人提交的或上级人民法院移交的上诉状及其副本后 5 日内，应该将上诉状副本送达被上诉人。被上诉人收到上诉状副本后，应该在 15 日内提出答辩。被上诉人提交答辩状的，法院应当在收到答辩状的 5 日内将答辩状副本送达被上诉人。

② 诉讼案卷和证据的报送。一审法院在收到上诉状和答辩状后，应当在 5 日内连同全部案卷和证据，报送二审法院。

③ 上诉的撤回。上诉的撤回是指人民法院受理上诉之后、做出裁判之前，依照法律的规定或依上诉人的申请，对该上诉案件予以撤销，从而终结第二审程序的诉讼活动。

（3）上诉案件的审理

① 组成合议庭。

第二审人民法院审理上诉案件，应该由审判员组成合议庭。这里的合议庭的组成人员应该是 3 人以上的单数，且不允许人民陪审员参加审判。不论上诉案件的第一审程序是采用的独任制审判还是合议庭审判，第二审程序都必须采用合议制的形式。

② 上诉案件的审理范围。

第二审人民法院对上诉案件进行审查，不应该进行全面的审查，而应该对与上诉请求有关的事实和适用法律进行审查，这也是当事人处分原则的体现。当事人没有提出请求的，法院主动去进行审查就忽视了当事人的意愿，而且很容易造成重复审理，浪费司法资源。被上诉人在答辩中要求变更或补充第一审判决内容的，第二审法院可以不予审查。

③ 上诉案件的审理方式。

第二审人民法院审理上诉案件，有开庭审理和径行判决两种方式。二审程序以开庭审理为原则，以径行判决为例外。开庭审理，是指合议庭应该传唤双方当事人及其他诉讼参与人到庭，进行法庭调查、法庭辩论、合议庭评审以及宣判。第二审人民法院在审理上诉案件时，需要对原证据进行重新审查或当事人提出新的证据的，应当开庭审理。径行判决，是指人民法院不传唤和通知当事人及诉讼参与人同时到庭进行调查和辩论，而是在通过阅卷和必要的调查之后直接对案件做出判决。第二审法院在经过调查、询问当事人，对事实核对清楚后，合议庭认为不需要开庭审理的，可以径行判决。

④ 上诉案件的调解。

第二审法院审理上诉案件也可以进行调解，调解根据自愿、合法的原则进行。第一审程序中的调解，有时可以不制作调解书，但是，第二审程序采用调解结案的，必须制作调解书，由审判员、书记员签名，并加盖人民法院印章。调解书一经合法送达，就与终审判决具有同等的法律效力，同时，一审人民法院的判决、裁定视为撤销。但是，在第二审法院的调解书中不写"撤销原判"。

（4）上诉案件的裁判

对一审判决提起上诉的案件的裁判，主要有以下几种：

1）驳回上诉，维持原判。二审法院经过审理，认为一审判决对上诉请求的有关事实清楚、证据确实充分，适用法律正确的，判决驳回上诉、维持原判。

2）依法改判。依法改判可能是变更原判决的一部分，也可能是变更原判决的全部。遇有以下情形的，人民法院可以或应当改判：

① 原判决认定事实不清、证据不足的以及原判决认定事实错误的，人民法院可以在查清事实的基础上依法改判；

② 原判决认定事实清楚、证据充分，但适用法律错误的应当依法改判。

③ 裁定发回重审。原判决违反法定程序，可能影响案件公正审理的，可以裁定撤销原判，发回重审。发回重审的案件按照第一审程序进行审理，审理后做出的裁判为一审裁判，当事人不服的，仍可以提起上诉。

第二审法院做出的裁判为终审裁判，具有终局效力。其法律效力具体表现在以下几个方面：

① 终结诉讼程序；

② 不得再行上诉；

③ 不得重新起诉；

④ 强制执行的效力。

3. 再审程序

再审程序，是指对已经发生法律效力的判决书、裁定书、调解书，人民法院发现确有错误的，对案件再行审理的程序。再审程序也称为审判监督程序。再审程序不是案件的必经程序，也不是诉讼的独立审级，它只是纠正错误裁判的法定程序。审判监督程序的启动有以下几种方式：

① 由人民法院基于审判监督权决定对案件进行再审；

② 人民检察院基于检察监督权提起抗诉，人民法院接受抗诉从而对案件进行再审；

③ 当事人认为人民法院的生效判决书、裁定书、调解书存在错误，从而向人民法院申请再审，人民法院决定再审的。

4. 执行程序

执行程序是指人民法院执行组织进行执行活动和申请执行人、被执行人以及协助执行人进行执行活动必须遵守的法律程序。

8.4.4　诉讼时效

1. 诉讼时效的概念

诉讼时效是指权利人于一定期间内不行使民事权利而于该一定期间届满时即丧失请求人民法院保护其民事权利的制度。

民事权利受法律保护，是民事权利本身固有的性质，因此权利人在其民事权利受到侵害时，有权通过民事诉讼程序请求人民法院予以保护，人民法院应当依法满足权利人的诉讼请求。然而，人民法院依法保护民事权利是有条件的，权利人只有在法定期间内向人民法院请求保护，人民法院才予以保护。权利人请求人民法院保护其民事权利的法定期间就是诉讼时效期间。

诉讼时效期间届满，消灭的只是权利人的胜诉权而不是实体权利，即只消灭权利人请求人民法院保护其民事权利的权利。如果当事人自愿履行义务，不受其限制，而且当事人履行义务后不得以诉讼时效期间届满为由请求返还。

2. 诉讼时效的种类

（1）普通诉讼时效

根据我国《民法总则》第一百八十八条的规定，除法律另有规定的以外，当事人向人民法院请求保护民事权利的诉讼时效期间为三年。

（2）特殊诉讼时效

根据我国《民法总则》第一百八十八条和《合同法》第一百二十九条的规定，特殊诉讼时效主要有：

① 身体受到伤害要求赔偿的，出售质量不合格的商品未声明的，延付或者拒付租金的，寄存财物被丢失或者损毁的，诉讼时效期间为一年；

② 因国际货物买卖合同和技术进出口合同争议提起诉讼的，诉讼时效期间为四年。

3. 诉讼时效的起算

诉讼时效期间从知道或者应当知道权利被侵害时起计算。从权利被侵害之日起超过二十年的，人民法院不予保护。这是我国《民法总则》对最长诉讼时效的规定。

4. 诉讼时效的中止、中断与延长

诉讼时效一经开始，便向着完成的方向进行。但是，出于各种主、客观因素的影响，诉讼时效在进行过程中会发生某些特殊情况。其中，诉讼时效的中止和中断表现为阻碍诉讼时效在法定期间完成的情况，民法学上称为时效完成的障碍，而诉讼时效的延长则是基于某种情况，将已完成的时效期间依法加以适当延长。

（1）诉讼时效的中止

诉讼时效中止是指在诉讼时效进行期间，因发生法定事由阻碍权利人行使请求权，诉讼依法暂时停止进行，并在法定事由消失之日起继续进行的情况，又称为时效的暂停。对此，我国《民法总则》第 194 条予以规定："在诉讼时效期间的最后 6 个月内，因不可抗力或者其他障碍不能行使请求权的，诉讼时效中止，诉讼时效从中止时效的原因消除之日起继续计算。"

诉讼时效的中止必须是因法定事由而发生。这些法定事由包括两大类：一是不可抗力，如自然灾害、军事行动等，都是当事人无法预见和克服的客观情况；二是其他阻碍权利人行使请求权的情况。法定事由发生在诉讼时效期间的最后六个月内，开始产生中止诉讼时效的效力。

诉讼时效中止之前已经经过的期间与中止时效的事由消失之后继续进行的期间合并计算。而中止的时间过程则不计入时效期间，为此，民法把时效中止视为诉讼时效完成的暂时性阻碍。

（2）诉讼时效的中断

诉讼时效中断是指已开始的诉讼时效因发生法定事由不再进行，并使已经经过的时效期间丧失效力。我国《民法总则》第 195 条确认了诉讼时效中断的情况和事由，"诉讼时效因提起诉讼、当事人一方提出要求或者同意履行义务而中断。从中断时起，诉讼时效期间重新计算。"

引起诉讼时效中断的事实是由法律直接规定的，其特点在于均是当事人有意识的行为，包括起诉、权利人主张权利或者义务人同意履行义务的行为。这些法定事由只要在诉讼时效进行中出现即引起时效的中断。

中断诉讼时效的法定事由发生在诉讼时效期间的任何阶段均产生中断的法律效力。而且诉讼时效中断的次数不受法律限制，也就是说，诉讼时效因权利人主张权利或者义务人同意履行义务而中断后，权利人在新的诉讼时效期间，再次主张权利或者义务人再次同意履行义务的，可以认定为诉讼时效再次中断。

从诉讼时效中断时起，诉讼时效期间重新起算。从而法定事由发生之前已经经过的时效期间归于无效，与重新计算的时效期间没有关系，在此种意义上，民法学称诉讼时效中断为根本性障碍。

根据《民法总则》的规定，中断诉讼时效的事由包括提起诉讼（起诉）、当事人一方提出要求（请求）或者同意履行义务（承诺）。这些事由区别于中止诉讼时效的事由，都是依当事人主观意志而实施的行为。诉讼时效的目的是促使权利人行使请求权，消除权利义务关系的不稳定状态，从而诉讼时效进行的条件是权利人不行使权利，如果当事人通过实施这些行为，使权利义务关系重新明确，则诉讼时效已无继续计算的意义，当然应予以中断。

①起诉。即权利人依诉讼程序主张权利，请求人民法院强制义务人履行义务。起诉行为是权利人通过人民法院向义务人行使权利的方式。故诉讼时效因此而中断，并从人民法院裁判生效之时重新起算。

②请求。这里指权利人直接向义务人做出请求履行义务的意思表示。这一行为是权利人在诉讼程序外向义务人行使请求权。改变了不行使请求权的状态，故应中断诉讼时效。

③认诺。即义务人在诉讼时效进行中直接向权利人做出同意履行义务的意思表示。基于义务人认诺所承担的义务，使双方当事人之间的权利义务关系重新得以明确，诉讼时效自此中断，并即时重新起算。认诺的方式有多种多样，包括部分清偿、请求延期给付、支付利息、提供履行担保等。

（3）诉讼时效的延长

诉讼时效延长是指人民法院查明权利人在诉讼时效期间确有法律规定之外的正当理由而未行使请求权的，适当延长已完成的诉讼时效期间。我国《民法总则》对于诉讼时效的延长也有明文规定，诉讼时效延长具有不同于诉讼时效中止和中断的特点。具体表现在，它是发生在诉讼时效届满之后，而不是在诉讼时效过程中，而且能够引起诉讼时效延长的事由，是由人民法院认定的。延长的期限，也是由人民法院依客观情况予以掌握。

延长诉讼时效所依据的正当理由（事由）是由人民法院依职权确认的，因为社会生活的复杂性决定了法律不可能将阻碍诉讼时效进行的情况全部加以规定。当出现中止和中断诉讼时效的法定事由之外的事实即特殊情况，造成权利人逾期行使请求权时，有必要授权人民法院审查是否作为延长时效的事由，以弥补法律规定的不足。而所谓特殊情况是指权利人由于障碍在法定诉讼时效期间不能行使请求权的情况。

诉讼时效的延长适用于已经届满的诉讼时效。已完成的诉讼时效期间仍然有效力，而由人民法院决定适当延长一定的期间。

8.5 建设工程替代性争议解决机制

8.5.1 争议评审机制

《建设工程施工合同（示范文本）》GB-2017-0201 中第二十条规定了争议评审机制，就是一种非对抗性争议解决机制。

范本中规定："合同当事人在专用合同条款中约定采取争议评审方式解决争议以及评审规则，并按下列约定执行"。

（1）争议评审小组的确定

合同当事人可以共同选择一名或三名争议评审员，组成争议评审小组。除专用合同条款另有约定外，合同当事人应当自合同签订后 28 天内，或者争议发生后 14 天内，选定争议评审员。

选择一名争议评审员的，由合同当事人共同确定；选择三名争议评审员的，各自选定一名，第三名成员为首席争议评审员，由合同当事人共同确定或由合同当事人委托已选定的争议评审员共同确定，或由专用合同条款约定的评审机构指定第三名首席争议评审员。

除专用合同条款另有约定外，评审员报酬由发包人和承包人各承担一半。

（2）争议评审小组的决定

合同当事人可在任何时间将与合同有关的任何争议共同提请争议评审小组进行评审。争议评审小组应秉持客观、公正原则，充分听取合同当事人的意见，依据相关法律、规范、标准、案例经验及商业惯例等，自收到争议评审申请报告后 14 天内做出书面决定，并说明理由。合同当事人可以在专用合同条款中对本项事项另行约定。

（3）争议评审小组决定的效力

争议评审小组做出的书面决定经合同当事人签字确认后，对双方具有约束力，双方应遵照执行。

任何一方当事人不接受争议评审小组决定或不履行争议评审小组决定的，双方可选择采用其他争议解决方式。

8.5.2 国际工程中存在的替代性争议解决机制

近 20 年来，国际工程建设领域不断涌现出多种新型的国际工程合同争议解决模式，例如，调停或者称为斡旋、争议评审委员会（DRB）、争议裁决委员会（DAB）、独立的裁决人（Adjudicator）等。这些模式与相对较为传统的协商、调解等模式一起，统称为解决国际工程合同争议的"替代性争议解决模式"（Alternative Dispute Resolution，简称 ADR）或者称为非诉讼争议解决模式。

1. DAB

DAB 是争端裁决委员会（Dispute Adjudication Board）的缩写，指双方通过协商，选定一个独立公正的争端裁决委员会，对争议做出决定。其目的是为了实现争议双方的互利共赢，是争议解决方式中比较友好的解决方式之一。

DAB 成员的选择与任命，根据工程项目的规模和复杂程度，争端裁决委员会可以由 1

人或者 3 人组成，任命方式有 3 种：

（1）常任争端裁决委员会。

（2）特聘争端裁决委员会，由只在发生争端时任命的 1 名或 3 名成员组成，他们的任期通常在 DAB 对该争端发出其最终决定时期满。

（3）由工程师兼任。

DAB 的成员一般为工程技术和管理方面的专家，业主和承包商应该按照支付条件各自支付其报酬的一半。

和解、调节、仲裁与诉讼是事后启动、事后审理而 DAB 方式在工程开工前即成立，既解决纠纷又起到预防作用。DAB 在解决建设工程合同争议所具有的优势体现在高效率、缓解司法压力、兼顾建设工程合同争议的专业性、灵活性、和谐性和早期介入等方面，且费用成本低。DAB 不断密切注视工程进展，一出现争端，即出面调解。因此本质上属于非诉讼解决方式的范畴，它能够增进业主和承包商之间的交流、合作，有利于快速、经济、公正地解决合同纠纷。除了 DAB 方式除具有非诉讼纠纷解决方式（ADR）的一般特点以外，还有其突出的特点，主要有五个方面：现场性、程序性、合意性超前性、保密性、效力性。

2. DRB

为追求解决争议的公平与合理，参照国际第三方裁决原则，1996 年 FIDIC 合同对第四版进行了修订，引入了争议审核委员会 DRB（Dispute Review Board，简称 DRB）这一独特方式，提出用 DRB 方式代替工程师解决争议的作用，使解决路径变为：争议提出—工程师决定—争议审核委员会（DRB）—友好解决—仲裁。

DRB 的主要优势在于能为产生争议的双方提供一个最大限度的符合实际状况的专业性的解决方案，这对于解决工程合同争议这种专业性极强的争议无疑是十分有利的。虽然 DRB 给出的争议解决方案是建议性的，不具有法律约束力，但对仲裁诉讼等终局性的争议解决方式却具有十分重要的参考价值。

DRB 这一解决方式可以替代工程师解决争议的作用，虽然给出的解决方案是建议性的不具有法效力，但是在争议解决中可以提供可靠的参考。

3. 独立裁决人

施工过程中合同的纠纷经常发生，标准合同文本中最终的解决方法往往是仲裁，然而近几年来这种方法也变得费时、费钱。ECC 合同的核心条款第 92 条规定了工程实施过程中的任何争端都必须首先提交给独立于合同双方的"裁决人"去解决。

独立裁决人是英国合同文本中提出的概念，是一种快捷又公正的争议解决方式。

阅读材料：

人民法院诉讼与新加坡国际仲裁收费标准 ❶

1. 人民法院诉讼收费标准

收费标准如表 8-1 所示。

---

❶　来源于新加坡国际仲裁中心 http://www.siac.org.sg/our-rules/rules/siac-rules-2016.

人民法院诉讼收费标准　　　　　　　　　　　　　　　　　表 8-1

案件受理费		
离婚案件	每件 50 ～ 300 元	涉及财产分割，财产总额不超过 20 万元的，不另行交纳；超过 20 万元的部分按照 0.5% 交纳
侵害姓名权、名称权、肖像权、名誉权、荣誉权及其他人格权的案件	每件 100 ～ 500 元	涉及损害赔偿，赔偿金额不超过 5 万元的，不另行交纳；超过 5 万～ 10 万元的部分，按照 1% 交纳；超过 10 万元的部分，按照 0.5% 交纳
其他非财产案件	每件 50 ～ 100 元	
劳动争议案件	每件 10 元	
知识产权民事案件	每件 500 ～ 1000 元	有争议金额的按财产案件收费标准交纳
商标、专利、海事行政案件	每件交纳 100 元	
其他行政案件	每件交纳 50 元	
当事人提出案件管辖权异议不成立的	每件交纳 50 ～ 100 元	
财产案件收费（根据诉讼请求的金额或者价额，按照右侧按比例分段累计交纳）	不超过 1 万元的部分	每件交纳 50 元
	1 万～ 10 万元的部分	按照 2.5% 交纳
	10 万～ 20 万元的部分	按照 2% 交纳
	20 万～ 50 万元的部分	按照 1.5% 交纳
	50 万～ 100 万元的部分	按照 1% 交纳
	100 万～ 200 万元的部分	按照 0.9% 交纳
	200 万～ 500 万元的部分	按照 0.8% 交纳
	500 万～ 1000 万元的部分	按照 0.7% 交纳
	1000 万～ 2000 万元的部分	按照 0.6% 交纳
	超过 2000 万元的部分	按照 0.5% 交纳
申 请 费		
申请执行人民法院发生法律效力的判决、裁定、调解书，仲裁机构依法做出的裁决和调解书，公证机关依法赋予强制执行效力的债权文书，申请承认和执行外国法院判决、裁定以及国外仲裁机构裁决的，按照下列标准交纳	没有执行金额或者价额的	每件交纳 50 元至 500 元
	执行金额或者价额不超过 1 万元的部分	每件交纳 50 元
	超过 1 万～ 50 万元的部分	按照 1.5% 交纳
	超过 50 万～ 500 万元的部分	按照 1% 交纳
	超过 500 万～ 1000 万元的部分	按照 0.5% 交纳
	超过 1000 万元的部分	按照 0.1% 交纳
	符合民事诉讼法第五十四条第四款规定，未参加登记的权利人向人民法院提起诉讼的，按照本项规定的标准交纳申请费，不再交纳案件受理费	
申请保全措施的，根据实际保全的财产数额按照下列标准交纳	财产数额不超过 1000 元或者不涉及财产数额的部分	每件交纳 30 元
	超过 1000 ～ 10 万元的部分	按照 1% 交纳
	超过 10 万元的部分	按照 0.5% 交纳
	但是，当事人申请保全措施交纳的费用最多不超过 5000 元	
依法申请支付令的	比照财产案件受理费标准的 1/3 交纳	

续表

依法申请公示催告的	每件交纳100元	
申请撤销仲裁裁决或者认定仲裁协议效力的	每件交纳400元	
破产案件	依据破产财产总额计算，按照财产案件受理费标准减半交纳	但是，最高不超过30万元
海事案件的申请费按照下列标准交纳	申请设立海事赔偿责任限制基金的	每件交纳1000～1万元
	申请海事强制令的	每件交纳1000～5000元
	申请船舶优先权催告的	每件交纳1000～5000元
	申请海事债权登记的	每件交纳1000元
	申请共同海损理算的	每件交纳1000元

其　他

以调解方式结案或者当事人申请撤诉的，减半交纳案件受理费

适用简易程序审理的案件减半交纳案件受理费

对财产案件提起上诉的，按照不服一审判决部分的上诉请求数额交纳案件受理费

被告提起反诉、有独立请求权的第三人提出与本案有关的诉讼请求，人民法院决定合并审理的，分别减半交纳案件受理费

依照《诉讼费用交纳办法》第九条规定需要交纳案件受理费的再审案件，按照不服原判决部分的再审请求数额交纳案件受理费

诉讼费包括两个方面：

（1）案件受理费

就是人民法院决定受理当事人提出的诉讼后，依法向当事人收取的费用。

案件受理费可分为：

1）非财产案件受理费，如离婚、侵犯公民肖像权、名誉权等因人身关系或非财产关系提起的诉讼时，人民法院依法向当事人收取的费用。

2）财产案件受理费，如债务、经济合同纠纷等因财产权益争议提起诉讼时，人民法院依法向当事人收取的费用。

（2）其他诉讼费用

人民法院除了向当事人收取案件受理费外，还应收取在审理案件及处理其他事项时实际支出的费用。

主要包括：

1）勘验费、鉴定费、公告费、翻译费（当地通用的民族语言、文字除外）。

2）证人、鉴定人、翻译人员在人民法院决定开庭日期出庭的交通费、住宿费、生活费和误工补贴费。

3）采用诉讼保全措施的申请费和实际支出的费用。

4）执行判决、裁定或者调解协议所实际支出的费用。

5）人民法院认为应当由当事人负担的其他诉讼费用。

2. 新加坡国际仲裁中心仲裁规则（新仲规则2016年）

仲裁费用包括：仲裁庭的报酬及开支以及紧急仲裁员的报酬及开支（若有）；新仲的管理费及开支，以及仲裁庭指定专家的费用，以及仲裁庭需要其他合理的协助而产生的费用。

（1）登记费（不可退还，含7%的消费税，表8-2）

登记费	表 8-2
新加坡当事人	S$2140
外国当事人	S$2000

（2）管理费（表 8-3）

争议总额（S$）	管理费（S$）
	表 8-3
50000 以下（含 50000）	3800
50001～100000	3800＋2.200%（争议金额－50000）
100001～500000	4900＋1.200%（争议金额－100000）
500001～1000000	9700＋1.000%（争议金额－500000）
1000001～2000000	14700＋0.650%（争议金额－1000000）
2000001～5000000	21200＋0.320%（争议金额－2000000）
5000001～10000000	30800＋0.160%（争议金额－5000000）
10000001～50000000	38800＋0.095%（争议金额－10000000）
50000001～80000000	76800＋0.040%（争议金额－50000000）
80000001～100000000	88800＋0.031%（争议金额－80000000）
100000000 以上	95000

管理费不包括：仲裁庭的报酬和开支；与庭审相关的设施使用费用及其他辅助服务费用（例如，庭审室、庭审设备、庭审记录和翻译等费用）；新仲的管理开支。

（3）仲裁员报酬（付给每位仲裁员的最高金额，表 8-4）

争议总额（S$）	管理费（S$）
	表 8-4
50000 以下（含 50000）	6250
50001～100000	6250＋13.800%（争议金额－50000）
100001～500000	13150＋6.500%（争议金额－100000）
500001～1000000	39150＋4.850%（争议金额－500000）
1000001～2000000	63400＋2.750%（争议金额－1000000）
2000001～5000000	90900＋1.200%（争议金额－2000000）
5000001～10000000	126900＋0.700%（争议金额－5000000）
10000001～50000000	161900＋0.300%（争议金额－10000000）
50000001～80000000	281900＋0.160%（争议金额－50000000）
80000001～100000000	329900＋0.075%（争议金额－80000000）
100000001～500000000	344900＋0.065%（争议金额－100000000）
500000000 以上	605000＋0.040%（争议金额－500000000） 最高仲裁员报酬至 2000000

思考题：

（1）通过阅读材料对比合同额为 5 亿人民币时，诉讼与仲裁的费用差异？

（2）通过本章知识与阅读材料，全面对比仲裁与诉讼的差异？重点分析仲裁的优势。

第9章 建设工程物资采购合同管理

建设工程中需要采购的物资包括施工设备、施工材料、建筑设备，以及施工用设施和周转材料，其采购的方式分为市场直接采买、加工承揽定做、外部市场租赁三类，按照合同法的分类，涉及买卖合同、承揽合同、租赁合同三大类。由于材料设备费占建安费的70%以上，所以采购的成败决定着工程项目成本的高低。本章知识要点有：买卖合同概念、特征与类型；买卖合同的内容；建设工程中材料设备进场、检验、保管与使用的管理；租赁合同的概念与特征；租赁合同的主要内容；承揽合同的概念、特征与类型；承揽合同的主要内容。

9.1 建设工程物资买卖合同管理

用于永久性工程的施工材料和建筑设备，一般通过买卖的形式完成采购，其所签订的是买卖合同。

9.1.1 买卖合同的概念

买卖合同是出卖人转移标的物的所有权于买受人，买受人支付价款的合同。转移买卖标的物的一方为出卖人，也就是卖方；受领买卖标的，支付价金的一方是买受人，也就是买方。

买卖合同具备以下特征：

（1）买卖合同是有名合同。买卖合同是合同法分则中明确规定的合同，因而属于有名合同。买卖合同是最基本的有名合同。

（2）买卖合同是卖方转移财产所有权，买方支付价款的合同。买卖合同是卖方转移财产所有权的合同。卖方不仅要将标的物交付给买方，而且要将标的物的所有权转移给买方。转移所有权，这使买卖合同与一方也要交付标的物的其他合同，如租赁合同、借用合同、保管合同等区分开来。其次，买卖合同是买方应支付价款的合同，并且价款是取得标的物所有权的对价。这又使买卖合同与其他转移财产所有权的合同，如互易合同、赠与合同区别开来。

（3）买卖合同是双务合同。出卖人与买受人互为给付，双方都享有一定的权利，又都负有相应的义务。卖方负有交付标的物并转移其所有权于买方的义务，买方也同时负有向卖方支付价款的义务。一方的义务也正是对方的权利。因此，买卖合同是一种典型的双务合同。

（4）买卖合同是有偿合同。出卖人与买受人有对价关系，卖方取得价款是以转移标的物的所有权为代价的，买方取得标的物的所有权是以给付价款为代价的。买卖合同的任何一方从对方取得物质利益，都须向对方付出相应的物质利益。因此，买卖合同是典型的有

202

偿合同。

（5）买卖合同多是诺成合同。一般当事人就买卖达成合意，买卖合同即成立，而不以标的物或者价款的现实交付为成立的要件。这在有些国家的法律中是明确规定的，如法国民法典规定，当事人就标的物及其价金相互同意时，即使标的物尚未交付、价金尚未支付，买卖即告成立。但是，买卖合同当事人也可以在合同中做出这样的约定，标的物或者价款交付时，买卖合同始为成立。此时的买卖合同即为实践合同或者称要物合同。

（6）买卖合同为要式或者不要式合同，从法律对合同形式的要求区分，既可有要式合同，又可有不要式合同，如房屋买卖需采用书面形式，是要式合同；即时清结买卖为不要式合同，法律对合同的形式一般不做要求。

9.1.2　买卖合同的种类

买卖合同除可按合同一般标准分类外，依其特点，还可有多种分类。

（1）一般买卖和特种买卖

按照买卖有无特殊的方式，可分为一般买卖和特种买卖。试验买卖、分期付款买卖、凭样品买卖、买回买卖、拍卖、标卖等有特殊方式的买卖为特种买卖，除此之外无特殊方式的买卖为一般买卖。

（2）特定物买卖与种类物买卖

按照买卖标的物是特定物还是种类物，可分为特定物买卖和种类物买卖。买卖标的物是特定物的，为特定物买卖。买卖标的物是种类物的，为种类物买卖。种类物买卖有瑕疵的，可以更换种类物。

（3）批发买卖与零售买卖

按照销售的数量可分为批发买卖和零售买卖。批发买卖简称批发，指批量销售。批发可以是批发商将货物销售给另一批发商或者零售商，也可以是批发商或者零售商将货物批量销售给个人或者单位。零售买卖简称零售，指零散销售，是零售商将货物单个、少量销售给个人或者单位。

（4）即时买卖和非即时买卖

按照买卖能否即时清结，可分为即时买卖和非即时买卖。即时买卖指当事人在买卖合同成立时即将买卖标的物与价金对交，即时清结。非即时买卖指当事人在买卖合同成立时非即时清结，待日后履行。

非即时买卖又有预约买卖、赊欠买卖等多种划分。预约买卖指买卖成立时买受人先支付预付款，出卖人日后交付货物的买卖。这种买卖从出卖人角度称预售，从买受人角度称订购。预约买卖同买卖预约不同。预约买卖的买卖关系业已成立，而买卖预约仅是一种预约，买卖合同并未成立，买受人没有支付价金。赊欠买卖指买卖成立时出卖人先交付买卖标的物，买受人日后一次支付价金的买卖。赊欠买卖从出卖人角度称赊售，从买受人角度称赊购。

（5）一时买卖与连续交易买卖

根据当事人双方的买卖是否以一次完结为标准，可分为一时买卖与连续交易买卖。

一时买卖是指当事人双方仅进行一次交易即结束双方之间的买卖关系的买卖，即使双方之间有多次交易，每次交易也都是单独的，而无连续性。

连续交易的买卖是指当事人双方于一定的期限内，卖方定期或者不定期地供给买方某种物品，买方按照一定标准支付价款的买卖，双方之间的每次交易都是有关联的。建设工程中的钢筋、商品混凝土等采购周期长、使用量大的材料一般是连续交易的买卖。

（6）自由买卖与竞价买卖

按照是否采用竞争的方法进行买卖，可分为自由买卖和竞价买卖。未采用竞争方法买卖的，为自由买卖。采用竞争方法买卖的，为竞价买卖，如拍卖。建设工程中如果属于强制招标范围的材料、设备，不管是发包人采购，还是承包人采购，均需要通过招标这一竞价买卖的方式完成采购。

9.1.3　建设工程物资采购供应的方式

根据《建设工程施工合同（示范文本）》GF-2017-0201 规定，建设工程所需的材料和设备可由发包人采购供应，也可由承包人采购供应。

（1）发包人自行供应材料、工程设备的，应在签订合同时在专用合同条款的附件《发包人供应材料设备一览表》中明确材料、工程设备的品种、规格、型号、数量、单价、质量等级和送达地点（表 9-1）。

发包人供应材料设备一览表　　　　　　　　　　　　　　表 9-1

序号	材料、设备品种	规格型号	单位	数量	单价（元）	质量等级	供应时间	送达地点	备注

承包人应提前 30 天通过监理人以书面的形式通知发包人供应材料与工程设备进场。承包人按照合同（施工进度计划的修订）条款约定修订施工进度计划时，需同时提交经修订后的发包人供应材料与工程设备的进场计划。

（2）承包人负责采购材料、工程设备的，应按照设计和有关标准要求采购，并提供产品合格证明及出厂证明，对材料、工程设备质量负责。合同约定由承包人采购的材料、工程设备，发包人不得指定生产厂家或供应商，发包人违反本款约定指定生产厂家或供应商的，承包人有权拒绝，并由发包人承担相应责任。

9.1.4　买卖合同的内容

在买卖合同中，合同的内容由当事人约定，可以根据具体合同的实际情况，在一般合同均具备的当事人的名称或者姓名和住所、标的、数量、质量、价款或者报酬、履行期限、地点和方式、违约责任、解决争议的方法等条款之外，再约定包装方式、检验标准、检验方法、结算方式、合同使用的文字及其效力等条款。

1. 交付期间

出卖人应当按照约定的期限交付标的物。约定交付期间的，出卖人可以在该交付期间内的任何时间交付。

合同约定在某确定时间交付。除非对交付的时间有精确要求的合同外，一般落实到日即是合理的。出卖人约定的时间履行标的物交付义务。迟于此时间，即为迟延交付。早于此时间，即为提前履行，严格意义上也是一种违约。按照本法总则的规定，买受人可以拒绝出卖人提前履行债务，但提前履行不损害买受人利益的除外。出卖人提前履行债务给债权人增加的费用，由出卖人承担。

现实生活中大量的合同均约定了一个交付的期间。交付期间指的是一个时间段。具体的合同纷繁复杂，这一时间段是某几年、某几月或者某几天都有可能。这种情况下，依照本条规定，出卖人就可以在该交付期间内的任何时间交付，这也是符合当事人意图的。

合同生效后，当事人就标的物的交付期限没有约定或者约定不明时，首先，当事人可以协商达成补充协议；不能达成补充协议的，按照合同有关条款或者交易习惯确定。如果这样仍然不能确定，出卖人就可以随时履行，买受人也可以随时要求出卖人履行，但应当给对方必要的准备时间。为了使买受人有一个合理的准备接收标的物的时间，如准备仓库等，出卖人应当在交付之前通知买受人。

标的物在订立合同之前已为买受人占有的，合同生效的时间为交付时间。

2. 交付地点

出卖人应当按照约定的地点交付标的物。当事人没有约定交付地点或者约定不明确，首先当事人可以协商达成补充协议，不能达成补充协议的，适用以下规则：

（1）如果买卖合同标的物需要运输，无论运输以及运输工具是出卖人安排的，还是买受人安排的，出卖人的交付义务就是将标的物交付给第一承运人。即使在一批货物需要经过两个以上的承运人才能运到买方的情况下，出卖人也只需把货物交给第一承运人。这时即认为出卖人已经履行了交付的义务。因此，出卖人交付的地点也就是应当将标的物交付给第一承运人的地点。

这里需要注意的一点是，在有的国际货物买卖中，合同虽然也涉及了货物的运输问题，但当事人采用了某种贸易术语，而该术语本身就涵盖了交货的地点，此时就不属于本条规定的情况了。例如，当事人在合同中约定交货的条件是"FOB 上海"，即使货物需要从郑州用火车运到上海再由上海海运到西雅图，出卖人的义务也是把货物交付到上海的指定船舶上，而不是把货物交到郑州开往上海的火车上就算完成了交付。

（2）如果标的物不需要运输，即合同中没有涉及运输的事宜，这时如果出卖人和买受人订立合同时知道标的物在某一地点的，出卖人应当在该地点交付标的物。双方当事人知道标的物在某一地点，一般在以下情况中较为常见：买卖合同的标的物是特定物；标的物是从某批特定存货中提取的货物，例如指定存放在某地的小麦仓库中提取若干吨小麦作为交付的货物；尚待加工生产或者制造的未经特定化的货物，如买卖的订货将在某地某家工厂加工制造。

（3）在不属于以上两种情况的其他情况下，出卖人的义务是在其订立合同时的营业地把标的物交付买受人处置。出卖人应当采取一切必要的行动，让买受人能够取得标的物，如做好交付前的准备工作，将标的物适当包装，刷上必要的标志，并向买受人发出通知让其提货等。

3. 标的物毁损、灭失风险承担的基本原则

风险承担是指买卖的标的物在合同生效后因不可归责于当事人双方的事由，如地震、火灾、飓风等致使发生毁损、灭失时，该损失由哪方当事人承担。风险承担的关键是风险转移的问题，也就是说如何确定风险转移的时间。转移的时间确定了，风险由谁来承担也就清楚了。由于它涉及买卖双方当事人最根本的利益，所以从来都是买卖合同中要解决的一个最重要的问题。

首先，标的物风险转移的时间可以由双方当事人在合同中做出约定。当事人在这方面行使合同自愿的权利，法律是没有理由干预的。这在各国法律规定中都是一致的，国际货物销售合同公约规定，当事人可以在合同中使用某种国际贸易术语，如 FOB、CIF 等，或者以其他办法来约定货物损失的风险，从卖方转移到买方的时间及条件。我国涉外经济合同第十三条也规定，合同应当视需要约定当事人对履行标的承担风险的界限；必要时应当约定对标的物的保险范围。在大宗贸易尤其是在国际贸易中，当事人往往都会通过各种方式，很多通过采用国际贸易术语的方式在合同中确定了风险转移的时间。如约定以 FOB、CFR 或者 CIF 条件成交时，货物的风险都是在装运港装船越过船舷时起，由卖方转移至买方。

我国合同法中将"交付原则"作为风险分担的原则，即不把风险转移问题与所有权转移问题联系在一起，而是以标的物的交付时间来确定风险转移的时间。美国、德国以及联合国国际货物销售合同公约等采取的都是这种原则。因此，对于标的物毁损、灭失的风险，交付前由出卖人承担，交付后由买受人承担。

因买受人的原因致使标的物不能按照约定的期限交付的，买受人应当自违反约定之日起承担标的物毁损、灭失的风险。《联合国国际货物销售合同公约》第 69 条也规定，在相关情况下，买方从货物交付给他处置但他不收取货物，从违反合同时起，承担货物的风险。

出卖在运输途中的货物，一般在合同订立时，出卖人就应当将有关货物所有权的凭证或者提取货物的单证等交付买方，货物也就处在了买方的支配之下。因此，从订立合同时起就转移了货物的风险承担。

4. 标的物质量

质量要求是买卖合同的重要条款。出卖人交付的标的物应当符合约定的质量要求，否则，买受人可以请求出卖人承担违约责任。国际货物销售合同公约第 35 条也规定了类似的内容。即"卖方交付的货物必须与合同所规定的数量、质量和规格相符，并须按照合同所规定的方式装箱或包装。"

出卖人提供的有关标的物质量的说明，严格说来，也是当事人对标的物质量要求的一种约定。这些都属于买卖合同对标的物的明示约定，可以通过以下三种方式表现：

（1）如果卖方对买方就有关货物在事实方面做出了确认或者许诺，并作为交易基础的组成部分，就构成一项明示担保，即保证他所出售的货物与他所做的确认或者许诺相符。这种对事实所做的确认或者许诺可以用货物的标签、商品说明及目录等方式表示，也可以记载在合同内。

（2）卖方对货物所做的任何说明，只要是作为交易基础的一部分，就构成了一项明示担保，卖方所交的货物必须与该项说明相符。

（3）作为交易基础的组成部分的样品、模型，也是一种明示担保，卖方所交的货物应当与样品或者模型一致。

质量不符合约定的，应当按照当事人的约定承担违约责任。对违约责任没有约定或者约定不明确，受损害方根据标的物的性质以及损失的大小，可以合理地选择请求修理、更换、重做、退货、减少价款或者报酬。质量不符合约定，造成其他损失的，可以请求赔偿损失。

5. 标的物包装

标的物的包装，有两种含义：一种是指盛标的物的容器，通常称为包装用品或者包装物；另一种是指包装标的物的操作过程。因此，包装方式既可以指包装物的材料，又可以指包装的操作方式。包装又分为运输包装和销售包装两类。运输包装在我国一般有国家标准或者行业标准。

标的物的包装方式既可以指包装物的材料，又可以指包装的操作方式，它对于标的物品质的保护具有重要作用，尤其对一些易腐、易碎、易潮以及如化学物品等更是这样。出卖人应当按照约定的包装方式交付标的物，对包装方式没有约定或者约定不明确的，应当按照通用的方式包装，没有通用方式的，应当采取足以保护标的物的包装方式。

6. 检验

标的物的检验是指买受人收到出卖人交付的标的物时，对其等级、质量、重量、包装、规格等情况的查验、测试或者鉴定。

在买卖合同的履行过程中，在出卖人交付标的物后，接着的一个重要问题就是买受人对标的物的检验。检验的目的是查明出卖人交付的标的物是否与合同的约定相符，检验的时间、地点和方法按照合同约定办理；如合同未做约定，在卖方负责把货物运到目的地的情况下，应在目的地进行检验。其他情况下，应当在合理的时间、地点，以合理的方式进行检验。如检验表明货物与合同约定相符合，检验的费用由买方承担，反之由卖方承担。如果合同约定采用交货付款或者交单付款等付款条件，则买方就得在检验之前付款。在国际贸易中，大都采用交单付款的方式，买方通常都是在卖方移交提单时支付货款，等货物运达目的地后再进行检验。在这种情况下，买方虽已按合同约定支付了货款，但并不构成对货物的接受，也不影响买方检验的权利以及对卖方违约采取各种法律补救措施的权利。

同时，对标的物的及时检验，可以尽快地确定标的物的质量状况，明确责任，及时解决纠纷，有利于加速商品的流转。否则，就会使合同当事人之间的法律关系长期处于不稳定的状态，不利于维护健康正常的交易秩序。所以，一般要求买受人收到标的物后应当及时进行检验。

《建设工程施工合同（示范文本）》（GF-2017-0201）规定：监理人有权拒绝承包人提供的不合格材料或工程设备，并要求承包人立即进行更换。监理人应在更换后再次进行检查和检验，由此增加的费用和（或）延误的工期由承包人承担。监理人发现承包人使用了不合格的材料和工程设备，承包人应按照监理人的指示立即改正，并禁止在工程中继续使用不合格的材料和工程设备。发包人提供的材料或工程设备不符合合同要求的，承包人有权拒绝，并可要求发包人更换，由此增加的费用和（或）延误的工期由发包人承担，并支付承包人合理的利润。

7. 买受人支付价款

支付价款是买卖合同中买受人的基本义务,是出卖人交付标的物并转移其所有权的对流条件。买受人应当按照约定的地点支付价款。对支付地点没有约定或者约定不明确,买受人应当在出卖人的营业地支付,但约定支付价款以交付标的物或者交付提取标的物单证为条件的,在交付标的物或者交付提取标的物单证的所在地支付。

在国际货物买卖中,如采用 CIF、CFR、FOB 等条件成交时,通常都是凭卖方提交的装运单据支付货款。无论采用信用证还是跟单托收的付款方式,都是以卖方提交装运单据作为买方付款的必要条件。所以,交单的地点就是付款的地点。按照国际贸易的通行做法,采用不同的货款支付方式,交单的地点也是不同的。例如,采用跟单托收的支付方式,卖方应当通过托收银行在买方的营业地点向买方交单并凭单收取货款。而采用信用证付款,则卖方是向设在出口地,一般为卖方营业地的议付银行提交有关的单据,并由议付银行凭单付款。

合同的结算是当事人之间因履行合同发生款项往来而进行的清算和了结。主要有两种方式:一种是现金结算,一种是转账结算。目前我国法人之间款项往来的结算,按照国家现金管理的规定,必须是通过银行转账结算。至于现金结算,无论是法人之间的现金结算,或者是法人与个体工商户、农村承包经营户之间的合同,只能是在符合国家现金管理的有关规定的限额内才能使用。随着我国经济体制改革的深化,合同的结算方式也有所增多,合同当事人可以本着自愿的原则,根据实际情况加以选择。

8. 合同使用的文字及效力

合同使用的文字及其效力条款主要涉及涉外合同。涉外经济合同法第十二条所规定的合同一般应当具备的条款中,第十项即是"合同使用的文字及其效力"。涉外合同常用中外文两种文字书写,且两种文本具有同样的效力。鉴于文字一字多义的情况普遍,且两种文本的表述方法也容易发生理解中的争议。若合同在中国履行,最好明确规定"两种文本在解释上有争议时,以中文文本为准";在外国履行的合同可考虑接受以外文文本为准。这样既公平合理又可减少争议。

9.1.5 材料与工程设备的接收

根据《建设工程施工合同(示范文本)》(GF—2017—0201)规定:发包人应按《发包人供应材料设备一览表》约定的内容提供材料和工程设备,并向承包人提供产品合格证明及出厂证明,对其质量负责。发包人应提前 24 小时以书面形式通知承包人、监理人材料和工程设备到货时间,承包人负责材料和工程设备的清点、检验和接收。

发包人提供的材料和工程设备的规格、数量或质量不符合合同约定的,或因发包人原因导致交货日期延误或交货地点变更等情况的,按照发包人违约处理。

承包人采购的材料和工程设备,应保证产品质量合格,承包人应在材料和工程设备到货前 24 小时通知监理人检验。承包人进行永久设备、材料的制造和生产的,应符合相关质量标准,并向监理人提交材料的样本以及有关资料,并应在使用该材料或工程设备之前获得监理人同意。

承包人采购的材料和工程设备不符合设计或有关标准要求时,承包人应在监理人要求的合理期限内将不符合设计或有关标准要求的材料、工程设备运出施工现场,并重新采购符合要求的材料、工程设备，由此增加的费用和（或）延误的工期，由承包人承担。

9.1.6 材料与工程设备的保管与使用

（1）发包人供应材料与工程设备的保管与使用

发包人供应的材料和工程设备，承包人清点后由承包人妥善保管，保管费用由发包人承担，但已标价工程量清单或预算书已经列支或专用合同条款另有约定除外。因承包人原因发生丢失毁损的，由承包人负责赔偿；监理人未通知承包人清点的，承包人不负责材料和工程设备的保管，由此导致丢失毁损的由发包人负责。

发包人供应的材料和工程设备使用前，由承包人负责检验，检验费用由发包人承担，不合格的不得使用。

（2）承包人采购材料与工程设备的保管与使用

承包人采购的材料和工程设备由承包人妥善保管，保管费用由承包人承担。法律规定材料和工程设备使用前必须进行检验或试验的，承包人应按监理人的要求进行检验或试验，检验或试验的费用由承包人承担，不合格的不得使用。

发包人或监理人发现承包人使用不符合设计或有关标准要求的材料和工程设备时，有权要求承包人进行修复、拆除或重新采购，由此增加的费用和（或）延误的工期，由承包人承担。

（3）样品报送与封存

需要承包人报送样品的材料或工程设备，样品的种类、名称、规格、数量等要求均应在专用合同条款中约定。样品的报送程序如下：

① 承包人应在计划采购前28天向监理人报送样品。承包人报送的样品均应来自供应材料的实际生产地，且提供的样品的规格、数量足以表明材料或工程设备的质量、型号、颜色、表面处理、质地、误差和其他要求的特征。

② 承包人每次报送样品时应随附申报单，申报单应载明报送样品的相关数据和资料，并标明每件样品对应的图纸号，预留监理人批复意见栏。监理人应在收到承包人报送的样品后7天向承包人回复经发包人签认的样品审批意见。

③ 经发包人和监理人审批确认的样品应按约定的方法封样，封存的样品作为检验工程相关部分的标准之一。承包人在施工过程中不得使用与样品不符的材料或工程设备。

④ 发包人和监理人对样品的审批确认仅为确认相关材料或工程设备的特征或用途，不得被理解为对合同的修改或改变，也并不减轻或免除承包人任何的责任和义务。如果封存的样品修改或改变了合同约定，合同当事人应当以书面协议予以确认。

经批准的样品应由监理人负责封存于现场，承包人应在现场为保存样品提供适当和固定的场所，并保持适当和良好的存储环境条件。

9.1.7 材料与工程设备的替代

出现基准日期后生效的法律规定禁止使用的、发包人要求使用替代品的、因其他原因必须使用替代品的，三种情形中发生任何一种需要使用替代材料和工程设备情况的，承包人应按以下程序执行：

（1）承包人应在使用替代材料和工程设备28天前书面通知监理人，并附下列文件：

1）被替代的材料和工程设备的名称、数量、规格、型号、品牌、性能、价格及其他相关资料；

2）替代品的名称、数量、规格、型号、品牌、性能、价格及其他相关资料；

3）替代品与被替代品之间的差异以及使用替代品可能对工程产生的影响；

4）替代品与被替代品的价格差异；

5）使用替代品的理由和原因说明；

6）监理人要求的其他文件。

（2）监理人应在收到通知后 14 天内向承包人发出经发包人签认的书面指示；监理人逾期发出书面指示的，视为发包人和监理人同意使用替代品。

（3）发包人认可使用替代材料和工程设备的，替代材料和工程设备的价格，按照已标价工程量清单或预算书相同项目的价格认定；无相同项目的，参考相似项目价格认定；既无相同项目也无相似项目的，按照合理的成本与利润构成的原则，由合同当事人按照合同（商定或确定）条款确定价格。

9.1.8　材料设备的试验与检验

1. 试验设备与试验人员

承包人根据合同约定或监理人指示进行的现场材料试验，应由承包人提供试验场所、试验人员、试验设备以及其他必要的试验条件。监理人在必要时可以使用承包人提供的试验场所、试验设备以及其他试验条件，进行以工程质量检查为目的的材料复核试验，承包人应予以协助。

承包人应按专用合同条款的约定提供试验设备、取样装置、试验场所和试验条件，并向监理人提交相应进场计划表。

承包人配置的试验设备要符合相应的试验规程的要求，并经过具有资质的检测单位检测，且在正式使用该试验设备前，需要经过监理人与承包人共同校定。

承包人应向监理人提交试验人员的名单及其岗位、资格等证明资料，试验人员必须能够熟练地进行相应的检测试验，承包人对试验人员的试验程序和试验结果的正确性负责。

2. 取样

试验属于自检性质的，承包人可以单独取样。试验属于监理人抽检性质的，可由监理人取样，也可由承包人的试验人员在监理人的监督下取样。

3. 材料、工程设备和工程的试验和检验

承包人应按合同约定进行材料、工程设备和工程的试验和检验，并为监理人对上述材料、工程设备和工程的质量检查提供必要的试验资料和原始记录。按合同约定应由监理人与承包人共同进行试验和检验的，由承包人负责提供必要的试验资料和原始记录。

试验属于自检性质的，承包人可以单独进行试验。试验属于监理人抽检性质的，监理人可以单独进行试验，也可由承包人与监理人共同进行。承包人对由监理人单独进行的试验结果有异议的，可以申请重新共同进行试验。约定共同进行试验的，监理人未按照约定参加试验的，承包人可自行试验，并将试验结果报送监理人，监理人应承认该试验结果。

监理人对承包人的试验和检验结果有异议的，或为查清承包人试验和检验成果的可靠性要求承包人重新试验和检验的，可由监理人与承包人共同进行。重新试验和检验的结果

证明该项材料、工程设备或工程的质量不符合合同要求的，由此增加的费用和（或）延误的工期由承包人承担；重新试验和检验结果证明该项材料、工程设备和工程符合合同要求的，由此增加的费用和（或）延误的工期由发包人承担。

4. 现场工艺试验

承包人应按合同约定或监理人指示进行现场工艺试验。对大型的现场工艺试验，监理人认为必要时，承包人应根据监理人提出的工艺试验要求，编制工艺试验措施计划，报送监理人审查。

9.2 建设工程物资租赁合同

用于施工的施工机械、设备，如起重机械、挖土机械等，和施工所需的设施，如办公和生活临时用房、临时水电设施等，一般通过租赁的形式满足使用要求，其所签订的是租赁合同。

9.2.1 租赁合同的概念

租赁合同是出租人将租赁物交付承租人使用、收益，承租人支付租金的合同。租赁合同有以下特征：

（1）租赁合同是转移财产使用权的合同

租赁合同是一方当事人（出租人）将租赁物有限期地交给另一方当事人（承租人）使用，承租人按照约定使用该租赁物并获得收益。在租赁的有效期内，承租人可以对租赁物占有、使用、收益，而不能任意处分租赁物。当租赁合同期满，承租人要将租赁物返还出租人。因此，租赁合同只是将租赁物的使用权转让给承租人，而租赁物的所有权或处分权仍属于出租人。

（2）承租人取得租赁物的使用权是以支付租金为代价

承租人使用租赁物是为了满足自己的生产或生活需要的，出租人出租租赁物是为了使租赁物的价值得以实现，取得一定的收益。承租人要取得使用权不是无偿的，是要向出租人支付租金的。支付租金是租赁合同的本质特征。

（3）租赁合同的标的物是有体物、非消耗物

租赁物必须是有形的财产，这是租赁合同的特征之一。租赁可以是动产，如汽车、机械设备、计算机等，也可以是不动产，如房屋。但无论是动产还是不动产，它们都是有形的，都是能以一定的物质形式表现出来的。无形的财产不能作为租赁的标的物。

（4）租赁合同是双务有偿的合同

在租赁合同中，出租人和承租人均享有权利和承担义务，出租人须将租赁物交付承租人，并保证租赁物符合约定的使用状态。承租人负有妥善保管租赁物并按约定按期向出租人支付租金。任何一方当事人在享有权利的同时都是以履行一定义务为代价的。因此，租赁合同是双务有偿的合同。

（5）租赁合同具有临时性

租赁合同是出租人将其财产的使用收益在一定期限内转让给承租人，因为不是所有权的转移，因此，承租人不可能对租赁物永久地使用，物的使用价值也是有一定期限的。各

211

国法律一般都对租赁期限的最长时间有所限制。我国合同法规定，租赁期限最长不能超过20年。

9.2.2　租赁合同的内容

租赁合同的内容包括租赁物的名称、数量、用途、租赁期限、租金及其支付期限和方式、租赁物维修等条款。

1. 有关租赁物的条款

租赁物是租赁合同的标的物。租赁合同的当事人订立租赁合同的目的就是要使用租赁物或从他人使用租赁物中获取一定的利益，因此，租赁物是租赁合同的主要条款。有关租赁物的条款涉及这样几个方面：

（1）租赁物的名称。租赁物应以明确的语言加以确定，如汽车，是小轿车还是货车，要约定清楚。对租赁物本身的要求，租赁物应是有体物，非消耗物；应是流通物而不是禁止流通物，禁止流通物不能作为租赁物。如枪支是禁止制造、买卖、销售的，也是不能出租的。租赁物可以是种类物，也可以是特定物，对于种类物，一旦承租人对其选择完毕就已特定化。租赁物约定明确，关系租赁物的交付、合同期限届满承租人返还租赁物、第三人对租赁物主张权利等问题。

（2）租赁物的数量。明确数量，出租人才能准确地履行交付租赁物的义务，它也是租赁期限届满时，承租人返还租赁物时的依据。

（3）租赁物的用途。租赁物的用途关系承租人如何使用该租赁物，因为承租人负有按照约定使用租赁物的义务，租赁物的用途就必须约定清楚，否则当租赁物损坏时，出租人就难以行使其请求权。租赁物的用途应当根据租赁物本身的性质特征来确定。约定租赁物的用途也可以明确承租人对租赁物使用过程中的消耗的责任归属问题。

2. 有关租赁期限的条款

租赁期限关系承租人使用租赁物的时间的长短、支付租金的时间、交还租赁物的时间等。如合同当事人对支付租金的期限没有约定时，可根据租赁期限来确定支付租金的期限。租赁期限的长短由当事人自行约定，但不能超过本章规定的最高期限。

租赁期限可以按年、月、日、小时计算，要根据承租人的需要来确定。如果当事人对租赁期限没有约定或者约定不明确的，可按照合同法的有关规定来确定。

3. 有关租金的条款

出租人出租租赁物的目的就是收取租金，租金同租赁物一样是租赁合同中必不可少的条款，支付租金是承租人的主要义务，收取租金是出租人的主要权利。租金的多少、租金支付的方式；是人民币支付还是以外汇支付；是现金支付还是支票支付；是直接支付还是邮寄支付；是按月支付还是按年支付；是二次支付，还是分次支付；是预先支付还是事后支付，这些问题都应当在订立合同时约定明确，以避免事后发生争议。同时，这些约定也是合同当事人履行义务和行使权利的依据。

4. 有关租赁物维修的条款

承租人租赁的目的是为了使用收益，这就要求租赁物的状态必须符合使用的目的，同时，在使用租赁物时必然会有正常的消耗，这就有一个对租赁物的维修问题。对租赁物的维修义务应当由出租人承担，这是出租人在租赁合同中的主要义务。但并不排除在有些租赁合同中承租人负有维修义务。一般有几种情况：一是有些租赁合同，法律就规定承租人负有维修义务。例如，海商法规定，光船租赁由承租人负责维修、保养。有时为了能够对租赁物及时、更好地进行维护，保持其正常的使用功能，合同双方可以约定，维修义务由承租人负责。二是根据商业习惯，租赁物的维修义务由承租人负责。例如，在汽车租赁中，一般都是由承租人负责汽车的维修的。三是根据民间习俗，如在我国西南地区的房屋租赁中就有"大修为主，小修为客"的说法和习惯。

除了上述条款外，当事人还可以根据需要订立某些条款，如违约责任、解决争议的方式以及解除合同的条件等，都是合同中的重要的条款。

9.3 建设工程中承揽合同

用于工程的非标准构配件、特定要求的材料及工艺设备，均需要通过选择加工承揽承包商，由其根据设计图纸或使用要求进行排产订做，特使是随着装配化率的提升，叠合楼板、预制墙板、预制楼梯等装配式构件均需要通过加工承揽的方式完成采购，其所签订的是加工承揽合同。

9.3.1 承揽合同的概念

承揽合同是承揽人按照定作人的要求完成工作，交付工作成果，定作人给付报酬的合同。承揽合同的主体是承揽人和定作人。承揽人就是按照定作人指示完成特定工作并向定作人交付该工作成果的人。定作人是要求承揽人完成承揽工作并接受承揽工作成果、支付报酬的人。

承揽人和定作人可以是法人或者其他组织，也可以是自然人。

承揽合同的客体是完成特定工作的。承揽合同的对象为承揽标的，承揽标的是有体物的，合同的标的物又可以称为承揽物或者定作物。

承揽合同具有下列特征：

（1）承揽合同以完成一定工作为目的

承揽合同中的承揽人必须按照定作人的要求完成一定的工作，定作人订立合同的目的是取得承揽人完成的一定工作成果。在承揽合同中，定作人所需要的不是承揽人的单纯劳务，而是其物化的劳务成果。也就是说，承揽人完成工作的劳务只有体现在其完成的工作成果上，只有与工作成果相结合，才能满足定作人的需要。

（2）承揽合同的标的具有特定性

承揽合同的标的是定作人所要求的，由承揽人所完成的工作成果。该工作成果既可以是体力劳动成果，也可以是脑力劳动成果；可以是物，也可以是其他财产。但其必须具有特定性，是按照定作人的特定要求，只能由承揽人为满足定作人的特殊需求通过自己与众不同的劳动技能而完成的。

（3）承揽合同的承揽人应自己承担风险并独立完成工作

承揽合同的定作人需要的是具有特定性的标的物。这种特定的标的物只能通过承揽人完成的工作来取得。因此，定作人是根据承揽人的条件认定承揽人能够完成工作来选择承揽人的，定作人注重的是特定承揽人的工作条件和技能，承揽人应当以自己的劳力、设备和技术，独立完成承揽工作，经定作人同意将承揽工作的一部分转由第三人完成的，承揽人对第三人的工作向定作人承担责任。承揽人应承担取得工作成果的风险，对工作成果的完成负全部责任。承揽人不能完成工作而取得定作人所指定的工作成果，就不能向定作人要求报酬。

9.3.2　承揽合同的类型

承揽包括加工、定作、修理、复制、测试、检验等工作，所以承揽合同是一大类合同的总称。

（1）加工

加工就是指承揽人以自己的技能、设备和劳力，按照定作人的要求，将定作人提供的原材料加工为成品，定作人接受该成品并支付报酬的合同。加工合同是实践中大量存在的合同，比如一个企业将另一个企业提供的材料加工成特定的设备。

（2）定作

定作就是承揽人根据定作人的要求，以自己技能、设备和劳力，用自己的材料为定作人制作成品，定作人接受该特别制作成品并给付报酬的合同。定作与加工的区别在于定作中承揽人需自备材料，而不是由定作人提供的。

（3）修理

修理既包括承揽人为定作修复损坏的动产，如修理汽车、修理手表、修理电器、修理自行车、修理鞋等；也包括对不动产的修缮，如检修房屋顶的防水层。

（4）复制

复制是指承揽人按照定作人的要求，根据定作人提供的样品，重新制作类似的成品，定作人接受复制品并支付报酬的合同。复制包括复印文稿，也包括复制其他物品，如文物部门要求承揽人复制一文物用于展览。

（5）测试

测试是指承揽人根据定作人的要求，利用自己的技术和设备为定作人完成某一项目的性能进行检测试验，定作人接受测试成果并支付报酬的合同。

（6）检验

检验是指承揽人以自己的技术和仪器、设备等为定作人提出的特定事物的性能、问题、质量等进行检查化验，定作人接受检验成果，并支付报酬的合同。

9.3.3　承揽合同的内容

承揽合同的内容包括承揽的标的、数量、质量、报酬、承揽方式、材料的提供、履行期限、验收标准和方法等条款。

（1）承揽的标的是承揽合同权利义务所指向的对象，也就是承揽人按照定作人要求所应进行的承揽工作。承揽合同双方当事人必须在合同中明确标的的名称，以使标的特定化，明确双方当事人权利义务的对象。承揽合同的标的是合同的必要条款，合同不规定标的，就会失去目的，因此，双方当事人未约定承揽标的或者约定不明确，承揽合同不成立。

（2）数量与质量是确定合同标的的具体条件，是该合同标的区别于同类另一标的的具体特征。当事人应当明确规定标的的数量，选择好双方共同接受的计算单位，确定双方认可的计算方法，还可以规定合理的磅差或者尾差。数量是承揽合同的必备条件之一，当事人未明确标的数量的，承揽合同不成立。标的质量需订得详细而具体，如标的的技术指标、质量要求、规格、型号等都要明确。一般来说标的质量包括五个方面：

1）标的的物理和化学成分；

2）标的的规格，通常是用度、量、衡来确定标的物的质量；

3）标的的性能，如强度、硬度、弹性、延度、抗蚀性、耐水性、耐热性、传导性、牢固性等；

4）标的的款式，主要是指标的的色泽，图案、式样、时尚等特性；

5）标的感觉要素，主要指标的的味道、触感、音质、新鲜度等。

当事人在签订合同时，应当详尽写明质量要求，其可以以样货标准确定，可以以标准市货确定，可以约定特定标准，可以以货物平均品质为根据确定，可以以说明书的标准确定。

（3）报酬是指定作人应当支付承揽人进行承揽工作所付出的技能、劳务的酬金。报酬是承揽合同中的主要条款，当事人在订立合同时应当明确报酬。当事人可以约定报酬的具体数额，也可以约定报酬的计算方法。如果在合同生效后，当事人就报酬没有约定或者约定不明确的，当事人可以协议补充；不能达成补充协议的，按照合同有关条款或者交易习惯确定；仍不能确定的，按照订立合同时履行地的市场价格履行，有政府定价的，按政府定价履行。除报酬外，承揽人提供材料的，定作人应当根据承揽人提供的发票向承揽人支付材料费，没有发票的，按订立合同时市场价格确定。当事人可以约定材料费支付的时间，未约定或者约定不明确的，应当在支付报酬的同时支付。

（4）材料是指完成承揽工作所需的原料。当事人应当约定由哪一方提供材料，并且应当明确提供材料的时间、地点、材料的数量和质量等。如果当事人未约定由哪一方提供材料或者约定不明的，当事人可以补充协议；不能达成补充协议的，按照合同有关条款或者交易习惯确定，仍不能确定的，一般由承揽人提供，承揽人根据定作人对工作的要求和合同性质，合理地按质按量选用材料，定作人应当支付材料费。在确定材料提供方的基础上，如果未明确材料提供的时间，由承揽人提供材料的，承揽人根据履行期限合理地准备材料；如果由定作人提供材料的，承揽人可以根据履行期限，要求定作人及时提供。交付材料地点不明确的，一般在承揽人工作地点交付。材料数量不明确的，由当事人根据承揽工作的要求合理提供。材料质量不明确的，由当事人根据承揽工作的性质确定。

（5）履行期限是指双方当事人履行义务的时间，对承揽人而言，是指承揽人完成工作、交付工作成果的时间；对定作人而言，是指定作人支付报酬或者其他价款的时间。如果当事人在合同生效后未约定工作成果交付时间或者约定不明确的，当事人可以协议补充，不能达成补充协议的，应当根据合同的性质或者交易习惯确定承揽人交付工作成果的时间。根据承揽工作的性质，不需要特别交付的，如粉刷墙壁，以完成工作成果的时间为交付时间。如果当事人在合同生效后未约定定作人支付报酬的时间或者约定不明确的，当事人可以补充协议；达不成协议的，应当根据合同性质或者交易习惯确定；根据合同性质或者交易习惯仍不能确定支付期限的，承揽人交付工作成果的时间为定作人支付报酬的时间。由定作人支付材料费或者其他费用的期限，当事人未约定或者约定不明确的，以支付报酬的时间为支付材料费或者其他费用的时间。

（6）验收标准和方法。验收的标准是指检验材料、承揽工作质量的标准。验收标准未约定或者约定不明确的，当事人可以协议补充确定。不能达成补充协议的，可以通过合同的有关条款或者交易习惯确定。既不能通过协商达成补充协议，又不能按照合同的有关条款或者交易习惯确定，按照同类产品或者同类服务的市场通常质量标准验收。

材料阅读：

联合国国际货物销售合同公约 ❶

第二章　卖方的义务

第三十条　卖方必须按照合同和本公约的规定，交付货物，移交一切与货物有关的单据并转移货物所有权。

第一节　交付货物和移交单据

第三十一条　如果卖方没有义务要在任何其他特定地点交付货物，他的交货义务如下：

（a）如果销售合同涉及货物的运输，卖方应把货物移交给第一承运人，以运交给买方；

（b）在不属于上一款规定的情况下，如果合同指的是特定货物或从特定存货中提取的或尚待制造或生产的未经特定化的货物，而双方当事人在订立合同时已知道这些货物是在某一特定地点，或将在某一特定地点制造或生产，卖方应在该地点把货物交给买方处置；

（c）在其他情况下，卖方应在他于订立合同时的营业地把货物交给买方处置。

第三十二条

（1）如果卖方按照合同或本公约的规定将货物交付给承运人，但货物没有以货物上加标记或以装运单据或其他方式清楚地注明有关合同，卖方必须向买方发出列明货物的发货通知。

（2）如果卖方有义务安排货物的运输，他必须订立必要的合同，以按照通常运输条件，用适合情况的运输工具，把货物运到指定地点。

（3）如果卖方没有义务对货物的运输办理保险，他必须在买方提出要求时，向买方提供一切现有的必要资料，使他能够办理这种保险。

第三十三条　卖方必须按以下规定的日期交付货物：

（a）如果合同规定有日期，或从合同可以确定日期，应在该日期交货；

（b）如果合同规定有一段时间，或从合同可以确定一段时间，除非情况表明应由买方选定一个日期外，应在该段时间内任何时候交货；或者

（c）在其他情况下，应在订立合同后一段合理时间内交货。

第三十四条　如果卖方有义务移交与货物有关的单据，他必须按照合同所规定的时

---

❶ 节选自《联合国国际货物销售合同公约》。

间、地点和方式移交这些单据。如果卖方在那个时间以前已移交这些单据，他可以在那个时间到达前纠正单据中任何不符合同规定的情形，但是，此权利的行使不得使买方遭受不合理的不便或承担不合理的开支。但是，买方保留本公约所规定的要求损害赔偿的任何权利。

第二节 货物相符与第三方要求

第三十五条

（1）卖方交付的货物必须与合同所规定的数量、质量和规格相符，并须按照合同所定的方式装箱或包装。

（2）除双方当事人业已另有协议外，货物除非符合以下规定，否则即为与合同不符：

（a）货物适用于同一规格货物通常使用的目的；

（b）货物适用于订立合同时曾明示或默示地通知卖方的任何特定目的，除非情况表明买方并不依赖卖方的技能和判断力，或者这种依赖对他是不合理的；

（c）货物的质量与卖方向买方提供的货物样品或样式相同；

（d）货物按照同类货物通用的方式装箱或包装，如果没有此种通用方式，则按照足以保全和保护货物的方式装箱包装。

（3）如果买方在订立合同时知道或者不可能不知道货物不符合同，卖方就无须按上一款（a）项至（d）项负有此种不符合同的责任。

第三十六条

（1）卖方应按照合同和本公约的规定，对风险移转到买方时所存在的任何不符合同情形，负有责任，即使这种不符合同情形在该时间后方始明显。

（2）卖方对在上一款所述时间后发生的任何不符合同情形，也应负有责任，如果这种不符合同情形是由于卖方违反他的某项义务所致，包括违反关于在一段时间内货物将继续适用于其通常使用的目的或某种特定目的，或将保持某种特定质量或性质的任何保证。

第三十七条 如果卖方在交货日期前交付货物，他可以在那个日期到达前，交付任何缺漏部分或补足所交付货物的不足数量，或交付用以替换所交付不符合同规定的货物，或对所交付货物中任何不符合同规定的情形做出补救，但是，此一权利的行使不得使买方遭受不合理的不便或承担不合理的开支。但是，买方保留本公约所规定的要求损害赔偿的任何权利。

第三十八条

（1）买方必须在按情况实际可行的最短时间内检验货物或由他人检验货物。

（2）如果合同涉及货物的运输，检验可推迟到货物到达目的地后进行。

（3）如果货物在运输途中改运或买方须再发运货物，没有合理机会加以检验，而卖方在订立合同时已知道或理应知道这种改运或再发运的可能性，检验可推迟到货物到达新目的地后进行。

第三十九条

（1）买方对货物不符合同，必须在发现或理应发现不符情形后一段合理时间内通知卖方，说明不符合同情形的性质，否则就丧失声称货物不符合同的权利。

（2）无论如何，如果买方不在实际收到货物之日起两年内将货物不符合同情形通知卖方，他就丧失声称货物不符合同的权利，除非这一时限与合同规定的保证期限不符。

第四十条　如果货物不符合同规定指的是卖方已知道或不可能不知道而又没有告知买方的一些事实，则卖方无权援引第三十八条和第三十九条的规定。

第四十一条　卖方所交付的货物，必须是第三方不能提出任何权利或要求的货物，除非买方同意在这种权利或要求的条件下，收取货物。但是，如果这种权利或要求是以工业产权或其他知识产权为基础的，卖方的义务应依照第四十二条的规定。

第四十二条

（1）卖方所交付的货物，必须是第三方不能根据工业产权或其他知识产权主张任何权利或要求的货物，但以卖方在订立合同时已知道或不可能不知道的权利或要求为限，而且这种权利或要求根据以下国家的法律规定是以工业产权或其他知识产权为基础的：

（a）如果双方当事人在订立合同时预期货物将在某一国境内转售或做其他使用，则根据货物将在其境内转售或做其他使用的国家的法律；或者

（b）在任何其他情况下，根据买方营业地所在国家的法律。

（2）卖方在上一款中的义务不适用于以下情况：

（a）买方在订立合同时已知道或不可能不知道此项权利或要求；或者

（b）此项权利或要求的发生，是由于卖方要遵照买方所提供的技术图样、图案、款式或其他规格。

第四十三条

（1）买方如果不在已知道或理应知道第三方的权利或要求后一段合理时间内，将此一权利或要求的性质通知卖方，就丧失援引第四十一条或第四十二条规定的权利。

（2）卖方如果知道第三方的权利或要求以及此一权利或要求的性质，就无权援引上一款的规定。

第四十四条

尽管有第三十九条第（1）款和第四十三条第（1）款的规定，买方如果对他未发出所需的通知具备合理的理由，仍可按照第五十条规定减低价格，或要求利润损失以外的损害赔偿。

第三节　卖方违反合同的补救办法

第四十五条

（1）如果卖方不履行他在合同和本公约中的任何义务，买方可以：

（a）行使第四十六条至第五十二条所规定的权利；

（b）按照第七十四条至第七十七条的规定，要求损害赔偿。

（2）买方可能享有的要求损害赔偿的任何权利，不因他行使采取其他补救办法的权利而丧失。

（3）如果买方对违反合同采取某种补救办法，法院或仲裁庭不得给予卖方宽限期。

第四十六条

（1）买方可以要求卖方履行义务，除非买方已采取与此要求相抵触的某种补救办法。

（2）如果货物不符合同，买方只有在此种不符合同情形构成根本违反合同时，才可以要求交付替代货物，而且关于替代货物的要求，必须与依照第三十九条发出的通知同时提出，或者在该项通知发出后一段合理时间内提出。

（3）如果货物不符合同，买方可以要求卖方通过修理对不符合同之处做出补救，除非

他考虑了所有情况之后，认为这样做是不合理的。修理的要求必须与依照第三十九条发出的通知同时提出，或者在该项通知发出后一段合理时间内提出。

第四十七条

（1）买方可以规定一段合理时限的额外时间，让卖方履行其义务。

（2）除非买方收到卖方的通知，声称他将不在所规定的时间内履行义务，买方在这段时间内不得对违反合同采取任何补救办法。但是，买方并不因此丧失他对迟延履行义务可能有的要求损害赔偿的任何权利。

第四十八条

（1）在第四十九条的条件下，卖方即使在交货日期之后，仍可自付费用，对任何不履行义务做出补救，但这种补救不得造成不合理的迟延，也不得使买方遭受不合理的不便，或无法确定卖方是否将偿付买方预付的费用。但是，买方保留本公约所规定的要求损害赔偿的任何权利。

（2）如果卖方要求买方表明他是否接受卖方履行义务，而买方不在一段合理时间内对此一要求做出答复，则卖方可以按其要求中所指明的时间履行义务。买方不得在该段时间内采取与卖方履行义务相抵触的任何补救办法。

（3）卖方表明他将在某一特定时间内履行义务的通知，应视为包括根据上一款规定要买方表明决定的要求在内。

（4）卖方按照本条第（2）和第（3）款做出的要求或通知，必须在买方收到后，始生效力。

第四十九条

（1）买方在以下情况下可以宣告合同无效：

（a）卖方不履行其在合同或本公约中的任何义务，等于根本违反合同；或

（b）如果发生不交货的情况，卖方不在买方按照第四十七条第（1）款规定的额外时间内交付货物，或卖方声明他将不在所规定的时间内交付货物。

（2）但是，如果卖方已交付货物，买方就丧失宣告合同无效的权利，除非：

（a）对于迟延交货，他在知道交货后一段合理时间内这样做；

（b）对于迟延交货以外的任何违反合同事情：

①他在已知道或理应知道这种违反合同后一段合理时间内这样做；或

②他在买方按照第四十七条第（1）款规定的任何额外时间满期后，或在卖方声明他将不在这一额外时间履行义务后一段合理时间内这样做；或

③他在卖方按照第四十八条第（2）款指明的任何额外时间满期后，或在买方声明他将不接受卖方履行义务后一段合理时间内这样做。

第五十条　如果货物不符合同，不论价款是否已付，买方都可以减低价格，减价按实际交付的货物在交货时的价值与符合合同的货物在当时的价值两者之间的比例计算。但是，如果卖方按照第三十七条或第四十八条的规定对任何不履行义务做出补救，或者买方拒绝接受卖方按照该两条规定履行义务，则买方不得减低价格。

第五十一条

（1）如果卖方只交付一部分货物，或者交付的货物中只有一部分符合合同规定，第四十六条至第五十条的规定适用于缺漏部分及不符合同规定部分的货物。

（2）买方只有在完全不交付货物或不按照合同规定交付货物等于根本违反合同时，才可以宣告整个合同无效。

第五十二条

（1）如果卖方在规定的日期前交付货物，买方可以收取货物，也可以拒绝收取货物。

（2）如果卖方交付的货物数量大于合同规定的数量，买方可以收取也可以拒绝收取多交部分的货物。如果买方收取多交部分货物的全部或一部分，他必须按合同价格付款。

第三章　买方的义务

第一节　支付价款

第五十三条　买方必须按照合同和本公约规定支付货物价款和收取货物。

第五十四条　买方支付价款的义务包括根据合同或任何有关法律和规章规定的步骤和手续，以便支付价款。

第五十五条　如果合同已有效地订立，但没有明示或暗示地规定价格或规定如何确定价格，在没有任何相反表示的情况下，双方当事人应视为已默示地引用订立合同时此种货物在有关贸易的类似情况下销售的通常价格。

第五十六条　如果价格是按货物的重量规定的，如有疑问，应按净重确定。

第五十七条

（1）如果买方没有义务在任何其他特定地点支付价款，他必须在以下地点向卖方支付价款：

（a）卖方的营业地；或者

（b）如凭移交货物或单据支付价款，则为移交货物或单据的地点。

（2）卖方必须承担因其营业地在订立合同后发生变动而增加的支付方面的有关费用。

第五十八条

（1）如果买方没有义务在任何其他特定时间内支付价款，他必须于卖方按照合同和本公约规定将货物或控制货物处置权的单据交给买方处置时支付价款。卖方可以支付价款作为移交货物或单据的条件。

（2）如果合同涉及货物的运输，卖方可以在支付价款后方可把货物或控制货物处置权的单据移交给买方作为发运货物的条件。

（3）买方在未有机会检验货物前，无义务支付价款，除非这种机会与双方当事人议定的交货或支付程序相抵触。

第五十九条　买方必须按合同和本公约规定的日期或从合同和本公约可以确定的日期支付价款，而无需卖方提出任何要求或办理任何手续。

第二节　收取货物

第六十条　买方收取货物的义务如下：

（a）采取一切理应采取的行动，以期卖方能交付货物；和

（b）接收货物。

第三节　买方违反合同的补救办法

第六十一条

（1）如果买方不履行他在合同和本公约中的任何义务，卖方可以：

（a）行使第六十二条至第六十五条所规定的权利；

（b）按照第七十四条至第七十七条的规定，要求损害赔偿。

（2）卖方可能享有的要求损害赔偿的任何权利，不因他行使采取其他补救办法的权利而丧失。

（3）如果卖方对违反合同采取某种补救办法，法院或仲裁庭不得给予买方宽限期。

第六十二条　卖方可以要求买方支付价款、收取货物或履行他的其他义务，除非卖方已采取与此要求相抵触的某种补救办法。

第六十三条

（1）卖方可以规定一段合理时限的额外时间，让买方履行义务。

（2）除非卖方收到买方的通知，声称他将不在所规定的时间内履行义务，卖方不得在这段时间内对违反合同采取任何补救办法。但是，卖方并不因此丧失他对迟延履行义务可能享有的要求损害赔偿的任何权利。

第六十四条

（1）卖方在以下情况下可以宣告合同无效：

（a）买方不履行其在合同或本公约中的任何义务，等于根本违反合同；或

（b）买方不在卖方按照第六十三条第（1）款规定的额外时间内履行支付价款的义务或收取货物，或买方声明他将不在所规定的时间内这样做。

（2）但是，如果买方已支付价款，卖方就丧失宣告合同无效的权利，除非：

（a）对于买方迟延履行义务，他在知道买方履行义务前这样做；或者

（b）对于买方迟延履行义务以外的任何违反合同事情：

① 他在已知道或理应知道这种违反合同后一段合理时间内这样做；或

② 他在卖方按照第六十三条第（1）款规定的任何额外时间满期后或在买方声明他将不在这一额外时间内履行义务后一段合理时间内这样做。

第六十五条

（1）如果买方应根据合同规定订明货物的形状、大小或其他特征，而他在议定的日期或在收到卖方的要求后一段合理时间内没有订明这些规格，则卖方在不损害其可能享有的任何其他权利的情况下，可以依照他所知的买方的要求，自己订明规格。

（2）如果卖方自己订明规格，他必须把订明规格的细节通知买方，而且必须规定一段合理时间，让买方可以在该段时间内订出不同的规格，如果买方在收到这种通知后没有在该段时间内这样做，卖方所订的规格就具有约束力。

第四章　风险移转

第六十六条　货物在风险移转到买方承担后遗失或损坏，买方支付价款的义务并不因此解除，除非这种遗失或损坏是由于卖方的行为或不行为所造成。

第六十七条

（1）如果销售合同涉及货物的运输，但卖方没有义务在某一特定地点交付货物，自货物按照销售合同交付给第一承运人以转交给买方时起，风险就移转到买方承担。如果卖方有义务在某一特定地点把货物交付给承运人，在货物于该地点交付给承运人以前，风险不移转到买方承担。卖方受权保留控制货物处置权的单据，并不影响风险的移转。

（2）但是，在货物以货物上加标记，或以装运单据，或向买方发出通知或其他方式清楚地注明有关合同以前，风险不移转到买方承担。

第六十八条 对于在运输途中销售的货物，从订立合同时起，风险就移转到买方承担。但是，如果情况表明有此需要，从货物交付给签发载有运输合同单据的承运人时起，风险就由买方承担。尽管如此，如果卖方在订立合同时已知道或理应知道货物已经遗失或损坏，而他又不将这一事实告知买方，则这种遗失或损坏应由卖方负责。

第六十九条

（1）在不属于第六十七条和第六十八条规定的情况下，从买方接收货物时起，或如果买方不在适当时间内这样做，则从货物交给他处置但他不收取货物从而违反合同时起，风险移转到买方承担。

（2）但是，如果买方有义务在卖方营业地以外的某一地点接收货物，当交货时间已到而买方知道货物已在该地点交给他处置时，风险方始移转。

（3）如果合同指的是当时未加识别的货物，则这些货物在未清楚注明有关合同以前，不得视为已交给买方处置。

第七十条 如果卖方已根本违反合同，第六十七条、第六十八条和第六十九条的规定，不损害买方因此种违反合同而可以采取的各种补救办法。

思考题：

（1）公约中买方和卖方的合同风险主要有哪些？

（2）在规避这些风险时，信用证可以起到那些作用？

第10章 国际工程合同管理

2013 年 9 月和 10 月由中国国家主席习近平分别提出建设"新丝绸之路经济带"和"21世纪海上丝绸之路"的合作倡议，合称"一带一路"。依靠中国与有关国家既有的双多边机制，借助既有的、行之有效的区域合作平台，积极发展与沿线国家的经济合作伙伴关系，共同打造政治互信、经济融合、文化包容的利益共同体、命运共同体和责任共同体。"一带一路"经济区开放后，2015 年，中国企业共对"一带一路"相关的 49 个国家进行了直接投资，中国企业承包工程项目突破 3000 个，已经成为国际工程市场上的一支重要力量。中国建筑企业和从业人员对于国际工程合同管理知识的学习和实践需求都在提高。本章知识要点有：国际工程与国际工程合同的概念；国际工程海外市场的现状；FIDIC 系列合同文本介绍；AIA 系列合同文本介绍；NEC 系列合同文本介绍；国际工程合同管理的知识。

10.1 国际工程合同概述

10.1.1 国际工程

国际工程是指工程的勘察设计、设备采购、施工、咨询等各项事务的参与主体来自不同国家，并按照国际上通用的工程管理理念和方式进行管理的工程。其中，参与主体来自不同的国家是指参与主体分别在不同的国家注册登记。

工程实践中的国际工程，包括两种类型：

（1）我国投资者、企业法人在境外投资、承包的工程，根据商务部统计数据，2017年 1～10 月，我国企业在"一带一路"沿线 61 个国家新签对外承包工程项目合同 5946份，新签合同额 1020.7 亿美元，占同期我国对外承包工程新签合同额的 55.4%，同比增长21%；完成营业额 575.2 亿美元，占同期总额的 48.5%，同比增长 9.1%（图 10-1）。

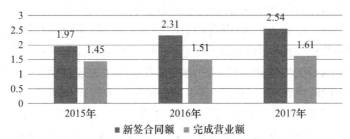

图 10-1　2015-2017 年中国对外工程承包企业平均
新签合同额和完成营业额（单位：亿美元）❶

---

❶ 数据来自前瞻产业研究院《2018-2023 年中国工程建设行业市场前瞻与投资战略规划分析报告》。

（2）工程建设地在境内，但是有国外企业参与项目投资、勘察设计、施工等事务，国家统计局数据显示，2017 年建筑业实际利用外商直接投资金额 261940（万美元）。

根据前瞻产业研究院的研究分析，中国对外工程承包主要集中在普通房建、交通运输和电力等基础建设方面，而制造加工、环保、电子通信、给水排水等行业则相对薄弱；对外劳务合作主要分布在制造业、农业、交通运输业和建筑业，而高技术行业劳务较少。2017 年，我国实际开展对外承包工程业务的企业数量为 1045 家，华为技术有限公司和中国建筑集团有限公司两家企业均超过 100 亿美元，20 亿美元以上的企业共 13 家，10 亿美元以上的企业共 25 家，总体来看，我国对外承包工程领先企业数量相对较少。

大型中央企业一直是我国对外承包工程业务的领头羊，中国建筑集团有限公司、中国交通建设股份有限公司的大型中央企业由于雄厚的技术积累、丰富的融资渠道表现出强大的发展活力。此外，为突破原有市场和业务布局的限制，企业自身为适应市场需求，实现转型升级的需要也更加迫切，越来越多的行业企业积极探索商业模式创新，业务由传统工程承包向产业前端的规划、设计、咨询和后端的运营、维护和管理等领域扩展。企业抱团"出海"，联合走出去的意识在加强，投资、设计、建设、装备、运营等产业链上下游企业共同"走出去"，实现优势互补、互利共赢、共同发展，推进全产业链的价值创造。

10.1.2　国际工程合同

国际工程合同，是指不同国家的工程参与主体之间，为了实现具体的国际工程的建设目标而签订的有关权利与义务的协议。

国际工程合同，涉及不同国家的企业、工作人员，各国法律、工程惯例、文化之间存在差异，导致国际工程合同相对于国内工程合同更加的复杂和难于管理。国际工程合同主要有以下特点：

（1）法人主体的国际性。国际性是国际工程承包合同的主要特征。合同当事人双方属于不同的国家和地区的法人，合同的内容涉及不同国家的法律，或者适用国际公认的惯例，因此当事人的权利和义务受到有关国家法律的约束。另外，国际工程承包合同当事人之间发生争执时不能自行协商解决，遵照国际惯例，可提交第三国仲裁机构解决。

（2）法律关系的综合性。国际工程承包合同所建立的经济法律关系具有广泛的综合性。由于国际工程承包合同标的的特殊性，工程项目涉及广泛的人、财、物等多方面的因素，也就必然涉及多方面的综合关系，合同关系业主、咨询监理、物资供应商、金融、保险、劳务等多个范畴，也就决定了国际工程承包合同具有纵横交错的复杂性。

（3）合同标的的独特性。国际工程承包合同标的的独特性表现在，是以完成特定的建筑工程项目为内容的跨国性的建筑经济活动，具有整体性、连续性、不可重复性和不可移动性。它既不同于国际货物买卖合同，又不同于国际技术转让合同和服务合同。

（4）经济上的风险性。以上的特性决定了工程承包合同的当事人双方因工程的规模大、周期长、工程项目所在国政治局势和经济形势变化等，会影响资本投入和经济效益，也预示着达到预期的目的具有一定的风险性。

10.1.3　国际工程海外市场现状

对外工程承包高速增长，项目规模逐年扩大。2017 年，我国对外承包工程完成营业额 1853.7 亿美元，同比增长 6.2%，新签合同额 2300.7 亿美元，同比增长 6.5%。项目立项也逐渐从单一项目向项目群发展，项目规模逐年增加。目前工程市场的状况就是多家公司组成联合体，共同谋求发展。在当前的形势下，每个公司要认清自己的优势并发展自己的长处，抓住机会，才能使自己在国际竞争的大舞台上立于不败之地。

新模式的增加对融资能力的要求提高。新能源、房地产开发等项目近年来发展迅速，传统工程承包向前端的规划、设计、资讯，以及后期的运营维护等领域快速发展。而所有这一切都要以很强的融资能力来作为基础，得到运行保障的同时也得到了化解风险的能力。因此，作为企业，一定要根据自身的情况，准确定位，以此适应社会市场的需求，获得最大的发展。

我国对外承包工程整体发展的特点：

（1）规模不断扩大

近五年来，我国国际工程承包业务量，相当于之前 20 年业务量的总和。从发展速度看，整体的规模每年都在以 30% 的速度增长，速度在加快，同时档次也在不断提高。过去我们在海外承包的工程项目，多数都是以施工、土建为主的技术含量较低的项目，也就是劳动力密集型的施工作业，利用低廉的劳动力成本优势，挣的是辛苦钱。随着鸟巢、水立方、港珠澳大桥等高技术难度、高复杂程度工程的自主建设完成，体现出我国建筑企业的技术能力的提高与竞争优势，以及建筑企业管理水平的增长，我国企业承包的工程项目向技术密集型、资金密集型转变。过去我们在承包这些项目中，到年底我们统计的时候，5000 万美元以上的项目就算大项目。现在上亿的项目在整个业务统计中都不足为奇。从发展的领域看，我们过去比较单一的就是从事房建的施工，现在除了房建，道路交通领域之外，已经发展到了石油化工、工业生产、电力工程、矿山建设、电子通信、环境保护、航空航天、核能以及医疗卫生，咨询服务等很多领域，在我们发展的过程中，随着规模的不断扩大，速度在不断加快，档次也在不断提高。

（2）工程承包模式正在发生重大变化

我们的企业已经逐渐认识到带资承包以及通过投资获得工程建设项目是目前承揽国际项目的主要模式，因此积极探索采用工程与投资相结合，通过与境外合作、房地产开发、资源合作开发等方式，推动对外工程承包业务向高端发展。已经有越来越多的中国企业更加重视规划、勘探、设计、咨询等领域，通过开展高端业务来进一步扩大对外工程承包业务。据初步统计，目前总承包的项目已经占到了我国对外总投标项目的 52.6%，超过一半的项目都是企业通过总承包的形式进行的，特别是工程总承包项目有了明显的增加，大量带动了我国国产设备的出口。BOT 等融资项目开始取得了一定成效，近两年来，中国对外承包工程经营企业结合矿产资源的开发、住宅小区开发建设等，已经开始进入了对外承包工程高端业务领域，并且取得了一定成果。比如印尼的巨港电站，就是中国化学工程集团公司采取 BOOT 的方式做的一个项目，巨港电站项目进入运营阶段以后，效益非常好。越来越多的公司已经看到，高端项目、高端市场能够为企业带来丰厚的利润，大家都在进行积极的探索。

（3）分布全球的市场范围不断扩大

目前我们国家对外承包工程业务的发展已经遍布全球将近 200 个国家和地区。也就是说遍布世界的每一个角落，即使在一些未建交的国家也开展了一些业务。除了亚洲、非洲这些传统市场依然保持着稳固的主导地位之外（亚洲、非洲占我们新签合同额的 80%），在拉美市场、欧洲市场、北美市场，我国对外承包工程的业务也呈现了较快的增长态势，市场向更加多元化的方向发展，市场结构也得到了进一步优化。由于我国公司接连在非洲签署大项目，非洲市场的新签合同额增长趋势明显。2006 年非洲市场首次超过了亚洲市场，新签的合同额达到了 287.4 亿美元。拉美市场新签的合同额首次超过欧洲市场，达到了 42.5 亿美元。根据初步统计，非洲市场依然是发展前景的市场。从市场分布的特点看，亚洲市场和非洲市场依旧是我们对外承包工程业务的主要市场，这些年来，随着中非论坛的召开，随着我们跟非洲国家经济合作的不断扩大。尤其是许多国家，常年战争，现在停战以后，基础设施建设方面有非常大的市场需求，市场潜力很大，再加上这些国家有一些石油资源、矿产资源，还有其他的一些资源，我们开展经济合作，开展基础设施建设合作，双方的互补性很强。他们有项目需求，有资源，但是缺乏资金，缺乏施工力量；而我们有施工力量，有资金，但是缺乏资源，在这种情况之下双方的互补性非常强，因此非洲的市场发展得非常快。

（4）承接对外承包工程的企业群体在不断扩大

经过几十年的发展，基本形成了一支由多行业组成，能与国外大承包商竞争的队伍。2017 年我国有 65 家企业进入了全球 225 家国际承包商行列，这 65 家企业在 2017 年共完成的对外承包工程营业额达到了 989.3 亿美元，较上年增加 4.6%，占所有上榜企业国际营业总额的 21.1%。2017 年，我国对外承包工程业务完成营业额 1685.9 亿美元，这 65 家企业的营业额占比达到 58.7%，表明工程承包行业的集中度进一步加强，大企业的竞争能力进一步提高，现在我国公司的竞争优势已经不仅体现在劳动力成本、价格等方面，更体现在技术、成套设备、资源整合和项目管理等多个方面，并且得到了世界范围内的普遍认可，特别是我国企业在一些发展中国家承建了一大批基础设施项目，满足了当地发展和人民生活的迫切需要，受到了当地政府和人民的拥护，也产生了非常好的影响。越来越多的国家，包括发达国家的政府，主动向我国政府表达了希望和中国公司合作，请中国公司参与这些国家基础设施建设的愿望。因此，我们的发展现状是一个非常好的态势，也是一个非常难得的发展机遇。

10.2　FIDIC 系列合同

10.2.1　国际咨询工程师联合会（FIDIC）简介

FIDIC 即国际咨询工程师联合会（Federation Internationale Des Inginieurs—Conseils）的缩写。1913 年由比利时、法国和瑞士三个国家的咨询工程师协会推动成立，目前拥有 102 个会员协会，代表全球 100 多万工程专业人员和 40000 家公司。FIDIC 是世界上多数独立的咨询工程师的代表，是最具权威的咨询工程师组织，核心原则是质量、廉正和可持续性。

FIDIC 下设商业实践委员会（Business Practice Committee，简称 BPC）、能力建设委员会（Capacity Building Committee，简称 CBC）、合同委员会（Contracts Committee，简称 CC）、廉正管理委员会（Integrity Management Committee，简称 IMC）、会员委员会

（Membership Committee，简称 MemC）、风险与质量委员会（Risk and Quality Committee，简称 RQC）、可持续发展委员会（Sustainable Development Committee，简称 SDC）。

BPC 制定最佳实践指南和出版物，开发旨在有效解决问题的产品。BPC 向 FIDIC 会员协会提供相关信息，并监控关键领域的发展，如风险识别和管理、保险趋势、实践管理和基于质量的选择（QBS）。

能力建设委员会（CBC）负责与 FIDIC 委员会、成员协会和区域集团联络，确定新的培训方案。CBC 还将制定材料、导师质量和认证流程方面的培训标准。CBC 的任务是提出应由 FIDIC 能力建设活动参与者进行的新型考试。他们将制定此类考试的指导方针，准备标准考试，并为通过考试的考生颁发证书。CBC 还将协助组织和协调 FIDIC 合同培训师研讨会和 FIDIC 评审员评估研讨会。

合同委员会（CC）向 FIDIC 委员会建议 FIDIC 应编制或更新哪些合同条件和相关文件。根据需要，合同委员会在不同时间由不同的任务组提供支持。当前的一些任务组包括：DBO 合同和指南格式工作组、采购程序指南工作组、咨询协议工作组、1999 年套房更新工作组、疏浚和填海工程合同更新工作组（与 IADC）、合同简称更新工作组、YB/SB 分包合同表格任务组隧道合同工作组（与 ITA）、ODB 合同格式工作组、术语表工作组。

廉正管理委员会（IMC）促进并推广使用 FIDIC 的廉正管理系统（FIMS）和政府采购廉正管理系统（GPIMS）作为解决腐败问题的有效工具。IMC 负责更新 FIMS 和 GPIMS，开发更友好、更具市场价值的工具，这些工具至少可以为公司和采购机构带来成本。他们跟进和支持会员协会咨询公司和选定采购单位之间的职能指令手册和全球采购信息管理系统培训和实施方案。IMC 与其他国际组织合作：世界工程组织联合会（WFEO）、透明国际（TI）、经济合作与发展组织（OECD）、世界经济论坛（WEF）、国际标准化组织（ISO）、联合会国际承包商协会（CICA）和联合国（联合国）在制定腐败需求方的政策、指导方针和程序方面。它们还与国际金融机构（IFI）联络，以补充和支持其反腐败举措。IMC 还提高了 FIDIC 和全球工程界年轻成员的诚信管理意识，将其作为开展咨询业务的有效和适当方法。最后，它们协助理事会和秘书处处理有关廉正管理的事项。

会员委员会（MEMC）的任务包括以下几个目标：

（1）新国家的潜在会员协会

MEMC 确定存在可识别咨询工程行业的国家，并调查是否存在现有的咨询工程行业协会。如果有，MEMC 会联系当地协会，是否有兴趣成为 FIDIC 的成员。委员会与当地协会合作，制定将潜在会员协会纳入 FIDIC 的战略和计划。

（2）现有成员关联

一些成员协会并不代表该国的行业（成员协会仅代表该国咨询工程公司成员中的一小部分——目标应至少为 50%）。MEMC 致力于确定该国任何"少数"成员协会，与他们和 FIDIC 秘书处讨论该问题。目标是制定一个战略来解决这个问题，并鼓励合并或"保护伞"组织最好地代表国内的行业。一些会员协会可能会低估会员人数。MEMC 协助 FIDIC 秘书处和订阅费委员会为所有会员协会建立准确的数据。MEMC 促进与成员的对话，以达成一项协议，使之正确。MEMC 帮助在 FIDIC 成员中面临管理问题的成员协会，并帮助促进能力发展。

（3）会员企业

即使在发达经济国家，人们也认为咨询工程公司的"专业性"存在很大差异。在全球经济中，不同国家的咨询工程公司之间的这种差异更为显著。MEMC 在会员协会和公司之间推广现有的 FIDIC 原则和国际标准。委员会负责向与 FIDIC 标准合作的相关委员会和工作组通报行业的区域或国际趋势。

（4）会员资格

MEMC 促进希望支持联合会目标且不适用于全国会员协会的公司的附属会员资格。FIDIC 附属机构可以为 FIDIC 和会员协会带来利益。

风险和质量委员会（RQC）为咨询工程行业确定影响风险和质量的重大问题，并制定解决这些问题的策略。他们监测全球范围内的职业责任状况和保险，并定期向 FIDIC 董事会报告重大趋势。RQC 在全球范围内监控并报告合同趋势、客户风险缓解策略和立法框架。根据他们的观察，RQC 制定了有关风险管理、责任和保险的最佳实践工具和指南。RQC 协助秘书处根据需要建立工作组，并监督其工作，以便向 FIDIC 理事会提出最终建议。

可持续发展委员会（SDC），制定和实施经 FIDIC 董事会或其代表批准的 FIDIC 可持续发展总体行动计划，以及经 EFCA 董事会或其代表批准的 EFCA 欧洲机构可持续发展行动计划。具体职能包括：为咨询工程行业可持续发展实践开发工具，并支持其使用；为致力于可持续发展的培训课程提供支持，并与相关合作伙伴一起实施；准备 EFCA 和 FIDIC 有关可持续发展的沟通，由 EFCA 和 / 或 FIDIC 实施；欧洲机构（欧洲委员会、欧洲议会、欧洲标准化委员会 / 欧洲电工标准化委员会……）代表 EFCA 委员会并经其批准，就与可持续发展有关的问题进行监督和游说；代表国际机构（环境署、国际标准化组织、国际商会等）并经 FIDIC 理事会或其代表批准；所有 EFCA 成员和 FIDIC 成员之间的交流。

10.2.2　FIDIC 合同体系

FIDIC 长期以来以其在国际建筑项目中雇主和承包商之间使用的标准合同形式而闻名，尤其是：《土木工程施工合同条件：红皮书》（1987）；电气和机械工程（包括现场安装）合同条款：黄皮书（1987）；设计建造和交钥匙合同条件：橙色书（1995）。

在过去更新红皮书和黄皮书的工作中，菲迪克指出，某些项目已经超出了现有书籍的范围。因此，FIDIC 不仅更新了标准格式，而且扩大了范围，并于 1999 年 9 月发布了一套四种新的标准格式的合同，适用于世界上大多数建筑和工厂安装项目。

1999 年的合同文件及适用范围，见图 10-2，简要区别如下：

发包人设计的建筑工程施工合同条件：施工合同；

业主设计的建筑和工程施工合同条款（MDB 协调版）—仅适用于银行融资项目：MDB 施工合同；

机电设备和承包商设计的建筑和工程的设备和设计建造合同条款：设备和设计建造合同；

总承包 / 交钥匙工程合同条件：总承包 / 交钥匙合同；

简明合同条件：简明格式。

1999 年套件中的书籍都标有"1999 年第一版"（1998 年出版了测试版，虽然这些版本对合同仍然有效，但在某些情况下进行了重大修改）。

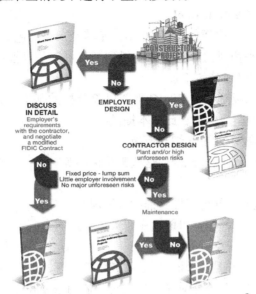

图 10-2　FIDIC1999 版合同文件的选择与适用 ❶

10.2.2.1　施工合同条件（Conditions of Contract for Construction，Second Ed.2017）

FIDIC 1999 红皮书已经广泛使用了 20 年。尤其是，在承包商按照业主提供的设计施工的项目中，业主和承包商之间平衡风险分担的原则得到了认可。

FIDIC 红皮书的第二版延续了 FIDIC 平衡风险分担的基本原则，同时寻求在过去 18 年的使用中积累的丰富经验。例如，此版本提供：

1）通知和其他通信要求的更详细和清晰；

2）处理雇主和承包商索赔的规定，这些索赔被同等对待，并与争议分开处理；

3）回避机制；

4）质量管理和承包商合同合规性验证的详细规定。

这些施工合同条件包括可能适用于大多数此类合同的条件。每一个单独合同所特有的基本信息项应包含在专用条款 A 部分—合同数据中。此外，人们认识到，许多雇主，特别是政府机构，可能需要特殊合同条款或特殊程序，这与一般条款中包含的程序不同。这些应包含在 B 部分—特别条款中。应注意，通用条款和专用条款（A 部分—合同资料和 B 部分—特殊条款）均为合同条款的一部分。

为协助业主编制招标文件和起草具体合同的专用合同条款，其中包括招标文件编制说明和专用条款编制说明，为合同起草人提供重要建议。CT 文件，尤其是规范和特殊规定。在起草特殊条款时，如果要替换或补充通用条款中的条款，并且在合并任何示例措辞之前，敦促雇主寻求法律和工程咨询，以避免歧义，并确保与其他文件的完整性和一致性。

合同条件以一系列综合流程图开始，这些流程图通常以视觉形式显示了 FIDIC 施工合同形式的活动顺序。然而，图表是说明性的，在解释合同条件时不得考虑。

---

❶　来源于 FIDIC 官网 http://fidic.org/node/149

10.2.2.2　永久设备和设计—建造合同条件（Plant and Design—Build Contract，2nd Ed，2017 Yellow Book）

FIDIC 1999 黄皮书已经广泛使用了 20 年。尤其是，在承包商设计和建造工程的项目中，业主和承包商之间平衡风险分担的原则得到了认可，并可根据业主的要求提供装置，包括土木、机械、电气和 / 或建筑工程。

FIDIC 黄皮书的第二版延续了 FIDIC 平衡风险分担的基本原则，同时寻求在过去 18 年的使用中积累的丰富经验。例如，此版本提供：

1）通知和其他通信要求的更详细和清晰；

2）处理雇主和承包商索赔的规定，这些索赔被同等对待，并与争议分开处理；

3）回避机制；

4）质量管理和承包商合同合规性验证的详细规定。

工厂和设计建造合同条件包括可能适用于大多数此类合同的条件。每一个单独合同所特有的基本信息项应包含在专用条款 A 部分—合同数据中。此外，人们认识到，许多雇主，特别是政府机构，可能需要特殊合同条款或特殊程序，这与一般条款中包含的程序不同。这些应包含在 B 部分—特别条款中。应注意，通用条款和专用条款（A 部分—合同资料和 B 部分—特殊条款）均为合同条款的一部分。

为协助业主编制招标文件和起草具体合同的专用合同条款，其中包括招标文件编制说明和专用条款编制说明，为合同起草人提供重要建议。CT 文件，尤其是业主要求和特殊规定。在起草特殊条款时，如果要替换或补充通用条款中的条款，并且在合并任何示例措辞之前，敦促雇主寻求法律和工程咨询，以避免歧义，并确保与其他公关的完整性和一致性。

合同条件以一系列综合流程图开始，这些流程图通常以视觉形式显示了 FIDIC 工厂和设计—建造合同的特征活动顺序。然而，图表是说明性的，在解释合同条件时不得考虑。

本出版物还包括一些样本表格，以帮助双方对第三方（如证券和担保提供商）的要求达成共识。

10.2.2.3　EPC 交钥匙项目合同条件（EPC/Turnkey Contract，2nd Ed，2017 Silver Book）

EPC/ 交钥匙工程合同条款不适用于以下情况：

1）如果没有足够的时间或信息供投标人审查和检查业主的要求，或供其进行设计、风险评估研究和评估；

2）如果施工将涉及地下的大量工程或投标人无法检查的其他区域的工程，除非有特殊规定说明不可预见的情况或；

3）如果业主打算密切监督或控制承包商的工作，或审查大部分施工图纸。

FIDIC 建议在上述情况下，承包商（或其代表）设计的工程应使用 FIDIC 黄皮书（设备和设计建造合同条件）的第二版。

FIDIC 银皮书的第二版维护了 1999 年版确立的风险分担原则，同时寻求建立在过去 20 年使用该书的丰富经验基础上。例如，此版本提供：

1）通知和其他通信要求的更详细和清晰；

2）处理雇主和承包商索赔的规定，这些索赔被同等对待，并与争议分开处理；

3）回避机制；

4）质量管理和承包商合同合规性验证的详细规定。

这些 EPC/ 交钥匙项目合同条件包括可能适用于大多数此类合同的条件。每一个单独合同所特有的基本信息项应包含在专用条款 A 部分—合同数据中。此外，许多雇主，特别是政府机构，可能需要特殊合同条款或特殊程序，这与一般条款中包含的程序不同。这些应包含在 B 部分—特别条款中。应注意，通用条款和专用条款（A 部分—合同资料和 B 部分—特殊条款）均为合同条款的一部分。

为协助业主编制招标文件和起草具体合同的专用合同条款，其中包括招标文件编制说明和专用条款编制说明，为合同起草人提供重要建议。CT 文件，尤其是业主要求和特殊规定。在起草特殊条款时，如果要替换或补充通用条款中的条款，并且在合并任何示例措辞之前，敦促雇主寻求法律和工程咨询，以避免歧义，并确保与其他公关的完整性和一致性。

合同文件以一系列综合流程图开始，这些流程图通常以视觉形式显示了 FIDIC EPC/ 交钥匙合同形式的活动顺序。然而，图表是说明性的，在解释合同条件时不得考虑。

另外，还包括一些样本表格，以帮助双方对第三方（如证券和担保提供商）的要求达成共识。

10.2.2.4　疏浚及吹填工程合同条件（Dredgers Contract，2nd Ed，2016 Blue-Green Book）

本合同条款是一份简单的文件，包括所有必要的商业条款，可用于所有类型的疏浚和吹填工程以及各种行政安排的辅助施工。根据此类合同的通常安排，承包商按照业主或其工程师提供的设计施工。但是，本表格也适用于包括或完全包括承包商设计工程的合同。此外，业主可选择估价方法。

10.2.2.5　FIDIC 合同的选择与适用

（1）价值相对较小、施工时间短或涉及简单或重复性工作

如果合同价格相对较低，比如 50 万美元以下，或者施工时间较短，比如少于 6 个月，或者所涉及的工程相对简单或重复——疏浚工程可能是一个很好的例子：

然后考虑使用合同的简短形式，这是一个全新的 FIDIC 专门为此类项目准备的书。

无论设计是由业主（或其工程师 / 建筑师，如果有）提供还是由承包商提供，项目是否涉及建筑、电气、机械或其他工程工作并不重要。

（2）大型或更复杂的项目

1）业主（或工程师）是否会进行大部分设计？

与传统项目一样，如基础设施、建筑、水电等，业主几乎完成了所有设计（可能不是施工细节、加固等）（红皮书）。

工程师负责管理合同，监督施工工作并支付认证费用。

并且雇主得到充分的通知，可以做出变更等。

并根据工程量清单或批准完成的工作的总价付款。

如果需要，选择业主设计的建筑和工程施工合同条件（施工合同），有效更新并取代1987 年的现有红皮书。

2005 年，FIDIC 授权多边开发银行（mdb）使用由银行资助的项目施工合同的 mdb 协调版本。《多边开发银行建设合同》主要包括世界银行在其标准招标文件中使用的红皮书专用条款，其他多边开发银行采用协调版本。

2）承包商是否要进行大部分设计？

与传统项目一样，例如电气和机械工程，包括现场安装（黄皮书），承包商（或供应商）进行了大部分设计，例如工厂或设备的详细设计，以使工厂满足由业主，以及在相对较新的设计—建造和交钥匙工程中，承包商也进行了大部分设计，不仅是工厂项目，还进行了各种基础设施和其他类型项目的设计，并且要求该项目满足"业主要求""TS"，即业主编制的大纲或性能规范（橙色手册）；

工程师（橙色手册中的业主代表）负责管理合同，监督现场制造和安装或施工工作，并支付认证款项，并根据完成的里程碑付款，一般是一次性付款。

如果这是需要的—选择电气和机械设备的设备和设计建造合同条件，以及承包商设计的建筑和工程（设备和设计建造合同），有效更新和取代现有黄皮书 1987 年出版，1995 年出版。

3）这是一个私人融资（或公共 / 私人融资）的 BOT 项目还是类似类型的项目，特许经营机构对项目的融资、建设和运营负全部责任？

那么特许经营权（以下简称"业主"）可能需要与施工承包商签订合同，即总承包合同，其中承包商负责基础设施或其他设施的设计和施工，以及是否有更高程度的确定，即不会超过商定的合同价格和时间，如果最终结果符合其规定的性能标准，则业主不希望参与工程的日常进度。

有关各方（如发起人、贷款人和业主）愿意看到承包商为项目的建设支付更多的费用，作为回报，承包商承担与最终价格和时间的确定性增强相关的额外风险。

如果需要这样做—选择 EPC/ 交钥匙项目的合同条件（EPC/ 交钥匙合同）—适用于此目的的 FIDIC 手册。

（3）也适用于 EPC/ 交钥匙合同

1）它是一个过程工厂还是一个发电厂（或工厂或类似的工厂），在那里提供资金的雇主希望在固定价格的交钥匙基础上实施项目？

然后，业主希望承包商对工艺或电力设施的设计和施工负全部责任，并在"钥匙转动时"将其移交准备运行。

业主希望在更高程度上确定不会超过商定的合同价格和时间。

而且业主希望——或者习惯于——严格按照双方的方式组织项目，即不涉及"工程师"。

如果最终结果符合其规定的性能标准，则业主不希望参与施工工程的日常进度。

业主愿意为其项目的施工支付更多的费用（如果使用了设备和设计建造合同的条件，情况会更糟），作为对承包商承担额外风险的回报，这些额外风险与最终价格和时间的确定性增强有关。

如果这是需要的—选择 EPC/ 交钥匙项目的合同条件（EPC/ 交钥匙合同）。

2）它是一个基础设施项目（例如公路、铁路、桥梁、水或污水处理厂、输电线路、甚至大坝或水电站）还是类似的项目，而提供资金的业主希望在固定价格的交钥匙基础上实施该项目？

然后，业主希望承包商全面负责基础设施的设计和施工，业主希望在更高程度上确定不会超过约定的合同价格和时间，除非如果地下工程可能处于不确定或困难的地面条件下，则不可预见的地面条件的风险应由业主承担将是适当的，而且业主希望——或者习惯于——严格按照双方的方式组织项目，即不涉及"工程师"。

如果最终结果符合其规定的性能标准，业主不希望参与施工工程的日常进度，业主愿意为其项目的施工支付更多的费用（如果使用了设备和设计建造合同的条件，情况会更糟），作为对承包商承担额外风险的回报，这些额外风险与最终价格和时间的确定性增强有关。

如果这是需要的—选择 EPC/ 交钥匙项目的合同条件（EPC/ 交钥匙合同）。

3）这是否是一个建筑项目，业主希望其建筑在固定价格的交钥匙基础上建造，通常包括所有家具、配件和设备？

具备以上 2 项时，对于建筑或建筑开发项目，业主或其建筑师可能已经完成了部分或大部分设计，但在适当修改设计责任的情况下，可以选择 EPC/ 交钥匙项目合同条件（EPC/TURNKEY 合同）。

10.3　AIA 系列合同 ❶

1857 年 3 月 10 日，美国 13 名建筑师以纽约建筑师学会的名义起草了组织章程。同年 4 月 15 日，协会成员签署了新章程。后来 Thomas U.Walter 建议将协会更名为美国建筑师协会（American Institute of Architects，简称 AIA）。协会章程后被修改为"促进协会成员更科学、更艺术、更务实，促进成员之间的交流和友谊以及联合致力于从事建筑学的人士"。现在 AIA 有超过 94000 名会员，会员所坚持职业道德规范和操守旨在确保顾客、公众和同仁是为最高标准的专业实践而作出的贡献。

AIA 合同文件按文件用途或用途分为六个字母数字系列：

A 系列：业主 / 承包商协议（Owner/Contractor Agreements）

B 系列：业主 / 建筑师协议（Owner/Architect Agreements）

C 系列：其他协议（Other Agreements）

D 系列：其他文件（Miscellaneous Documents）

E 系列：电子文件协议附件（Exhibits）

G 系列：合同管理和项目管理表（Contract Administration and Project Management Forms）

10.3.1　A 系列：业主 / 承包商协议

A101-2017，业主和承包商之间的标准协议格式，付款依据为规定金额。

当项目价格基于规定金额（固定价格）时，使用本合同。适用于大型或复杂的商业建设项目。

---

❶　来源于美国建筑师协会官网 https://www.aia.org/

A102-2017，业主和承包商之间的标准协议格式，付款依据为工程成本加上保证最高价格的费用。

业主和承包商之间的合同可用于需要保证最高价格的大型项目，当支付给承包商的款项是工程成本加上费用时。

A103-2017，业主和承包商之间的标准协议格式，其中付款依据为工程成本加上无保证最高价格的费用。

本合同用于大型项目，当支付给承包商的基础是工程成本加上费用，并且在施工开始时不完全知道该成本时。

A104-2017（原 A107-2007），业主和承包商之间协议的标准缩写形式

本合同适用于范围有限、复杂的建设工程，有约定的金额或者成本加成的。

A105-2017，业主和承包商之间的标准简短协议

本合同适用于小型、不太复杂的商业或住宅项目。

A121-2018，业主和承包商之间的主协议标准格式，其中工程根据多个工作订单提供。

当承包商的工作范围随后将通过使用一个或多个工作订单来指定时，使用本合同。

A132-2009（原名 A101CMA-1992），业主和承包商之间的标准协议格式，施工经理作为顾问版

本合同适用于付款依据为规定金额（固定价格）或工程成本加上费用的项目，无论施工经理是顾问时是否有保证的最高价格。

A132-2009 SP，业主和承包商之间的标准协议格式，用于可持续项目，施工经理作为顾问版

本合同适用于可持续性项目，其付款依据为规定金额（固定价格）或工程成本加上费用，在施工经理担任顾问的情况下，有或无保证最高价格。

A133-2009（原 A121CMC-2003），业主和施工经理作为施工方签订的标准协议格式，其中付款依据是工程成本加上保证最高价格的费用。

本合同适用于施工经理除担任业主顾问外，还承担项目施工财务责任的项目。

A133-2009 SP，业主和施工经理之间作为施工方的标准协议格式，付款依据是工程成本加上保证最高价格的费用，用于可持续项目。

本合同适用于可持续性项目，其中施工经理除担任业主顾问外，还承担项目施工的财务责任。

A134-2009（原 A131CMC-2003），业主和施工经理作为施工方签订的标准协议格式，其中付款依据为工程成本加上无担保最高价格的费用。

本合同用于业主寻找负责提供施工手段和方法的施工经理。

A134-2009 SP，业主和施工经理作为施工方签订的标准协议格式，其中付款依据为工程成本加上无担保最高价格的费用，用于可持续项目。

本合同用于业主寻找负责提供可持续项目施工手段和方法的施工经理。

A141-2014，业主和设计建造商之间的标准协议格式

本合同适用于业主与单一实体签订合同同时提供设计和施工的大型设计—建造项目。

A142-2014，设计建造商和承包商之间的标准协议格式

本合同适用于大型设计建造项目，设计建造商雇佣承包商进行施工。

145-2015，一户或两户住宅项目业主和设计建造商之间的标准协议格式

本合同用于一个或两个家庭住宅项目，由协议部分和附件 A 组成，设计—建造修正案在业主和设计—建造商商定合同金额时执行。

A151-2019，业主和供应商之间家具、家具和设备（FF&E）的标准协议格式

本合同在业主和供应商之间用于家具、家具和设备（FF&E），其中付款依据为合同签订时商定的规定金额（固定价格）。

A195-2008，业主和承包商就综合项目交付达成的标准协议格式

本合同用于业主和承包商之间的大型、过渡和综合项目交付，并提供合同独有的商业条款和条件。

A201-2017，施工合同通用条款

本合同规定了业主、承包商和建筑师的权利、责任和关系。各种设计—投标—建造协议包含并引用了本"保护伞"文件。

A201-2007，施工合同通用条款

本合同规定了业主、承包商和建筑师的权利、责任和关系。各种设计—投标—建造协议包含并引用了本"保护伞"文件。

A201-2007 SP，施工合同通用条款，用于可持续项目

本合同规定了业主、承包商和建筑师对可持续项目的权利、责任和关系。各种设计—投标—建造协议包含并引用了本"保护伞"文件。

A221-2018，业主和承包商之间的主协议使用工作订单

本工作订单与业主和承包商之间的主协议一起使用。

A232-2009（原 A201CMA-1992），施工合同通用条款，施工经理顾问版

本合同规定了业主、承包商、施工经理和建筑师在施工经理担任顾问时的一般条件和权利、责任和关系。

A232-2009 SP，施工合同通用条款，用于可持续项目，施工经理作为顾问版

本合同规定了业主、承包商、施工经理和建筑师在施工经理担任可持续项目顾问时的一般条件和权利、责任和关系。

A251-2007（原 A275ID-2003），家具、家具和设备合同通用条款

本合同规定了业主、建筑师和供应商对家具、家具和设备的一般条件和义务。

A295-2008，综合项目交付合同通用条款

本合同为过渡期综合项目交付提供了一般条件。

A305-1986，承包商资格声明

本调查问卷用于提供有关承包商背景的信息。

A310-2010，投标保证金

该保证金确保选定的投标人执行合同并提供履约和付款保证金。

A312-2010，履约保证金和付款保证金

本合同包含两份保证书，涵盖承包商的履行和承包商向分包商和其他方支付材料和劳动力的义务。

A401-2017，承包商和分包商之间的标准协议格式

本合同用于确定承包商和分包商之间的责任和义务。

A421-2018，承包商和分包商之间的主协议标准格式，其中根据多个工作订单提供工作。

当分包商的工作范围随后将通过一个或多个工作订单指定时，使用本合同。

A422-2018，承包商和分包商之间的主协议使用工作订单

当承包商和分包商已经或将要签订主协议时，使用本工作订单。

A441-2014，设计—建造项目承包商和分包商之间的标准协议格式

承包商和分包商之间的合同适用于任何规模的设计—建造项目。

A503-2007（原 A511-1999），《补充条件指南》

本指南为施工合同的编制提供了指导，并提供了可用于修改或补充施工合同的示范语言。

AIA 文件 A521-2012，标的物统一位置

A533-2009（原 A511CMA-1993），《补充条件指南》，施工经理顾问版

本指南提供了协助编制施工合同的指南，并提供了当施工经理担任顾问时，可用于修改或补充施工合同的示范语言。

A701-2018，投标人须知

本合同用于项目施工招标。

A751-2019，家具、家具和设备（FF&E）供应商报价邀请函和说明

本合同用于室内设计项目的招标。

10.3.2 B 系列：业主 / 建筑师协议

B101-2017，业主和建筑师之间的标准协议格式

通常与 A201-2017 一起用于大型项目的合同。列出的服务分为基本服务、补充服务和附加服务。可以采用多种补偿方式，包括工程造价预算的百分比和定额。

B102-2017，业主和建筑师之间的标准协议格式，无建筑师服务的预定范围

本合同是一个灵活的协议，双方附加建筑师的服务范围，可用于任何规模的项目。

B103-2017，复杂项目业主和建筑师之间的标准协议格式

业主和建筑师之间的合同用于一个复杂的项目。

B104-2017，业主和建筑师之间协议的标准缩写形式

业主和建筑师之间的合同用于有限范围项目的中型项目。

B105-2017，业主和建筑师之间的标准简短协议

业主和建筑师之间的合同用于住宅或小型商业项目的小型项目。

B106-2010，业主和建筑师之间关于公益服务的标准协议格式

业主和建筑师之间的合同用于任何规模的项目，以提供公益服务。

B107-2010（原 B188-1996），开发商和建筑师之间就单户住宅项目原型达成的标准协议格式。

开发商和建筑师之间的合同适用于任何规模的单户住宅项目，其中建筑师的服务专门用于开发原型。

B108-2009（原 B181-1994），联邦资助或联邦保险项目业主和建筑师之间的标准协

议格式

业主和建筑师之间的合同用于大型联邦资助或联邦保险项目。

B109-2010，多户住宅或混合用途住宅项目业主和建筑师之间的标准协议格式

业主和建筑师之间的合同用于大型项目、混合用途或多户住宅项目。

B121-2018，业主和建筑师就多个服务订单下提供的服务签订的主协议的标准格式

业主和建筑师之间的合同建立了一个包含多个服务订单的主协议。

B132-2009（原 B141CMA-1992），业主与建筑师、施工经理之间的标准协议格式，顾问版

当施工经理是顾问时，业主和建筑师之间的合同用于一个大型项目。

B132-2009 SP，业主和建筑师之间的标准协议格式，用于可持续项目，施工经理作为顾问版

当施工经理担任顾问时，业主和建筑师之间的合同将用于大型可持续项目。

B133-2014，业主与建筑师、施工经理之间的标准协议格式，作为施工版本

业主和建筑师之间的合同用于大型项目，其中施工经理是一名施工员。

B143-2014，设计建造商和建筑师之间的标准协议格式

当设计构建者雇佣建筑师时，设计构建者和建筑师之间的合同用于大型的设计构建项目。

B144-ARCH-CM-1993，业主和建筑师之间协议的标准修订格式，其中建筑师作为业主顾问提供施工管理服务。

业主和建筑师之间的修正合同适用于任何规模的项目，供建筑师作为业主顾问提供施工管理服务。

B152-2019，业主和建筑师就室内设计和家具、家具和设备（FF&E）设计服务达成的标准协议格式

业主和建筑师之间的合同适用于任何规模的室内项目，包括室内设计服务，包括家具、家具和设备。

B153-2007（原 B175ID-2003），业主和建筑师就家具、家具和设备设计服务达成的标准协议格式

业主和建筑师之间的合同适用于任何规模的室内项目，用于家具、家具和设备设计服务。

B161-2002（原 B611int-2002），客户和顾问之间的标准协议格式，用于项目位于美国以外的地方。

当美国建筑师在设计服务咨询基础上被聘用，业主将在国外聘请当地建筑师时，客户和顾问之间的合同将用于大型国际项目。

B162-2002（原名 B621Int-2002），客户和顾问之间的协议缩写标准格式，用于项目位于美国以外的地方。

当美国建筑师在设计服务咨询基础上被聘用，业主将在国外聘请当地建筑师时，客户和顾问之间的合同将用于中小型国际项目。

B171-2013，业主和设计经理之间的标准协议格式，用于多项目计划

业主和设计经理之间的合同用于多个大型项目。

B172-2013，业主和建筑师之间关于记录服务建筑师的标准协议格式

当建筑师充当项目特定建筑师时，使用业主和建筑师之间的合同。

B195-2008，业主和建筑师就综合项目交付达成的标准协议格式

业主和建筑师之间的合同用于大型、过渡的集成项目交付。

B201-2017，建筑师服务标准格式：设计和施工合同管理

本合同以业主和建筑师可根据项目需要修改的标准形式定义了建筑师设计和施工合同管理的传统服务范围。

B202-2009，建筑师服务的标准形式：编程

本合同规定了建筑师向业主提供编程服务的职责和责任。

B203-2017，建筑师服务标准格式：现场评估和项目可行性

所有者可以使用建筑师在 B203 中提供的服务来决定一个或多个站点是否适合一个项目，或者确定站点的开发潜力。

B204-2007，建筑师服务的标准形式：价值分析，供业主雇佣价值分析顾问时使用。

本合同附于业主 / 建筑师协议，当业主雇佣价值分析顾问时，该协议提供传统的建筑师服务范围。

B205-2017，建筑师服务的标准形式：历史保护

B205 建立了建筑师为历史敏感项目提供服务的职责和责任。

B206-2007，建筑师服务的标准形式：安全评估和规划

当建筑师为需要比建筑设计中更大的安全特性和保护的项目提供服务时，使用此合同。

B207-2017，建筑师服务标准格式：现场项目代表

当建筑师在项目的施工阶段提供现场项目代表时，B207 确定了建筑师的服务范围。

B209-2007，建筑师服务的标准形式：施工合同管理，供业主聘请另一名建筑师提供设计服务时使用。

当建筑师只提供施工阶段服务，而业主保留另一位建筑师提供设计服务时，使用本合同。

B210-2017，建筑师服务的标准形式：设施支持

所有者可以使用 B210 雇佣建筑师来评估现有设施或一组设施的状况、性能和操作。

见 C203-2017：B211-2007，建筑师服务标准格式：调试

业主可以使用 B211 雇佣建筑师来执行调试服务。

B212-2010，建筑师服务的标准形式：区域或城市规划

本合同用于确定建筑师向业主提供区域或城市规划服务的职责和责任。

B214-2012，建筑师服务标准格式：LEED® 认证

当业主寻求美国绿色建筑委员会能源与环境设计（LEED）项目领导层的认证时，本合同用于确定责任和义务。

B221-2018，业主和建筑师之间的主协议使用服务订单

本服务订单用于提供建筑师的服务范围以及与特定服务订单相关的其他条款，仅在 B121 主协议成立时使用。

B252-2019，建筑师服务的标准形式：室内设计和家具、家具和设备（FF&E）设计

服务

本合同用于任何规模的室内设计项目，以确定建筑师为家具、家具和设备提供建筑室内设计服务和设计服务时的职责和责任。

B253-2019，建筑师服务的标准形式：家具、家具和设备（FF&E）设计服务

本合同用于任何规模的室内设计项目，以确定建筑师为家具、家具和设备提供设计服务时的职责和责任。

B254-2019，建筑师服务的标准形式：家具、家具和设备的采购代理服务（FF&E）

用于建筑师需要协助业主购买家具、家具和设备（FF&E）以及管理 FF&E 合同的情况。

B305-1993（原 B431-1993），建筑师资格声明

此问卷用于提供有关建筑师背景的信息。

B503-2007（原 B511-2001），《AIA 业主建筑师协议修订指南》

业主建筑师协议中包含的问题的免费 AIA 指南。

B509-2010，《AIA B109-2010 号文件公寓项目用补充条件指南》

《AIA 关于公寓建设问题的免费指南》，并就如何修改多户住宅或混合用途住宅项目的业主—建筑师协议提出建议。

10.3.3 C 系列：其他协议

C101-2018，专业服务合资协议

本合同由两个或两个以上的当事方用来规定他们在组成合资企业时的权利和义务。

C102-2015，团队经理和团队成员之间的团队合作协议标准格式，用于响应请求和追求项目

团队经理和团队成员之间的合同允许多个或跨学科的各方组成一个团队，提供提交共享机会项目提案所需的服务。

C103-2015，业主和顾问之间的标准协议格式，无需预先确定的顾问服务范围。

业主和顾问之间的合同用于任何规模的项目，而顾问没有预先确定的服务范围。

C106-2013，数字数据许可协议

本合同用于任何规模的项目、数字数据管理和保护知识产权。

C132-2009，业主和施工经理作为顾问的标准协议格式

业主与施工经理之间的合同，在施工经理担任顾问时，用于大型项目。

C132-2009 SP，业主和施工经理作为顾问的标准协议格式，用于可持续项目

业主和施工经理之间的合同用于大型可持续项目，而施工经理是顾问。

C141-2014（原 B142-2004），业主和顾问之间设计—建造项目的标准协议格式

业主和顾问之间的合同用于大型设计—建造项目。

C171-2013，业主和项目经理之间的标准协议格式，用于多项目

业主和项目经理之间的合同用于具有多个范围的大型项目。

C172-2014，业主和项目经理就单个项目使用的标准协议格式

业主和项目经理之间的合同用于中型单个项目。

C191-2009，综合项目交付标准格式多方协议

本合同适用于大型项目和中级综合项目交付。

C195-2008，综合项目交付的标准格式单一目的实体协议

本合同适用于一个大型项目，构成有限责任公司。

C196-2008，单一目的实体与业主之间的综合项目交付标准协议格式

单一目的实体和业主之间的合同用于大型项目的集成项目交付。

C197-2008，单一目的实体与非业主成员之间的综合项目交付标准协议格式

单一目的实体和非业主成员之间的合同用于大型项目和集成项目交付。

C198-2010，单一目的实体与综合项目交付顾问之间的标准协议格式

单一目的实体与顾问之间的合同用于大型项目和综合项目交付。

C199-2010，单一目的实体与承包商之间的综合项目交付标准协议格式

单一目的实体和承包商之间的合同用于大型项目和综合项目交付。

C201-2015（原名 G601-1994），咨询服务，土地调查

本合同用于咨询服务的土地调查范围。

C202-2015（原名 G602-1993），咨询服务标准格式：岩土工程

本合同用于咨询服务的岩土工程范围。

C203-2017（原 B211-2007），咨询服务标准格式：调试

业主可以使用 C203 雇佣建筑师来执行调试服务；但是，C203 也可以用于雇佣来自其他背景的调试专业人员。

C401-2017，建筑师和顾问之间的标准协议格式

本合同在建筑师获得咨询服务时使用。

C402-2018（原名 C727-1992），建筑师和特殊服务顾问之间的标准协议格式

建筑师和顾问之间的合同用于顾问的服务，这些服务的范围有限和 / 或不延伸到项目的施工阶段。

c421-2018，建筑师与顾问就多个服务订单下提供的服务签订的主协议标准格式

建筑师和顾问之间的合同用于与多个服务订单建立主协议。

C422-2018，建筑师和顾问之间的主协议使用服务订单

建筑师和顾问之间的服务订单仅在建立 C421 主协议时使用。

C441-2014，建筑师和顾问之间设计建造协议的标准格式

建筑师和顾问之间的合同用于与多个服务订单建立主协议。

10.3.4 D 系列：其他文件

D101-1995，建筑物面积和体积的计算方法

D200-1995，项目清单

D503-2013，可持续项目指南，包括对 AIA 可持续项目文件的评论

10.3.5 E 系列：电子文件协议附件

E201-2007，数字数据协议附件

E202-2008，建筑信息建模协议附件

E203-2013，建筑信息建模和数字数据附件

本文档用于任何规模的项目，用于建立与建筑信息建模和数字数据相关的权限。

E204-2017，可持续项目电子文件协议附件

E204-2017 已开发用于各种可持续项目，包括可持续目标包括获得可持续性认证的项目，如 LEED，或可持续目标基于绩效可持续性的项目。

10.3.6　G 系列：合同管理和项目管理表

G201-2013，项目数字数据协议表

本文件用于任何规模的项目，以建立数字数据协议。

G202-2013，项目建筑信息建模协议表

此表单用于任何规模的项目，以建立用于构建信息建模的协议。

G612-2017，业主对建筑师的指示，A 部分

AIA 文件 G612™-2017 是一份调查问卷，旨在从业主处获取有关施工合同性质的信息。

G612-2017，业主对建筑师的指示，B 部分

AIA 文件 G612™-2017 是一份调查问卷，旨在从业主处获取有关施工合同性质的信息。

G701-2017，变更单

AIA 文件 G701™-2017 用于实施业主、承包商和建筑师同意的工程变更。

G701S-2017，变更单，承包商分包商变更

AIA 文件 G701S™-2017 用于实施承包商和分包商同意的工程变更。

G701CMA-1992，变更令，施工经理顾问版

当双方同意变更条款时，本表格可用于任何规模的项目，以根据业主 / 承包商协议进行修改。

G702-1992，付款申请和证书

当承包商申请付款并且建筑师证明付款已到期时使用的表格。显示迄今为止的合同金额，包括迄今为止已完成和存储的工作的总美元金额、保留金额（如果有）、以前付款的总额、变更单摘要以及请求的当前付款金额。

G702s-2017，付款申请和证书，承包商分包商变更

AIA 文件 G702s™-2017，付款申请和证书，以及 G703s™-2017，续页，提供分包商可申请付款的方便和完整的表格。

G703-1992，续页

当列出工程部分和计划值时，承包商应使用此续页。它适用于任何规模的项目。

G703S-2017，续页，承包商分包商变更

AIA 文件 G702s™2017，付款申请和证书，以及 G703s™2017，续页，提供分包商可申请付款的方便和完整的表格。

G704-2017，基本竣工证书

AIA 文件 G704-2017 是记录工程或其指定部分实质性竣工日期的标准格式。

G704CMA-1992，基本竣工证书，施工经理顾问版

当双方同意当施工经理是顾问时，项目基本完成时，使用本表格。

G705-2001（原 G805-2001），分包商名单

此表包含为项目建议的分包商列表。

G706-1994，承包商的债务和索赔付款宣誓书

此表包含已对项目付款的确认。

G706A-1994，承包商解除留置权的宣誓书

本表格支持 G706-1994，声明已收到所有留置权的免除或放弃。

G707-1994，担保人同意最终付款

该表格与 G706 一起使用，要求承包商提供保证金。

G709-2018，提案请求

此表用于获取变更单谈判所需的报价。

G710-2017，建筑师补充说明

建筑师使用 AIA 文件 G710-2017 发布附加说明或解释，或命令对工程进行细微更改。

G711-2018，建筑师现场报告

本表保存了现场参观记录或施工活动的每日日志。

G712-1972，施工图和样品记录

此表单用于建筑师记录和监控施工图和样本的任何规模的项目。

G714-2017，施工变更指令

AIA 文件 G714™-2017 是业主和承包商未就合同金额或合同时间的拟议变更达成一致意见的工程变更指令。

G714CMA-1992，施工变更指令，施工经理顾问版

本表适用于任何规模的项目，当双方尚未达成协议时，当施工经理是顾问时，作为需要快速完成的变更的指示。

G715-2017，ACORD 保险凭证补充附件 25

AIA 文件 G715-2017 旨在采用 ACORD 表格 25 证明标准表格 AIA 协议要求的承包商保险范围。

G716-2004，信息请求（RFI）

此表用于在施工过程中正式要求一方提供进一步的信息。

G732-2009（原名 G702CMA-1992），付款申请和证书，施工经理顾问版

此表供承包商向业主申请进度款。

G736-2009（原名 G722CMA-1992），项目申请和项目付款证书，施工经理顾问版

此表供施工经理作为顾问使用，用于创建承包商付款请求的摘要。

G737-2009（原名 G723CMA-1992），承包商付款申请汇总，施工经理顾问版

当承包商向业主申请进度款时，本表供施工经理作为顾问使用。

G741-2015，设计—建造项目变更单

当双方同意变更条款时，本表用于修改设计—建造项目。

G742-2015，设计—建造项目的付款申请和证书

此表单用于设计生成器向所有者申请进度付款时。

G742C-2015，设计—建造项目的付款申请和证书，承包商变更

当承包商向设计建造商申请进度付款时，使用此表。

G742s-2015，设计—建造项目付款申请和证书，分包商变更

当分包商向承包商申请设计—建造项目的进度付款时，使用此表。

G743-2015，设计—建造项目续页

当分包商列出工程部分及其计划值时，使用此表。

G743C-2015，设计—建造项目续页，承包商变更

当承包商列出工程部分及其计划值时，使用此表。

G743S-2015，设计—建造项目的续页，分包商变更

当分包商列出工程部分及其计划值时，使用此表。

G744-2014，设计—建造项目基本竣工证书

当双方同意设计—建造项目实质性完成时，使用本表格。

G745-2015，设计—建造项目变更指令

此表用于指示需要快速进行的更改，以及当双方尚未达成协议时。

G801-2017，附加服务通知

G801-2017 拟由建筑师在根据 AIA 的业主 / 建筑师协议通知业主额外服务时使用。

G802-2017，专业服务协议修正案

G802-2017 旨在用于修改 AIA 的所有人 / 建筑师协议，以提供建筑师范围、报酬或其他条款的变更。

G803-2017，顾问服务协议修正案

G803-2017 旨在用于修改 AIA 的建筑师顾问协议（AIA 文件 C401-2017），以提供顾问范围、报酬或其他条款的变更。

G804-2001，投标文件登记册

本表作为招标过程中投标文件的日志。

G806-2001，项目参数工作表

此表单维护单个项目参数列表。

G807-2001，项目团队目录

此表单列出了有关项目团队成员的基本信息。

G808-2017，项目目录和设计数据汇总

建筑师可使用 G808 记录整个设计和施工过程中有关项目的信息。

G808A-2001，施工分类工作表

此表用于记录在提供专业服务过程中收集的有关批准、分区和建筑规范问题的信息。

G809-2001，项目摘要

此表单描述建筑师的项目，用于建筑师营销信息和公司统计。

G810-2001，传送信

本表作为双方交换信息的书面记录。

10.3.7 施工合同通用条件

AIA 系列合同中的文件 A201，即施工合同通用条件，类似于 FIDIC 的土木工程施工合同条件，是 AIA 系列合同中的核心文件。

（1）关于建筑师

AIA 合同中的建筑师类似于 FIDIC 红皮书中的工程师，是业主与承包商的联系纽带，是施工期间业主的代表，在合同规定的范围内有权代表业主行事。建筑师的主要权力

如下：

1）检查权：检查工程进度和质量，有权拒绝不符合合同文件的工程；

2）支付确认权：审查、评价承包商的付款申请，检查证实支付数额并签发支付证书；

3）文件审批权：对施工图、文件资料和样品的审查批准权；

4）编制变更指令权：负责编制变更指令，施工变更指示和次要变更令，确认竣工日期。

尽管 AIA 合同规定建筑师在作出解释和决定时对业主和承包商要公平对待，但建筑师的"业主代表"身份和"代表业主行事"的职能实际上更强调建筑师维护业主的一面，相应淡化了维护承包商权益的一面，这与 FIDIC 红皮书强调工程师"独立性"和"第三方"的特点有所不同。

（2）由于不支付而导致的停工

AIA 合同在承包商申请付款问题上有倾向于承包商的特点。例如，规定在承包商没有过错的情况下，如果建筑师在接到承包商付款申请后 7 日不签发支付证书，或在收到建筑师签发支付证书情况下，业主在合同规定的支付日到期 7 日没有向承包商付款，则承包商可以在下一个 7 日内书面通知业主和建筑师，将停止工作直到收到应得的款额，并要求补偿因停工造成的工期和费用损失。与 FIDIC 相比，AIA 合同从承包商催款到停工的时间间隔更短，操作性更强。三个 7 日的时间限定和停工后果的严重性会促使三方避免长时间扯皮，特别是业主面临停工压力，要迅速解决付款问题，体现了美国工程界的效率，这也是美国建筑市场未造成工程款严重拖欠的原因之一。

（3）关于保险

AIA 合同将保险分为三部分，即承包商责任保险、业主责任保险、财产保险。与 FIDIC 红皮书相比，AIA 合同中业主明显地要承担更多的办理保险、支付保费方面的义务。AIA 合同规定，业主应按照合同总价以及由他人提供材料或安装设备的费用投保并持有财产保险，该保险中包括了业主以及承包商、分包商的权益，并规定业主如果不准备按照合同条款购买财产保险，业主应在开工前通知承包商，这样承包商可以自己投保，以保护承包商、分包商的利益，承包商将以工程变更令的形式向业主收取该保险费用。比较而言，承包商责任保险的种类较少，主要是人身伤亡方面的保险。

（4）业主义务

在 AIA 合同文本中对业主的支付能力作出了明确的规定，AIA2.2.1 规定，按照承包商的书面要求，工程正式开工之前，业主必须向承包商提供一份合理的证明文件，说明业主方面已根据合同开始履行义务，做好了用于该项目的资金调配工作。提供这份证明文件是工程开工或继续施工的先决条件。证明文件提供后，在未通知承包商前，业主的资金安排不得再轻易变动。该规定可以对业主资金准备工作起到一定的推动和监督作用，同时也说明 AIA 合同在业主和承包商的权利义务分配方面处理得比较公正合理。

10.3.8　AIA 的主要特征 ❶

与现有的其他标准合同文件相比，美国 AIA 合同文件具有如下特征：

---

❶　郭平 朱珊 . 美国的 AIA 的合同结构及其分析 . 建筑管理现代化，2003（2）

（1）适用范围广，合同选择灵活

AIA 是一套适用于美国建筑业通用的系列文件，广泛被美国建筑业所采用并被作为拟定和管理项目合约的基础。与现有的其他标准合同文件（如 FIDIC 合同）相比，美国 AIA 合同文件系列涵盖了所有项目采购方式的各种标准合同文件，内容涉及工程承包业的各个方面。主要包括有业主与总承包商，业主与工程管理商（CM），业主与设计商，业主与建筑师，总承包商与分包商等众多标准合同文本。这些标准合同文件适用于不同的项目采购方式和计价方式，为业主提供了充分的选择余地，适用范围广泛、灵活。

（2）对承包商的要求非常细致

美国工程建设合同的形式很多，其中业主和承包商之间的合同以固定价格合同和成本加补偿合同较为常见，这两类合同中关于承包商职责的条款有 21 条之多，要求非常细致。而相对来说，对业主的利益较为保护，如合同中规定业主代表要对实施检查和验收，但通过检查和验收，但通过检查和验收并不等于免除了承包商的责任。

（3）适用法律范围较为复杂

美国一个联邦国家，各州均有独立立法权和司法权，因此，AIA 合同条件中均有适用法律的有关条款，法律关系较为复杂，但是为了减少争端，一般选择适用于项目所在地法律。

10.4　NEC 合同 ❶

英国土木工程师协会（Institution of Civil Engineers，简称 ICE）创建于 1818 年，1828 年获得授予的皇家特许，它是世界上历史最悠久的专业工程机构，有近 200 年的历史，ICE 在全球拥有超过 92000 名成员，其中 1/5 分布在英国以外的 140 多个国家和地区，是世界上最大的代表个体土木工程师的独立团体，在其职业生涯中为土木工程师和技术人员提供支持。

ICE 也是国际土木工程界唯一具有学术交流和专业资质认证两重功能的学术机构。ICE 所颁发的 ICE 国际执业资格证书是土木工程领域唯一的国际认可证书。ICE 还致力于编制工程合同达几百年的历史，1993 年，ICE 制定了适用于国际工程采购和承包领域的标准合同体系——NEC（New Engineering Contract）合同，在国际上被广泛采用。

10.4.1　NEC3 简介

NEC3 是为整个项目生命周期提供完整的端到端项目管理解决方案的一系列合同，从规划、定义法律关系和工程采购，一直到项目完成、管理等。NEC3 一直是一个具有前瞻性的合同。它的合作、直截了当的方法——这使得世界上一些最大的项目节省了大量的时间和资金——赢得了公共和私营部门的广泛赞誉和支持。

NEC3 工程和施工合同（ECC）是 NEC3 家族中的主要施工合同，包含所有核心条款和二次选择条款，以及成本构成表和合同数据表。工程和施工合同已用于世界上一些最引人注目的项目，包括 2012 年伦敦奥运会，以及建筑、公路和加工厂等日常项目。本合同

---

❶　来源于 NEC 合同介绍 https://www.neccontract.com/

应用于指定工程和施工工程的承包商，包括任何级别的设计责任。合同的简短版本也可用于不太复杂的项目，以及分包合同、如何指导、指导说明和流程图，以帮助用户从合同中获得最大利益。

NEC3 设计了 A-F 共 6 个选项（Opiton），供合同人员进行选择，分别是：

NEC3：工程和施工合同选项 A：带活动时间表的定价合同（priced contract with activity schedule）；

NEC3：工程和施工合同选项 B：带工程量清单的标价合同（priced contract with bill of quantities）；

NEC3：工程与施工合同选择 C：活动进度目标合同（target contract with activity schedule）；

NEC3：工程和施工合同方案 D：工程量清单目标合同（target contract with bill of quantities）；

NEC3：工程和施工合同选项 E：成本补偿合同（cost reimbursable contract）；

NEC3：工程和施工合同选项 F：管理合同（management contract）。

10.4.2　NEC3 的核心条款

NEC 合同的核心条款相当于其他类别合同的通用条款，适用于各种合同策略。核心条款包括：总则；承包人的主要职责；工期；检验与缺陷；支付；补偿；权利；风险与保险；终止。

关于支付，发包人可根据自己的需求，从上述六种合同形式中选择一种。NEC 可以提供总价合同、单价合同、成本加酬金合同、目标成本合同和工程管理合同。因此，NEC3 不是某种标准的合同条件，而是内涵广泛的系列合同条件。

10.4.3　NEC3 的次要条款

业主对于次要条款，需根据项目的具体情况，以及自身的要求在十八项次要条款之中进行选择，也可以不选择。次要条款包括：

X1 通货膨胀价格调整；

x2 法律变更；

x3 多种货币；

X4 母公司担保；

X5 分段竣工；

X6 提前完成的奖金；

X7 误期损害赔偿；

x12 合作；

x13 履约保证金；

x14 向承包商预付款；

x15 承包商对其设计的合理技能和注意的责任限制；

x16 保留；

x17 低性能损坏；

x18 责任限制；

Y（UK）2 1996 年住房补助、建设和再生法案；

Y（英国）3 1999 年《合同（第三方权利）法》；

Z 合同附加条款。

发包人可根据工程的特点、工程要求和计价方式做出选择。

10.4.4　NEC 的主要特征

与现有的其他标准合同条件相比，NEC 合同条件具有如下特性：

1）适用范围广

NEC 合同立足于工程实践，主要条款都用非技术语言编写，避免特殊的专业术语和法律术语；设计责任不是固定地由发包人或者承包人承担，可根据项目的具体情况由发包人或承包人按一定的比例承担责任；6 种工程款支付方式和 15 种次要条款可以根据需要自行选择。在这个意义上讲，NEC 的灵活性体现了自助餐式的合同条件，适用范围广泛，并且可以减少争端。

2）为项目管理提供动力

随着新的项目采购方式的应用和项目管理模式的发展和变化，现有的合同条件不能为项目的参与各方提供令人满意的内容。NEC 强调沟通、合作与协调，通过对合同条款和各种信息清晰的定义，旨在促进对项目目标进行有效的控制。

3）简明清晰

NEC 的合同语言简明清晰，避免使用法律的和专业的技术语言，合同语句言简意赅。

10.5　国际工程合同管理

由于合同双方的职责，权利和义务是不同的，因此可以分为业主的合同管理和承包商的合同管理。根据项目所处于阶段的不同，又可分为项目前期和项目实施期的管理。

10.5.1　业主项目前期的合同管理

（1）选择高水平的咨询公司

在国外，业主对一个工程项目的研究、决策与管理主要依靠咨询公司。国外的咨询业是一个十分兴旺发达的产业。咨询服务是以信息为基础，依靠专家的知识、经验和技能对客户委托的问题进行分析和研究，提出建议、方案和措施，并在需要时协助实施的一种高层次、智力密集型的服务。由于项目管理的重要性，特别是投资前期阶段各项工作的重要性，国外业主在选择咨询公司的同时，首先考虑的是咨询公司的能力、经验和信誉，而不是报价。

（2）选定项目的实施方式

业主在确定项目立项时，应请咨询公司提出方案，经分析比较后确定项目实施模式。

（3）办理批准手续

在项目通过评估立项，确定项目地点之后，应办理与工程建设项目有关的法律和地方法规规定的各项批准手续。

（4）选择 CM 经理的原则

CM 经理是采用 CM 方式进行工程项目管理时的核心角色，选定 CM 经理的原则也是重资质而轻报价。CM 经理是精明强干，懂技术，有经验，熟悉经济、法律，又善于管理的高水平的管理人才。

10.5.2　业主项目实施期的管理

一个工程项目在评估立项之后，即进入实施期。实施期一般指项目的勘测、设计、专题研究，招标投标，施工设备采购、安装，直至调试竣工验收。在这个阶段，业主方对项目管理应负的职责主要包括：

（1）设计阶段

① 委托咨询设计公司进行工程设计，包括有关的勘测及专题研究工作。

② 对咨询设计公司提出的设计方案进行审查，选择和确定。

③ 对咨询设计公司编制的招标文件进行审查和批准。

④ 选择在项目施工期实行施工管理的方式，选定监理公司或 CM 经理，或业主代表等。

⑤ 采用招标或议标方式，进行项目施工前期的各项准备工作，如征地拆迁、进场道路修建、水和电的供应等。

（2）施工阶段

当一个工程开工之后，现场具体的监督和管理工作全部都交给工程师负责，但是业主也应指定业主代表负责与工程师和承包商的联系，处理执行合同中的有关具体事宜。对于一些重要的问题，如工程的变更、支付、工期的延长等，均应由业主负责审批。

下面介绍在施工阶段业主一方的职责：

① 将任命的业主代表和工程师（必要时可撤换）以书面形式通知承包商，如系国际贷款项目还应该通知贷款方。

② 继续抓紧完成施工开始前未完成的工程用地征用手续以及移民等工作。

③ 批准承包商转让部分工程权益的申请，（如有时）批准履约保证和承保人，批准承包商提交的保险单和保险公司。

④ 负责项目的融资以保证工程项目的顺利实施。负责编制并向上级及外资贷款单位送报财务年度用款计划，财务结算及各种统计报表等。

⑤ 在承包商有关手续齐备后，及时向承包商拨付有关款项。如工程预付款，设备和材料预付款、每月的月结算、最终结算等。这是业主最主要的义务。

⑥ 及时签发工程变更命令（包括批准由工程师与承包商协商的这些变更的单价和总价）。批准经工程师研究后提出建议并上报的工程延期报告。

⑦ 负责为承包商开证明信，以便承包商为工程的进口材料、工程设备以及承包商的施工装备等，办理海关、税收等有关手续。

⑧ 对承包商的信函及时给予答复。协助承包商（特别是外国承包商）解决生活物资供应、材料供应、运输等问题。

⑨ 负责组成验收委员会进行整个工程区段的初步验收和最终竣工验收，签发有关证书。

⑩ 解决合同中的纠纷，如需对合同条款进行必要的变动和修改，需与承包商协商。

如果承包商违约，业主有权终止合同并授权其他人去完成合同。

10.5.3 承包商在合同签订前的准备工作

承包商在合同签订前的两项主要任务是：争取中标和通过谈判签订一份比较理想的合同，这两项任务均非易事。下面主要从签订一份比较理想的合同的角度出发进行讨论。

（1）投标阶段

1）资格预审阶段

能否通过资格预审是承包商能否参与投标的第一关，承包商申报资格预审时应注意积累资料与搜索信息，如发现合适的项目，应及早动手做资格预审准备，并应及早针对此类项目的一般资格预审要求，参照一般的资格预审评分办法（如亚洲开发银行的办法）给自己公司评分，这样可以提前发现问题、研究对策。做好递交资格预审表后的跟踪工作，可通过代理人或当地联营体伙伴公司跟踪，特大项目还可依靠大使馆的力量跟踪，以便及时发现问题，补充资料。资格预审时，对于中标后要采取的措施（如派往工地的管理人员、投入的施工机械等），能达到要求即可，不宜做过高、过多、不切实际的承诺。

2）投标报价阶段

① 写一份投标备忘录。在投标过程中，投标小组必定要对招标文件进行反复细致而深入的研究，这时应将发现的问题归纳分为三大类：

（a）第一类问题，是在投标过程中必须要求业主澄清的。如总价包干合同中工程量表漏项或某些工程量偏少，或某些问题含糊不清。这些情况可能导致开工后的风险对投标人明显不利，必须在投标过程中及时质询，要求书面澄清。

（b）第二类问题，是某些合同条件或规范要求过于苛刻或不合理，投标人希望能够修改这些不合理的规定，以便在合同实施阶段使自己处于比较有利的地位。

（c）第三类问题，是可以在投标时加以利用的或在合同实施阶段可以用来索赔的，这类问题一般在投标时是不提的。

投标组组长应将各小组发现的问题归纳后单独写成一份备忘录。第一类问题应及时书面质询；第二类问题留到合同谈判时用；第三类问题留给负责工程实施的工地经理参考。

② 订好 JV（JOINT VENTURE "联营体"）协议。如果和外国公司或国内公司组成 JV 投标时，一定要事先认真订好 JV 协议，包括 JV 各方的职责、权限、权利、义务等。要注意的是我方公司人员一定要担任最高领导层和各执行部门的领导职务（不论正手或副手），并且要有职有权，这对我国公司学习外国公司的管理经验十分重要。千万不能只提供职员和劳务。订好 JV 协议对于谈判和执行合同十分重要。JV 协议的副本要交给业主。

③ 要设立专门的小组仔细研究招标文件中技术规范以及图纸等方面的技术问题，包括业主提供的原始技术资料、数据是否够用，是否正确，技术要求是否合理，本公司的技术水平能否满足要求，有哪些技术方面的风险等。这样，才能制定出切实可行的施工规划和施工方法。

④ 投标时要有专人或聘请当地律师研究项目所在国的有关法律，如合同法、税法、海关法、劳务法、外汇管理法、仲裁法等。这不但对确定合理的投标报价很重要，也为以后的合同实施（包括索赔）打下基础。

⑤ 投标报价时一般不能投"赔本标"，不能随意设想"靠低价中标、靠索赔赚钱"。

⑥ 投标时一定要有物资管理专家参加。因为一个工程项目中，物资采购费用的份额占比很大，物资管理专家参加可保证物资的供应并在物资采购这一重要环节中大量节约成本，提高效益。

⑦ 如未中标，及时索回投标保证。

（2）合同谈判阶段

这一阶段一般是在投标人收到中标函后，此时由合同谈判小组在签订合同前就上述投标备忘录中的第二类问题与业主谈判。

谈判时应一个一个问题地进行谈判，要准备好几种谈判方案，要学会控制谈判进程和谈判气氛，还要准备回答业主方提出的问题。谈判时要根据实际情况（一、二标之间报价的差距、业主的态度等）预先确定出哪些问题是可以让步的，哪些问题是宁可冒丢失投标保证金的风险也要坚持的。总之，制定谈判策略是非常重要的。如果谈判时业主方提出对招标文件内容进行修改，承包商方可以将之作为谈判的筹码。

10.5.4 承包商方在项目实施阶段的合同管理

在合同实施阶段，承包商的中心任务就是按照合同的要求，认真负责地、保证质量地按规定的工期完成工程并负责维修。具体到承包商一方的施工管理，又大体上分为两个方面，一方面是承包商施工现场机构内部的各项管理；另一方面是按合同要求组织项目实施的各项管理。当然，这两方面不可能截然分开。

承包商施工现场机构内部的各项管理指的是承包商的现场施工项目经理可以自己做出决定并进行管理的事宜，如现场组织机构的设置和管理；人力资源和其他资源的配置和调度；承包商内部的财务管理，包括成本核算管理、工程施工质量保证体系的确定和管理等。除非涉及执行合同事宜，业主和工程师不应该也不宜干预这些内部管理，当然可以对承包商提出建议，但应由承包商做出决策。

按合同要求组织项目实施有关的管理，承包商在项目实施阶段的职责：按时提交各类保证；按时开工；提交施工进度实施计划；保证工程质量；工程设计；协调、分包与联营体；及时办理保险；负责工地安全等。

材料阅读：

国际基建市场动态（2019 年 1～6 月）❶

1. 亚洲篇

（1）亚洲基建市场宏观环境分析

1）区域经济总体维持较快增长，但将面临更多挑战，差异化的经济环境影响各国基础设施行业发展。

在 4 月 23 日举行的 IMF《亚太区域经济展望报告》发布会上，IMF 亚太部主任 Changyong Rhee 表示：受国家间贸易摩擦不断升级、新兴经济体通胀及本币汇率下滑压

---

❶ 来源于中国对外承包工程商会《国际基建市场动态（2019 年 1-6 月）》。

力上升、国际油价上涨导致发展成本增长等因素影响，亚洲地区经济发展增速虽然仍居全球首位，但整体增速将有所放缓，各国经济发展差异性更强。IMF 于 7 月更新的《世界经济展望》延续了上述观点，预测新兴和发展中亚洲国家增长率为 6.2%，较年初下调了 0.1 个百分点。其中，中东、北非、阿富汗和巴基斯坦增长率仅为 1%，下调 0.5 个百分点；印度预期增长率为 7%，下调了 0.3 个百分点；东盟 5 国（印尼、马来西亚、菲律宾、泰国、越南）预期增长率为 5%，下调 0.1 个百分点；沙特阿拉伯增长率为 1.9%，上调 0.1 个百分点。7 月 18 日亚洲开发银行发布《亚洲发展展望》同样认为："亚洲发展中国家在 2019 年和 2020 年将保持强劲增长，但增速将有所放缓"。该报告预测，亚洲发展中国家 2019 年将实现 5.7% 的经济增长，较 2018 年下滑 0.2 个百分点；除中国香港、韩国、新加坡和中国台北等新兴工业化经济体外，区域经济增长将达 6.2%，较今年 4 月的预测下调 0.1 个百分点，其中印度财政产出水平的下降与哈萨克斯坦经济环境的改善值得关注。除此之外，IMF 发布于 4 月发布的《地区经济展望——高加索和中亚地区》认为：低油价或将对巴林和阿曼等石油输出国经济发展造成冲击，全球金融市场的波动可能增加吉尔吉斯共和国、塔吉克斯坦、阿塞拜疆等国的财政压力，相关国家基础设施行业发展或将有所放缓，各国市场环境的新变化应当重点关注。

2）基础设施融资创新要求迫切，拓展融资渠道、吸引私人资本参与基础设施投资成为各国关注重点。

亚投行 4 月发布的《2019 亚洲基础设施融资报告》显示，受亚洲国家央行加息、地缘政治关系变化、中美贸易战、商业银行监管政策调整等多方面因素的影响，亚洲基础设施融资环境正在出现深刻变化，银行贷款的结构性问题以及私人资本谨慎参与基础设施投资是当前亚洲基础设施融资面临的主要困难。该报告认为，从目前情况看，支撑亚洲国家基础设施发展的资金来源仍以银行贷款为主，其中 90% 以上来自商业银行。在此背景下，亚洲地区基础设施发展将更多地受到地缘政治与相关国家自身政治经济环境变化的影响，一旦亚洲国家经济发展表现或自身货币及财政政策出现变化，其基础设施行业融资环境或将出现重大变化；同时，过度依赖银行贷款也在一定程度上对基础设施融资规模造成了不利影响，据亚洲开发银行估算，亚洲地区基础设施融资缺口约为每年 4590 亿美元，且随着相关国家基础设施开发建设需求的提升，这一缺口还将继续扩大。综上所述，如何在政府资金之外寻求可持续的基建资金来源，吸引私人资本进入基建市场成为各国普遍关注的重点，相关国家也尝试通过各种举措为私人资本参与本国基础设施建设提供便利。例如，为吸引国外私人投资者、改善本国投资环境，印尼政府先后颁布一系列结构性政策，其中包括 14 项具体措施的一揽子经济宽松计划，涵盖提升建筑行业效率、给予免税待遇、颁发许可证（投资、土地证书）等多个方面，为外国投资者参与本国基础设施融资提供重要保障。印度政府也在探索政府与私人资本合作的新型基础设施融资模式，同时进一步协调和简化土地征收流程，尽可能减少对基础设施建设进度的影响。为摆脱经济对石油的过度依赖，西亚国家也纷纷出台吸引海外投资的优惠政策，以塑造更为多元化的经济结构。2018 年，阿联酋、阿曼、卡塔尔等国放宽了对海外投资的限制。阿联酋通过了新立法，放宽对阿联酋境内企业的外资所有权限制，允许外商拥有 100% 的公司所有权，新的所有权法预计将推动外商投资增长 15%；阿曼出台新的外国投资法，为投资者提供税费减免优惠；卡塔尔也出台新政策，将外商 100% 的公司所有权拓展到更多领域。

3）地区安全形势日趋紧张，多种安全风险影响基础设施发展环境。

2019 年以来，巴基斯坦、斯里兰卡、马来西亚、泰国等国恐怖袭击风险凸显，宗教及极端势力组织对阿富汗、印度、孟加拉等国的渗透不断加强，南亚地区安全环境呈现进一步恶化的趋势。除此之外，印巴紧张局势持续加剧，民族宗教冲突及暴恐威胁不断升级，对两国及区域安全环境造成严重影响；波斯湾局势变化牵动全球神经，大国博弈与能源争夺对中东地区安全环境造成潜在威胁；东南亚及南亚部分国家受登革热病毒、寨卡病毒侵害，相关国家医疗卫生体系正经受新一轮考验。受以上多方面因素影响，亚洲地区基础设施行业发展面临的越来越高的机构和人员安全风险。

（2）亚洲基建市场业务发展动态

根据有关统计数据，2019 年 1～6 月我国承包工程企业在亚洲市场新签合同额达 653 亿美元，同比大幅增长；完成营业额 384 亿美元，同比略有下降。印度尼西亚、沙特阿拉伯、孟加拉国、马来西亚、印度、伊朗、巴基斯坦、菲律宾等国成为助推我国企业在亚洲市场业务快速增长的关键市场。

从项目类型来看，1～6 月，我国企业在亚洲市场业务结构以电力工程、交通运输、一般建筑为主。其中，电力工程类项目新签合同额 217 亿美元、交通运输类 144 亿美元、一般建筑类 123 亿美元。从大项目情况看，1～6 月，我国企业在亚洲新签 5000 万美元以上项目 235 个，其中包括孟加拉国普尔巴里 2×1000MW 超超临界燃煤电站二期、伊朗 TPPH5000MW 联合循环电站等特大型项目。从公司业绩情况看，电建国际、能建国际、港湾、葛洲坝、中建、中石油等公司在孟加拉、伊朗、马来西亚、哈萨克斯坦、沙特阿拉伯等国的业务表现较为突出。

2. 拉美篇

（1）拉丁美洲基建市场宏观环境分析

1）政治局势动荡导致建筑行业发展低迷。

在近一轮民主化进程中，拉丁美洲国家普遍建立了民主政治制度，然而巴西、委内瑞拉、巴拉圭、洪都拉斯等国家近年来相继出现制度性或体制性危机，其中尤以委内瑞拉为甚。自 2018 年 5 月 20 日马杜罗取得大选胜利并成功连任总统后，委内瑞拉国内政治局势依然岌岌可危；2019 年 4 月 30 日，反对党领袖胡安·瓜伊多及著名反对派人物莱奥波尔多·洛佩斯领导小股军人在首都加拉加斯发动政变，这场军事政变最终被当局挫败，马杜罗政府和反对派的斗争陷入僵局。这一政治危机伴随着因恶性通货膨胀和石油生产萎缩产生的经济危机，将继续引发委内瑞拉国内大规模的社会动荡，继而严重影响公共和私人对该国建筑领域的投资。根据惠誉解决方案估算，2019 年委内瑞拉的财政赤字将达到 GDP 的 33.7%，较 2018 年增加 7.4 个百分点；而该国建筑行业将在 2019 年进一步收缩 14%，维持近年来的下降态势。鉴于委内瑞拉政治局势尚不明朗，其建筑行业的不确定性非常高；如果马杜罗政权迫于经济和外交压力向新政府过渡，则该国的建筑行业可能借助国际援助的涌入和投资增加，在 2020 年出现恢复性增长，但其行业的实际价值仍将远低于历史水平。

2）经济政策方向的不确定风险可能导致经济增长和投资受到抑制。

联合国发布的《2019 年世界经济形势与展望》指出，2019 年全球经济将以 3% 的速度稳步增长，但包括拉美和加勒比地区在内的部分发展中地区的人均收入将出现进一步下降或增长乏力的状况。此外，部分拉丁美洲国家经济政策方向的不稳定性，也将抑制经济增长。以巴西和墨西哥为例：首先，新当选的巴西总统雅伊尔·博索纳罗和墨西哥总统安德烈斯·曼努埃尔·洛佩斯·奥夫拉多尔的政策决策一向具有不稳定性；其次，财政状况疲软和沉重的债务负担导致两国经济环境相对脆弱。投资者已经放缓在巴西的投资步伐，以应对可能出现的重大政策变革，这将进一步导致巴西GDP增长放缓，周期性经济复苏停滞。而墨西哥方面，洛佩斯·奥夫拉多尔政府不仅修改了石油和天然气的特许权，还取消了数个基础设施项目，均对该国的投资造成了压力。今年6月，惠誉和穆迪均已将墨西哥主权信用评级和墨西哥石油公司信用评级下调至负面展望。

3）部分国家良好的私有资本投资环境有利于大型基础设施项目落地。

由于拉丁美洲物价水平尚未恢复到2014年暴跌前的水平，且紧张的政府财政资金往往优先投入在包括社会性支出在内的其他领域，因此，拉丁美洲各国政府用于促进基础设施发展的投资将非常有限。在此背景下，政府创造并维持良好的投资环境、吸引私有资本参与投资的能力，将成为这一阶段影响拉丁美洲基础设施发展的关键因素。智利、哥伦比亚和秘鲁三国政府多年来维持商业友好型政策，并进行改革，以增强私有资本在基础设施项目中的作用；三国市场坚持开放竞争格局，鼓励国际基建开发商参与其中，并拥有本地区最具支持性的合约环境；此外，三国均有在基础设施领域采用PPP模式的经验，并提供创新型的融资模式。以上因素帮助智利、哥伦比亚和秘鲁因其相对较低的行业风险，成为该地区通过私有资本参与基础设施项目的最佳市场。

根据惠誉测算，由于大型基础设施项目和矿业项目的助推作用，智利和秘鲁的建筑行业将在2019年分别迎来2.8%和3.5%的增长。智利总统塞巴斯蒂安·皮涅拉于今年2月推出了湖大区（Los Lagos Region）8年发展计划，总金额达58亿美元，涉及医疗、教育、住房、基础设施和经济等领域。此外，智利政府于今年4月收到建设瓦尔帕莱索和圣地亚哥间高铁的提案（由西班牙FCC公司、Talgo公司和智利Agunsa公司组成的联合体提出），这一价值15亿美元的项目将全部由私人资本投资支持。秘鲁方面，对2019年泛美运动会的公共投资和2017年洪水后的重建工作将继续推动行业发展；2018年3月8日秘鲁国会通过的反腐败法也将大幅度提高该国建筑企业的监管力度，从而持续增强投资者的信心。

（2）拉丁美洲基建市场业务发展动态

本地企业和国际承包商同时活跃在拉丁美洲基建市场。其中，拉丁美洲本地企业以42.6%的占有率位于主导地位，巴西、阿根廷等大国的企业除了在本国市场遥遥领先外，在本区域内的其他国家市场也占有较大份额；紧随其后的是以西班牙企业为代表的欧洲承包商，他们主要活跃在市场风险较低的拉美国家（如哥斯达黎加、智利、乌拉圭、危地马拉、秘鲁、墨西哥等），占据拉美近1/3的市场份额。玻利维亚、厄瓜多尔、委内瑞拉等风险和收益并存的小型市场是中国企业的主要舞台，同时，中国企业在巴拿马、阿根廷和哥斯达黎加等国的业务也有较快发展。

根据有关统计数据，拉丁美洲地区是我国对外承包工程行业继亚洲、非洲之后的第三大市场。2019年1～6月，我国企业在拉丁美洲市场新签合同额67亿美元，同比增长超过30%。企业在巴西、秘鲁、墨西哥、委内瑞拉等市场的业务开拓取得了一定的成效。其中，过半新签业务集中在巴西和秘鲁市场；在墨西哥市场，签约了帕查玛玛375MW和Canatlan 114MW等光伏项目，新能源业务实现了较大发展；中铁十局在委内瑞拉铁矿石基建、开采和销售领域取得了良好合作。此外，企业重点开拓了拉丁美洲市场的交通运输领域，新签合同额同比大幅增长 64.5%，这主要得益于秘鲁多个道路升级项目的签署。

2019 年 1～6 月，企业在拉美地区新签或在执行的较大金额项目包括：中国葛洲坝集团股份有限公司签署的秘鲁奥永道路升级项目、英雄道路升级项目、利马市滨海公路至坎昆公路升级改造项目等道路升级项目，合计合同额约 2.38 亿美元；中国电建集团国际工程有限公司签署的墨西哥 NEOEN 帕查玛玛 375MW 光伏项目 ECP 合同，合同额约 2.07 亿美元；中国水利水电第八工程局有限公司执行的秘鲁 Huancabamba 公路修缮项目，合同额约 1.29 亿美元；东方日升新能源股份有限公司执行的墨西哥 Canatlan114MW 光伏电站项目，合同额约 1.09 亿美元。

3. 非洲篇

（1）非洲基建市场宏观环境分析

1）19 个国家计划举行总统与议会选举，政局变动恐对非洲市场产生影响。

尼日利亚、阿尔及利亚等 19 个非洲国家已经或计划在 2019 年内举行总统与议会选举，政治环境的变化对非洲基建市场的影响不容忽视。尼日利亚 2 月 23 日举行总统及国民议会选举以来，经济增长缓慢、通货膨胀居高不下、居民失业率持续上升，新一届政府面临日益严峻的内外部环境，改革与发展前景不容乐观。阿尔及利亚总统布特弗利卡宣布参加竞选连任后引发国内持续数周的大规模抗议，而其宣布推迟选举、辞去总统职务、放弃竞选连任的做法也并未结束国内的紧张局势。阿尔及利亚全国各地游行示威活动仍在继续，安全形势复杂因素增多，阿尔及利亚政治环境前景不容乐观。总体来看，非洲国家大选期间发生抗议示威、暴力事件、部落冲突的风险将大幅上升，相关国家安全局势、政策延续性、市场及营商环境将出现较大变数，政治环境对非洲市场走势的影响不容小觑。

2）经济总体延续增长态势，但各国经济发展的不确定性依然较大。

非洲开发银行在《2019 年非洲经济展望》中预测，非洲经济 2019 年将增长 4%，成为继亚洲之后全球经济增长最快的地区，但报告同时强调非洲各国存在财政赤字和债务高企等结构性问题，经济发展的不确定性依然较大。联合国近期发布的《2019 年世界经济形势与展望年中报告》同样对非洲经济的发展持审慎态度，预计 2019 年非洲经济增长 3.2%。从区域来看，得益于埃塞俄比亚、肯尼亚、坦桑尼亚等国近年来加大基建投资的拉动，预计 2019 年东部非洲地区经济增长 6.4%；科特迪瓦、加纳、塞内加尔等国需求旺盛，较高的油价将促进尼日利亚经济复苏，西部非洲预计可实现 3.5% 的经济增长；北部非洲、中部非洲在不稳定的政治、安全、社会环境影响下复苏缓慢；南部非洲经济增长最慢，仅为1.4%，南非、安哥拉两大经济体发展动力依然脆弱。总体来看，政治、安全、气候等影响经济发展的内部问题与大宗商品价格低于预期、国际贸易紧张局势升级等外部环境相互交织，2019 年非洲经济发展压力依然较大，创造就业机会、保持汇率稳定将是非洲国家面临的关键挑战。

3）非洲国家公共支出难以满足基础设施建设需求，各国融资创新任务迫切、融资环境有待进一步优化。

世界银行 4 月发布的报告显示，非洲国家基础设施支出仅占 GDP 总额的 2%，与经合组织及麦肯锡咨询公司预估的 6% 相去甚远。另据联合国非洲经济委员会 6 月发布的《2019 年非洲经济报告》显示，为实现联合国可持续发展目标，非洲每年所需资金约在 6140

亿～6380 亿美元左右，庞大的资金缺口及非洲国家自身负债水平的不断攀升使得传统的政策性、优惠性、援助性资金无法适应新形势下非洲国家基础设施的融资需求。当前，非洲基础设施融资呈现两个新特点：

① 一是，受欧洲国家"重返非洲"以及美国"繁荣非洲"等战略的影响，世界银行、欧美多国政府及金融机构普遍扩大对非资金支持规模。例如，在 6 月 20 日于莫桑比克召开的美非商务峰会期间，美国表示将拨款 600 亿美元成立美国国际开发金融公司，这将使美国在低收入和中等收入国家的投资额增加一倍以上。从短期来看，欧美发达国家对非洲基础设施投资热情的升温将在一定程度上弥补非洲基础设施建设的资金缺口。但由于欧美发达国家的做法本质上仍属于政策性援助贷款，且贷款的使用附加了对非洲国家经济结构的硬性要求，长期来看对解决非洲国家基础设施融资难题的作用有限。

② 二是，国际私人资本对非洲的投资热情有所升高，但 PPP 等公私合营模式在非洲大面积应用难度仍然较大。由于各国在营商环境、政策与法律环境方面的差异，私人资本大规模参与非洲基础设施投资的时机尚不成熟。据 PPI（Private Participation Infrastructure）统计，在过去 25 年中，非洲共有 41 个国家开展了 335 个 PPP 项目，但其中 13 个国家仅开展 2～3 个 PPP 项目，运营失败的项目超过 20 个；48% 的 PPP 项目集中在南非、尼日利亚、肯尼亚、乌干达等 4 个国家的能源、运输与水务领域。此外，从 PPP 项目融资结构来看，非洲国家 PPP 项目私人产权占比较发展中国家平均水平明显偏低，而债权融资占比偏高；在债权融资部分，来自商业银行和政府间双边融资安排的资金占比较高，非洲国家 PPP 项目融资结构有待优化。

（2）非洲基建市场业务发展动态

根据有关统计数据，2019 年 1～6 月我国承包工程企业在非洲新签合同额达 218 亿美元，同比有较大幅度的下滑，是各区域市场中降幅最大的；完成营业额 199 亿美元，同比略有下降。尼日利亚、阿尔及利亚、肯尼亚、安哥拉等主要市场新签合同额大幅下降成为影响中国企业在非整体业务下滑的重要原因。

从项目类型来看，1～6 月，我国企业在非洲市场业务结构以交通运输、一般建筑、电力工程为主。其中，交通运输类项目新签合同额 77 亿美元、一般建筑类 41 亿美元、电力工程类 35 亿美元。从大项目情况来看，1～6 月，我国企业在非新签 5000 万美元以上项目近 80 个，其中包括尼日利亚新月岛填海造地和高架桥梁工程、Petrolex 1200MW 联合循环燃气电站等特大型项目。从公司业绩情况来看，电建国际、能建国际、华为、中建、中土等公司在尼日利亚、阿尔及利亚、埃及、埃塞俄比亚、加纳、科特迪瓦、莫桑比克等国业务表现较为突出。

思考题：

（1）综合阅读材料分析，中国企业在国外承接工程项目主要有哪些类别？承包方式主要有哪些？

（2）根据阅读材料给定的资料，分析中国企业在国外承接工程面临的风险有哪些？如何防范？

参 考 文 献

［1］吴高盛．中华人民共和国合同法释义及实用指南．北京：中国民主法制出版社，2014．

［2］胡康生．中华人民共和国合同法释义（第3版）．北京：法律出版社，2013．

［3］杨晓林，冉立平．建筑工程索赔与案例分析．哈尔滨：黑龙江科学技术出版社，2003．

［4］宋宗宇等．建设工程合同纠纷处理．上海：同济大学出版社，2008．

［5］何佰洲．工程合同法律制度．北京：中国建筑工业出版社，2003．

［6］佘立中．建设工程合同管理．广州：华南理工大学出版社，2004．

［7］朱宏亮，成虎．工程合同管理．北京：中国建筑工业出版社，2015．

［8］李启明．土木工程合同管理（第3版）．南京：东南大学出版社，2015．

［9］张水波，陈勇强．国际工程合同管理．北京：中国建筑工业出版社，2011．

［10］何伯森．国际工程合同管理（第三版）．北京：中国建筑工业出版社，2016．

［11］成虎．建设工程合同管理与索赔．南京：东南大学出版社，2008．

［12］余群舟，高洁，周诚．建设工程合同管理．北京：《建设工程合同管理》，2016．

［13］国务院法制办公室．中华人民共和国招标投标法注解与配套（含招标投标法实施条例）（第三版）．
北京：中国法制出版社，2014．

［14］国务院法制办公室．中华人民共和国合同法注解与配套（第三版）（含最新司法解释）．北京：中国
法制出版社，2014．

［15］陈鑫范，王琦．最高人民法院建设工程施工合同司法解释（二）实务操作与案例精解．北京：中国
法制出版社，2019．

［16］林一．建设工程施工合同纠纷案件审判实务．北京：法律出版社，2015．

［17］国务院法制办公室．中华人民共和国仲裁法注解与配套（第三版）．北京：中国法制出版社，2014．

［18］Project Management institute．项目管理知识体系指南（PMBOK指南）（第6版）．北京：电子工业出
版社，2018．

［19］中国建筑业协会工程项目管理委员会．中国工程项目管理知识体系．北京：中国建筑工业出版社，
2011．

［20］中国（双法）项目管理研究委员会．中国项目管理知识体系（C-PMBOK2006）（修订版）．北京：电
子工业出版社，2006．

［21］朱锦林．国际咨询工程师联合会中国工程咨询协会译．施工合同条件．北京：机械工业出版社，
2002．